R과 함께하는

인과모형의 이해와 응용

구조방정식모형

| **최용석** 지음 |

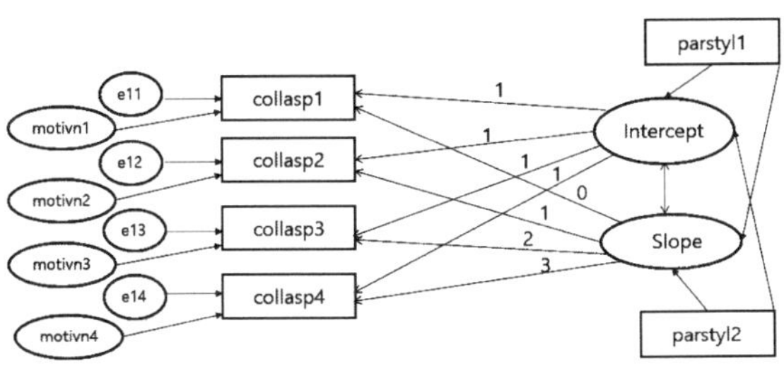

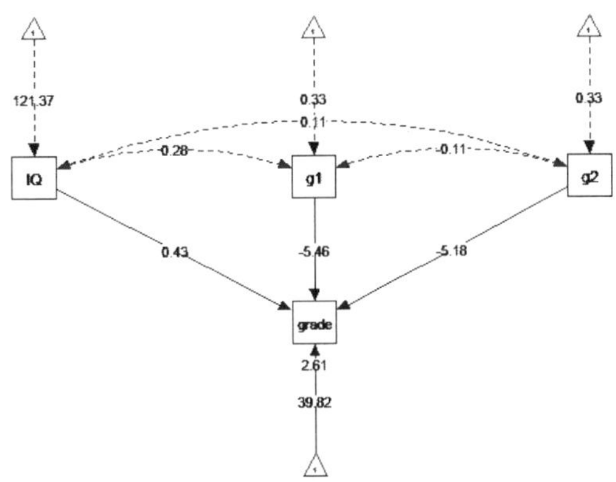

KM 경문사

머리말

All models are wrong, but some are useful.
George Box(1919 ~ 2013)

인과모형분석(causal model analysis)은 사회과학과 자연과학에서 여러 변수들 사이의 인과관계를 밝히는 다양한 모형에 대한 분석이다. 이들 모형에는 잘 알려진 회귀모형(단순, 다중, 다변량), 공분산분석모형(ANCOVA model), 확증적 인자분석모형(confirmatory factor analysis model), 구조방정식모형(structural equation model, SEM)이 있다. 구조방정식모형은 잠재변수가 있는 구조방정식모형과 잠재변수가 없는 구조방정식모형인 경로분석모형(path analysis model)이 있다. 그리고 시점에 따라 반복 측정된 자료에 대한 다시점(longitudinal) 구조방정식모형의 잠재성장모형(latent growth model)이 있다. 이는 엄밀히 말해서 잠재변수가 있는 구조방정식모형이다.

이번 신작 《R과 함께하는 인과모형의 이해와 응용 – 구조방정식모형 –》은 대학원 과정의 인과모형 수업과 통계연구소 워크숍에서 사용한 강의노트와 김석우 · 최용석(2001)의 《LISREL을 활용한 인과모형의 이해와 응용》에 대한 확장이다. 이 책에서는 최근 활용도가 높은 R의 lavvan 패키지를 활용하고 있다. 특히, Everitt와 Hothorn(2011, 7장)은 이 책을 쓰도록 동기 부여를 주었고 lavvan 패키지 주 개발자 Rosseel(2010, 2012, 2014)과 강현철(2019)도 많은 도움이 되었다.

그동안 인과모형에 대한 대학원 과정의 강의에서 LISREL과 AMOS를 활용하기도 했지만 모형의 구조방정식에 대한 이해가 부족한 사용자들이 특히 메뉴 방식인 AMOS 패키지만 사용하여 모형을 구축하여 해석에 어려움을 겪는 것을 자주 접한다. 이 책은 다양한 사례에 따라 구조방정식모형의 구축과 R에서 구현에 초점을 맞추고 있다.

이 책의 구성은 다음과 같다. 1장에서 다양한 인과모형의 추정과 적합도 지수에 대한 소개와 모형 적합에서 필요한 다변량 정규성 검정과 공분산행렬의 동질성 검정을 담고 있다. 2장은 확증적 인자분석을 구조방정식모형에서 관측변수의 측정모형(measurement model) 관점에서 살펴보고 있으며 군집 간의 모형 비교를 위한 다중 군집분석(multiple group analysis)을 소개한다. 3장에서는 외생(exogenous)변수와 내생(endogenous)변수로

된 관측변수에 의한 구조방정식모형인 경로분석모형과 군집 간의 모형 비교를 위한 다중 군집분석을 소개한다. 자료의 수가 작거나 다변량 정규성이 만족되지 않은 경우 모형 적합을 위한 붓스트랩(bootstrap) 방법을 소개하고 있다. 4장은 잠재변수가 있어 이들 간의 구조모형(structure model)을 고려한 구조방정식모형과 다중 군집분석을 소개한다. 또한 시점에 따라 반복 측정된 자료에 대한 다싯점 구조방정식모형의 잠재성장모형을 다룬다. 5장은 반응변수가 하나인 다중 회귀모형과 여러 개인 다변량 회귀모형을 소개한다. 추가적으로 공변량이 있는 공분산분석모형을 소개하며 여러 군집의 모형 비교인 다중 군집분석도 회귀모형과 공분산분석모형에서 소개하고 있다.

R은 최근 인기 있는 통계적 분석 도구로 오픈 소스(http://www.r-project.org)의 소프트웨어다. 이 책에서는 인과모형을 위한 lavaan 패키지의 활용과 응용에 주안점을 두어 여러 보기를 위해 비교적 자세히 R-코드를 작성하여 소개하고 있다. 각 장에서 사용되는 [R-코드 및 자료 목록]은 부록에 수록해 두었고 저자의 홈페이지(http://yschoi.pusan.ac.kr) 메뉴 Researches의 Books에서 받아 갈 수 있다.

끝으로 이 책은 구조방정식모형을 이해하고 응용하려는 독자들이 쉽게 따라 할 수 있도록 구성되어 있다. 인과모형에 대한 체계적인 교재가 별로 없는 현실에서 이 책을 출간하게 되어 매우 기쁘고 행복하게 생각한다. 그리고 코로나로 어려운 시기에 이 책을 출판해 주신 경문사 여러분께 고마움을 전한다.

부산대학교 통계학과 연구실 208호
최용석

* 이 과제는 부산대학교 기본연구지원사업(2년)에 의하여 연구되었음.

차례

제 1 장 ■ 인과모형(Causal Model)

제 2 장 ■ 확증적 인자분석(Confirmatory Factor Analysis)

제 3 장 ■ 경로분석모형(Path Analysis Model)

제 4 장 ■ 잠재변수가 있는 구조방정식모형 (Structural Equation Model with Latent Variables)

제 5 장 ■ 회귀모형과 공분산분석모형 (Regression Model and ANCOVA Model)

제 1 장

인과모형

Causal Model

1.1 인과모형의 이해

사회과학과 자연과학에서 변수들 사이의 인과관계는 [그림 1.1.1]의 (1-a)와 같이 원인과 결과가 하나인 상황으로 설명변수(explanatory variable) x에 대해 반응변수(response variable) y의 단순상관계수나 단순회귀모형(simple regression model)을 고려한다. 회귀모형에서는 설명변수를 독립변수(independent variable)라 하고 반응변수를 종속변수(dependent variable)라고도 한다. (1-b)인 경우 둘 이상의 원인과 하나의 결과로 구성되어 여러 개의 설명변수 $x_1, \dots, x_q$와 하나의 반응변수 y의 다중회귀모형(multiple regression model)을 세울 수 있다. (1-c)에서와 같이 보다 복잡한 2개 이상의 원인과 결과에 의해서 구성되는 상황에서는 여러 개의 설명변수 $x_1, \dots, x_q$와 반응변수 $y_1, \dots, y_p$ 사이의 인과관계를 밝히는 다변량 회귀모형(multivariate regression model)이 있다. (1-a), (1-b), (1-c)를 통합적으로 편의상 회귀모형이라 하며 오차항 표기는 ϵ(epsilon)을 사용하고 이들은 5장에서 공분산분석모형(ANCOVA model)과 함께 다루고 있다. 다음으로 [그림 1.1.2]의 구조방정식모형(structural equation model, SEM) 종류로는 먼저 (2-a)의 경로분석모형(path analysis model)이 있다. 이는 다소 복잡한 회귀모형처럼 보이는데 반응변수는 아니지만 유사한 역할을 하는 내생변수(endogenous variable) $y_{1,}\ y_{2,}\ y_3$에 대하여 설명변수와 같은 외생변수(exogenous variable) $x_1,\ x_2$에 의한 모형을 말한다. 특히, 내생변수 y_1에 대하여 외생변수 x_1, x_2가 사전변수(predetermined variable)이고 y_2에 대해선 y_1, x_1, x_2가 사전변수가 된다. 여기서는 오차항 표기로 ζ(zeta)를 사용한다. 이는 3장에서 다루어진다. (2-b)와 (2-c)를 함께 세우는 모형을 잠재변수가 있는 구조방정식모형이라 하고 실제로 (2-a)의 경로분석모형을 잠재변수(latent variable)가 없는 구조방정식모형이라 한다. (2-b)를 잠재변수가 있는 구조방정식모형의 측정모형(measurement model)이라 하는데 외생과 내생 잠재변수 ξ(xi)와 η(eta)에 대해 각각 관측변수(observed variable)를 사전변수로 가지는 모형이다. 반면에 (2-c)를 구조모형(structure model)이라 하는데 (2-b)의 측정모형의 잠재변수를 서로 연결한 잠재변수에 관한 모형을 말한다. 특히 2장의 확증적 인자분석모형(confirmatory factor analysis(CFA) model)은 구조방정식모형 (2-b)의 외생 잠재변수에 대한 측정모형에 해당한다. 오차항 표기는 (2-b)의 측정모형의 외생 잠재변수에 대한 모형은 δ(delta)를 사용하고 내생 잠재변수에 대한 모형은 ϵ(epsilon)을 사용하다. (2-c)의 구조모형인 경우에는 오차항 표기로 ζ(zeta)를 사용한다. 잠재변수가 있

(1-a) 단순 회귀모형:

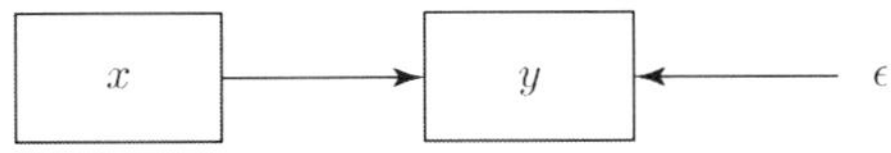

(1-b) 다중 회귀모형:

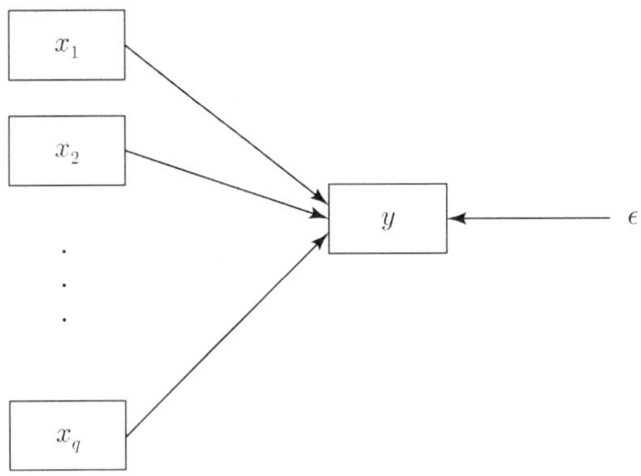

(1-c) 다변량 회귀모형:

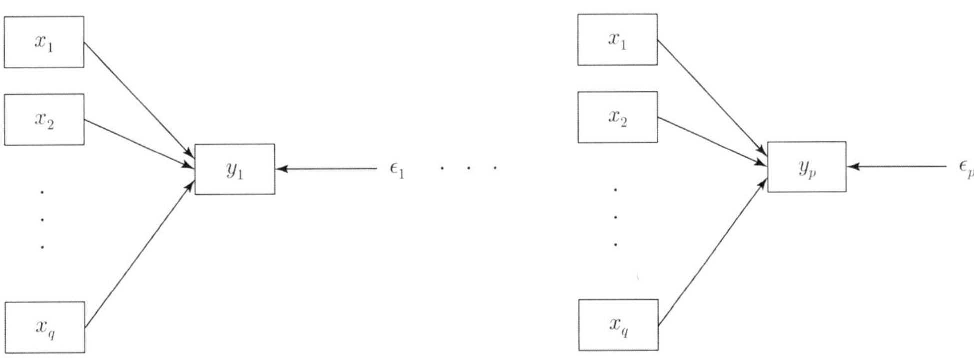

[그림 1.1.1] 회귀모형의 인과모형

는 구조방정식모형에 대해선 4장에서 자세히 다루고 있다.

일반적으로 [그림 1.1.1]과 [그림 1.1.2]의 두 종류를 포괄적으로 고려하는 모형을 인과모형(causal model)이라 하며, 특히 [그림 1.1.2]의 (2-b)의 잠재변수와 같이 다소 관찰되지 않은 요인이 더해져 다소 복잡한 인과모형을 형성하게 된다. 더불어 이러한 모형을 군집에 따라 서로 비교하는 다중 군집분석(multiple group analysis)도 흥미로운 주제가 되며 각 장에서 다루어지고 있다.

(2-a) 경로분석모형:

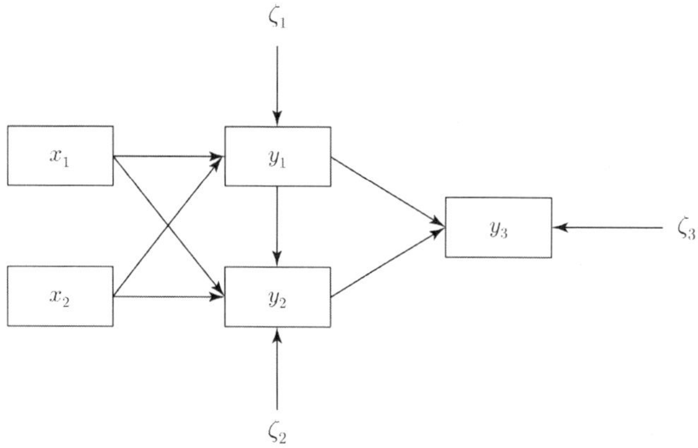

(2-b) 구조방정식모형: 측정모형

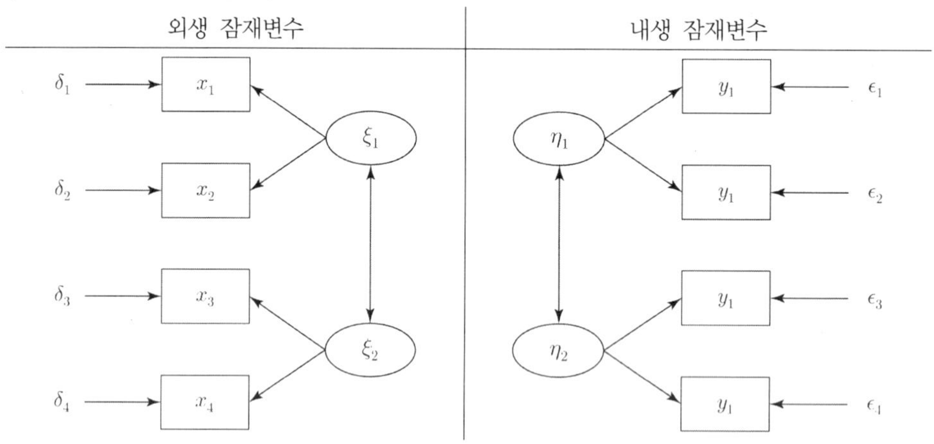

(2-c) 구조방정식모형: 구조모형

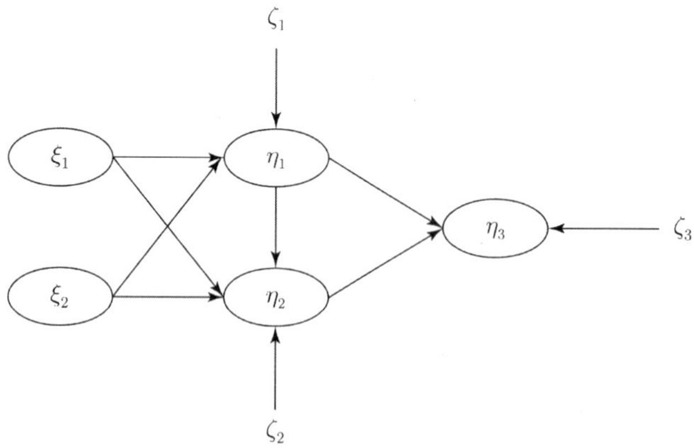

[그림 1.1.2] 구조방정식모형의 인과모형

더불어 [그림 1.1.1]과 [그림 1.1.2]의 여러 가지 모형에서 변수들의 인과관계를 그림으로 나타낸 것을 경로도(path diagram)이라 한다. 특히, 복잡한 구조방정식모형의 종류인 인과모형에서 적절한 모형을 세우기 위해서 변수들의 인과관계를 미리 밑그림을 그려보는 과정이라 여길 수 있다. 경로도에서 관측변수는 사각형(▭)을 이용하고 잠재변수는 원(○) 또는 타원(⬭)을 이용한다. 오차항은 그냥 둬도 되나 경우에 따라 원을 이용하기도 한다.

오늘날 이와 같은 인과모형을 단순히 구조방정식모형이라 하는데 구조방정식모형이 대표적으로 그 역할을 해왔기 때문이다. 그리고 구조방정식모형은 여러 해 동안 공분산 구조모형(covariance structure model)과 잠재변수 모형(latent variable model) 등으로 불러져 왔다. 구조방정식모형에 대해선 Jöreskog와 Sörbom(1988, p. 119)은 비 실험적 조건에서 다른 변수에 미치는 한 변수의 직접적 원인의 기여도를 평가하는 기법이다(Technique to asses the direct causal contribution of one variable to another in a non-experimental condition)라 했다. Dillon과 Goldstein(1984, 12장)은 변수들 집합에서 원인의 패턴을 연구하는 방법(Method for studying patterns of causation among a set of variables)이라 한다. Johnson과 Wichern(2007)은 변수들 사이에 원인과 결과 모형을 구축하여 관찰된 상관관계를 그럴듯하게 설명하려는 기법이다(Method for providing plausible explanations of observed correlations by constructing models of cause-and-effect relations among variables)라 했다. Timm(2002, 10장)은 관측된 확률변수들 사이의 공분산구조를 통해 모든 모형변수들 사이의 선형구조관계를 연구하는 기법(The covariance structure among the observed random variables is used to study the linear structural relations among all the model variables)이라 했다.

구조방정식모형을 세우고, 자료를 잘 적합할 패키지로 Jöreskog와 Sörbom(1989, p. 119)이 개발한 LISREL(Linear Structural Relationship)이 매유 유용하게 사용되어졌다. 그러나 이 패키지를 사용하기 위해선 구조방정식모형을 정의하는 모수들에 의한 방정식을 대수적으로 이해야 하고 복잡한 수치적 연산과정을 이해해야 하는 어려움이 있다. 또한 통계 패키지로 유명한 SAS에는 CALIS(Covariance Analysis and LInear Structural equations)가 있지만 이것 또한 SAS 언어와 방정식의 대수적인 관계를 이해해야 한다. 따라서 이를 대신할 보다 편리한 메뉴 중심의 그래픽 인터페이스 기능이 강화된 패키지로 현재 SPSS의 AMOS(Analysis of MOment Structures)가 있다. 이는 기존의 SPSS 체계에 구조방정식모형을 위한 이 프로그램을 덧입혀 사용하게 된다. SPSS에 익숙한 기존 사용자는 분석용 자료를 준비하는 작업이 훨씬 쉽게 느껴질 것이다. 구조방정식모형의 적합을 경로도를 그려 해결하는 이 방식은 사용자에게 매우 매력적일 것이다. 그러나 복잡하고 큰 모형(large model)인 경우 경로도의 모든 요소를 그리는 작업은 지루할 것이다. 더군다나 초보 사용자들이 시간이 다소 걸리는 그래픽 인터페이스를 익히기 보다는 텍스트 기반 문법을 사용하는 패키지가 더 편리할 수 있다. 통계상담에서 자주 느끼는 점은 구조방정식모형에 대한 이론이 부족한 사용자가 단순히 AMOS의 편리성만 추구하는 경향은 다소 우려되는 점이다.

최근 무료로 사용 가능하며 빅데이터 분석에서 유용한 R에 대한 관심이 높고 인과모형의 구조방정식모형을 위한 R의 패키지로 sem과 lavaan이 개발되었다. 특히, 패키지 sem은 Fox(2006)에 의해서 개발되었는데 여러 다른 방식으로 측정모형은 함수 cfa()를 이용하고 구조모형은 함수 sem()을 활용한다. 이에 대한 활용의 예는 Schumacker(2016, 12장)을 참고 바란다. 패키지 lavaan은 Rosseel(2012)이 개발한 것으로 함수 sem()에 의해서 다양한 인과모형을 적합시킨다. 이에 대한 모형 적합의 결과를 활용하여 패키지 semPlot의 함수 semPaths()에 의해서 경로도(path diagram)를 얻을 수 있다. 확증적 인과분석모형의 적합은 함수 cfa()를 이용하며 패키지 psych의 함수 lavaan.diagram()에 의해서 경로도를 얻게 된다. 이에 대한 응용의 소개는 Everitt와 Hothorn(2011, 7장), Shumacker (2016, 12장) 그리고 강현철(2019)을 참고할 수 있겠다. 이 책에서 최근 활용도가 높은 패키지 lavaan을 이용하려 한다. Rosseel(2012)에 따르면 lavaan란 *la*tent *va*riable *an*alysis (잠재변수 분석)의 약자이고 다양한 관점에서 개발되었으나 구조방정식모형에 초점을 맞추었다. 더 나아가 lavaan은 상업적이지 않고 무료로 배포되듯이 최소비용이 들도록 되어 있다. 이는 직관적이고 다양한 모형 구축에 관심을 가지는 다수의 응용 연구자뿐만 아니라 수업이나 워크숍에서 구조방정식모형을 가르치는 사람들에게 문법적으로 쉽게 되어 있다. 더군다나 구조방정식모형의 관점에서 인과모형의 구현이 모두 프로그램으로 되어 있어 인과모형 분야에서 일하는 통계학자들에게 다양한 프로그램과 코드 접근이 용이하도록 되어 있다.

역사적으로 구조방정식모형의 영역은 세 가지 전통적인 방향에서 이루어졌다. (1) 경로분석모형은 원래 유전학자 Wright(1921, 1960)에 의해 변수들의 직접효과와 간접효과를 연구하는 데 개발되었고 사회학에서 Duncan(1966)에 의해서 채택되었다. (2) 연립방정식모형(simultaneous-equation models)은 경제학에서 개발되었다(Haavelmo, 1943; Koopmans, 1945). (3) 심리학에서는 인자분석(factor analysis)으로 개발되었다(Spearman 1904; Lawley, 1940).

1970년대 이 세 가지는 Jöreskog(1970, 1973)에 의해 통합되었고 Jöreskog와 Sörbom

(1989)은 LISREL이라는 컴퓨터 프로그램을 개발하고 발전시켰다. 이는 초기 사회 및 행동 과학에 방법론적 혁명을 일으켰고 구조방정식모형에 가장 널리 사용되는 소프트웨어 패키지로 자리를 잡았다. LISREL 이후 많은 기술적 진보가 이루어졌고 구조방정식모형에 관한 패키지가 개발되었다. 오늘날에도 널리 사용되고 있는 것은 EQS, AMOS, Mplus, Mx 등이다.

패키지 lavaan에 대하여

---

(1) R 프로젝트 http://www.r-project.org에 기반을 둔다.

(2) 설치는 R 스크립터(script)에서 install.packages("lavaan")을 실행한다.

(3) lavaan의 정보는 http://lavaan.org에서 얻을 수 있다.

(4) lavaan의 연구논문은 Rosseel(2012). lavaan: an R package for structural equation modeling, *Journal of Statistical Software*, 48(2), 1-36. URL http://www.jstatsoft.org/v48/i02/을 참고한다.

(5) 매뉴얼은 2020년 8월 31일 기준 버전 0.6-8(2020년 7월 31일)의 Package ‘lavaan’을 참고한다.

1.2 인과모형과 구조방정식모형

변수들 간에 복잡한 구조의 인과관계를 규명하기 위한 인과모형에 대한 정의로 Asher (1976)는 인과모형은 이전 현상(원인)의 결과로 나타나는 현상(효과)에 대한 설명을 제공하여 가능한 원인에 대한 의문을 해결하려는 것이다(Causal model attempts to resolve questions about possible causes by providing explanations of phenomena(effects) as the result of previous phenomena(causes))라고 했다. 전제조건으로 몇 가지 정리를 생각할 수 있다. [그림 1.1.2]에서 간략히 설명하였지만 인과모형을 구성하는 구조방정식모형은 크게 측정모형과 구조모형으로 이루어져 있다. 측정모형은 관찰이나 측정을 통해 직접 얻어진 관측변수를 통해 이루어지며 잠재변수에 대한 모형이며 구조모형은 측정모형의 관측변수로부터 얻어지고 직접 측정이나 관찰이 불가능하여 추상적이고 가설적인 요소를 지닌 잠재변수에 의해 구성된다. 이런 이유로 구조방정식모형을 잠재변수가 있는 경우와 없는 경우로 분류하기도 한다. 특히, Timm(2002, 10장)은 관측변수를 드러난 변수(manifest variable)로 부르는데 이들의 인과관계에 관한 모형을 경로분석모형이라 한다.

예를 들자면 4.4.2절에서 김미현과 최용석(2007)의 중학생의 진로결정수준에서 가족변수인 부모의 애착과 부모와의 심리적 독립이라는 잠재변수에 미치는 여러 심리 검사항목을 관측변수로 생각하면 이들에 대한 모형설정을 측정모형이라 할 수 있다. 이러한 잠재변수인 가족변수는 다른 잠재변수인 자아정체감이라는 개인변수와의 인과관계를 보여주는 것이 구조방정식모형이다.

일반적으로 구조방정식모형에서는 [그림 1.1.2]의 (2-b)와 (2-c)에서와 같이 관측변수와 잠재변수들의 인과관계에 의해서 영향을 미치는 설명변수 역할을 하는 외생변수와 반응변수 역할을 하여 외생변수로부터 영향을 받는 내생변수로 이루어진다. 특히, (2-c)에서는 삼재변수들 사이에 설명변수와 반응번수 역할을 하는 외생 잠재변수와 내생 잠재변수가 있다. 경우에 따라 내생변수 또는 내생 잠재변수는 다른 내생변수 또는 내생 잠재변수로부터 영향을 받기도 한다.

구조방정식모형에서는 이 외에도 역할에 따라 매개변수(mediator variable)와 조절변수(moderator variables)가 있다. 먼저 매개변수는 인과관계의 두 변수 사이에 직접적으로 영향을 미치는 것이 아니라 매개변수라는 다른 변수를 통해 간접적으로 영향을 받게 되는 경우가 있다. 3.1.7절의 [보기 3.1.4]에서 부의 당선호도가 자녀의 당선호도에 미치는 영향은 모의 당선호도라는 매개변수에 의해 간접적으로도 영향을 주게 된다. 물론 부의 당선호도가 자녀 당선호도에 직접 영향을 미치기도 한다.

조절변수는 군집간의 구조방정식모형에서 인과관계 변수들이 군집을 형성하는 변수에 의해서 서로 달라지며 비교 가능하게 된다. 2장의 [보기 2.4.1]에서 읽기능력과 수리능력 간의 CFA 모형을 남녀 간에 고려하고 비교하고 있다. 4장의 [보기 4.5.1]에서 고객 만족도에 영향을 미치는 기대수준과 같은 잠재변수들이 두 업종별로 달라진다는 점이다. 따라서 성별과 업종을 조절변수라 한다.

이러한 복잡한 구조방정식모형을 구성하는 인과관계를 규명하기 위해서는 두 변수 간에 영향을 미치는 순서가 중요한데 이를 [정리 1.2.1] 약 인과순서에서 살펴보고 상관관계와 약 인과순서가 성립하는 두 변수 간에 종속적인 관계를 정의하는 [정리 1.2.2] 인과닫힘을 고려해야 한다.

[정리 1.2.1] 약 인과순서(Weak Causal Ordering)

두 변수 X와 Y가 주어져 있다면 이들 사이에 약 인과순서는 다음과 같이 나타낸다.

$$X \geq Y$$

이는 X가 Y에게 영향을 줄 수도 있고 그렇지 않을 수도 있어서 X가 Y의 원인이 됨을 요구하지 못한다. 그러나 Y는 X에게 영향을 줄 수 없다.

[정리 1.2.2] 인과 닫힘(Causal Closer)

두 변수 X와 Y 사이에 상관관계가 존재하고 약 인과순서를 만족할 때 상관관계가 다음의 세 가지에 기인한다면 이를 인과 닫힘한다고 한다.

a) Y가 X의 유일한 인과종속,
b) 외부변수에 상호종속,
c) a)와 b)의 결합

[정리 1.2.2]에서 만약에 제3의 교락변수(confounding variable)가 있을 때 이를 제거해도 둘 사이의 상관은 사라지지 않는다는 조건이다. 즉 허위상관(spurious correlation)이 아닌 경우를 말한다.

[그림 1.2.1]을 보면 (a), (b), (c)는 인과 닫힘이고 (d)와 (e)의 경우는 교락변수 Z를 제거하면 X와 Y의 상관이 없어지는 허위상관이므로 인과에 닫히지 않는 경우이다. 따라서 많은 변수들 중에서 교락변수를 제거하고 몇 개의 변수를 선택해야 하는 문제가 생기거나 새롭게 교락변수를 고려할 경우 연구자는 연구문제에 상당한 지식과 주관적 판단이 요구된다.

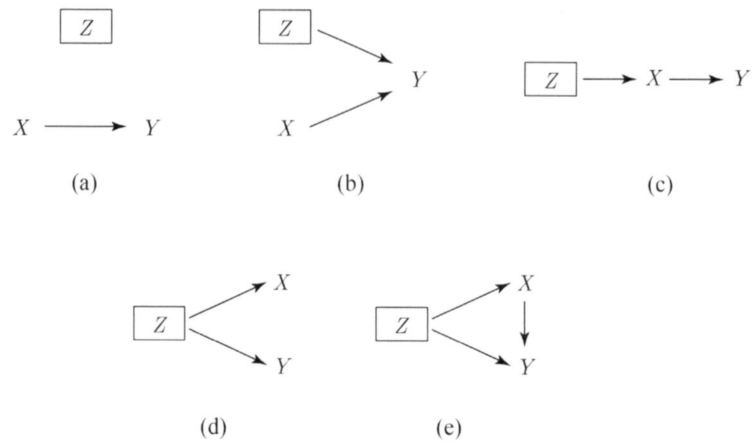

[그림 1.2.1] 인과에 낱힘과 허위상관

1.3 측정모형과 구조모형

1.1절과 1.2절에서 인과모형을 구성하는 잠재변수가 있는 구조방정식모형은 측정모형과 구조모형으로 이루어져 있다고 했다. 측정모형은 관찰이나 측정을 통해 직접 얻어진 관측변수를 통해 이루어지며 구조모형은 측정모형의 관측변수로부터 얻어지고 직접 측정이나 관찰이 불가능하여 추상적이고 가설적인 요소를 지닌 잠재변수에 의해 구성된다. 이들에 대한 보다 자세한 모형 구축과 응용에 대해선 4장에서 살펴볼 수 있다. 이에 앞서 전반적으로 확증적 인자분석모형, 경로분석모형, 잠재변수가 있는 구조방정식모형의 기본이 되는 측정모형과 구조모형과 관련된 여러 가지 내용을 정의하고 요약 정리하고자 한다.

[표 1.3.1]은 구조방정식모형을 구성하는 변수들인 관측변수, 잠재변수, 오차변수에 관

[표 1.3.1] 구조방정식모형의 관측변수와 잠재변수

변수	관측변수 Observed variable	오차변수 Error variable	잠재변수 Latent variable
Exogenous 외생변수	$\boldsymbol{x} = (x_1, ..., x_q)^T$	$\boldsymbol{\delta} = (\delta_1, ..., \delta_q)^T$	$\boldsymbol{\xi} = (\xi_1, ..., \xi_n)^T$
Endogenous 내생변수	$\boldsymbol{y} = (y_1, ..., y_p)^T$	$\boldsymbol{\epsilon} = (\epsilon_1, ..., \epsilon_p)^T$ $\boldsymbol{\zeta} = (\zeta_1, ..., \zeta_m)^T$	$\boldsymbol{\eta} = (\eta_1, ..., \eta_m)^T$

한 대수적 표현에 관하여 정리하고 있다. 특히 이들 변수 사이에는 인과 영향을 주는 외생변수와 인과 영향을 받는 내생변수를 형성하기도 한다. 이들에 의해 [정의 1.3.1]과 [정의 1.3.2]에는 각각 측정모형과 구조모형에 대하여 정의하고 있으며 (1.3.1)과 (1.3.2) 그리고 (1.3.3)에 대수적으로 방정식을 나타내고 있다.

[정의 1.3.1] 측정모형(measurement model, MM)

측정모형은 내생 잠재변수와 관측변수 사이의 관계와 외생 잠재변수와 관측변수 사의 관계를 보여주는 두 방정식에 의해서 기술된다(MM can be described by two equation, which specify the relations between endogenous latent and manifest variables and between exogenous latent and manifest variables, respectively)

[정의 1.3.2] 구조모형(structure model, SM)

구조모형은 연구되고 있는 인과 시스템을 규명하는 가정된 외생 잠재변수와 내생 잠재변수 사이의 관계를 나타내다(SM refers to the hypothesized exogenous and endogenous latent variables that characterize the causal system under study)

[정의 1.3.1]의 측정모형은 [표 1.3.1]로부터 내생과 외생 잠재변수와 관측변수에 대해 각각 (1.3.1)과 (1.3.2)와 같이 정의된다.

$$y = \Lambda_y \eta + \epsilon \tag{1.3.1}$$

$$x = \Lambda_x \xi + \delta \tag{1.3.2}$$

여기서 $\Lambda_y = (\lambda_{jk}^y)$, $j = 1, \ldots, p$, $k = 1, \ldots, m$와 $\Lambda_x = (\lambda_{jk}^x)$, $j = 1, \ldots, q$, $k = 1, \ldots, n$은 회귀계수행렬로 크기가 각각 $p \times m$과 $q \times n$이다. (1.3.1)과 (1.3.2)는 회귀모형 관점에서 (1.3.1)에서는 설명변수 η에서 반응변수 $\boldsymbol{y}$와 (1.3.2)에서는 설명변수 ξ에서 반응변수 x에 대한 각각의 다변량 회귀모형이 된다. 특히, (1.3.2)는 2장의 확증적 인자분석모형을 제공한다.

[정의 1.3.2]의 구조모형은 외생과 내생 잠재변수에 대하여 다음과 같이 대수적으로 나

타낼 수 있다.

$$\eta \ = \ B\eta \ + \ \Gamma\xi \ + \ \zeta \tag{1.3.3}$$

여기서 B는 크기가 $m \times m$이고 Γ는 크기가 $m \times n$인 구조모수행렬이다. 특히, (1.3.3)에서 잠재변수 $\boldsymbol{\xi}$는 설명변수 역할을 하며 잠재변수 $\boldsymbol{\eta}$는 반응변수 역할을 한다.

일반적으로 인과모형에서는 변수들 간에 미치는 영향력을 회귀모형의 관점에서 회귀계수라 하는데 이를 경로계수(path coefficient)라 한다. 회귀모형의 경로계수에 해당하는 회귀계수는 문헌에서 일반적으로 많이 접해 봐서 생략하고 여기서는 구조방정식모형 (1.3.1), (1.3.2), (1.3.3)의 경로계수를 설명하고자 한다. 그리고 2장에서 다룰 확증적 인자분석모형의 경로계수는 구조방정식모형의 측정모형 (1.3.2)의 정의와 동일하므로 생략한다. 다만 (1.3.2)에서 회귀계수행렬을 $\Lambda_x - \Lambda$라 하면 이를 인자적재행렬(factor loadings matrix)이라 부른다. 또한 3장에서 다루어질 경로분석모형은 (1.3.3)에서 $\boldsymbol{\eta}$ 대신에 관측변수 $\boldsymbol{y} = (y_1, ..., y_p)^T$와 $\boldsymbol{\xi}$ 대신 관측변수 $\boldsymbol{x} = (x_1, ..., x_q)^T$를 대체한 경우로 (1.3.4)와 같다.

$$\boldsymbol{y} \ = \ B\boldsymbol{y} \ + \ \Gamma\boldsymbol{x} \ + \ \zeta \tag{1.3.4}$$

일반적으로 인과모형에서 모형에 따라 경로계수는 그리스문자 β(beta), γ(gamma), λ(lambda)를 사용하여 나타낸다. [그림 1.3.1]은 (1.3.1)과 (1.3.2)의 측정모형과 (1.3.3)의 경로계수를 설명하기 위해서 경로도를 그려둔 것이다. (a) 경로도에서 측정모형 (1.3.1)의 $\Lambda_y = (\lambda_{jk}^y)$에 대한 해석으로 경로계수 λ_{jk}^y는 관측변수 y_j가 잠재변수 η_k에 의해서 영향을 받으며 (b) 경로도에서 측정모형 (1.3.2)의 $\Lambda_x = (\lambda_{jk}^x)$에서 경로계수 λ_{jk}^x는 관측변수 x_j가 잠재변수 ξ_k에 의해서 영향을 받으며 이들 영향을 나타내는 경로계수를 효과(effect)라 한다.

[그림 1.3.1]-(c) 경로도는 구조모형 (1.3.3)의 B와 Γ에 대한 해석을 위한 것으로 이 행렬에 대해 $B = (\beta_{hg})$와 $\Gamma = (\gamma_{gl})$를 반영한 것이다. 먼저 B의 β_{hg}는 잠재변수 η_g에서 잠재변수 η_h로 미치는 직접효과(direct effect)를 나타내는 경로계수이고 Γ의 γ_{gl}은 잠재변수 ξ_l에서 잠재변수 η_g로 미치는 직접효과를 나타내는 경로계수이다.

(1.3.4) 경로분석모형에서 구조방정식모형의 구조모형과 같이 $B = (\beta_{hg})$와 $\Gamma = (\gamma_{gl})$를 고려하자. 그러면 B의 β_{hg}는 관측변수 y_g에서 관측변수 y_h로 미치는 직접효과를 나타내며 Γ의 γ_{gl}은 관측변수 x_l에서 관측변수 y_g로 미치는 직접효과를 나타내는 경로계수

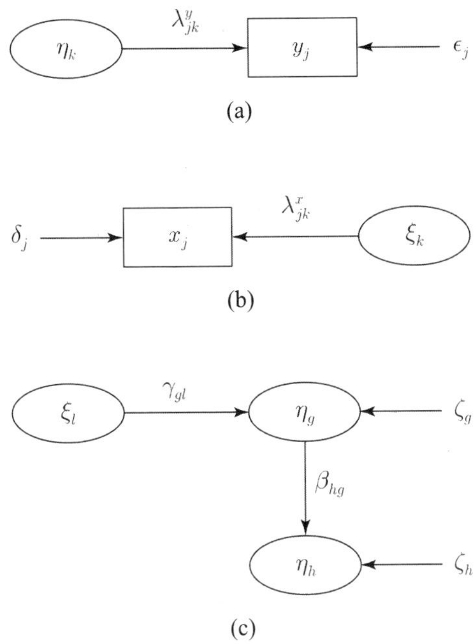

[그림 1.3.1] 구조방정식모형에서 측정모형과 구조모형 경로도와 경로계수의 예

이다. [그림 1.3.1]의 (c)에서 잠재변수를 $\eta_g = y_g$, $\eta_h = y_h$와 $\xi_l = x_l$과 같이 관측변수로 고려하면 된다.

1.4 구조방정식모형의 모수

구조방정식모형의 측정모형 (1.3.1)과 (1.3.2) 그리고 구조모형 (1.3.3)에서 확률변수인 오차항 ϵ, δ과 ζ 그리고 잠재변수 ξ에 대한 공분산행렬은 각각 크기가 $p\times p$, $q\times q$, $m\times m$, $n\times n$인 Θ_ϵ, Θ_δ, Ψ, Φ로 다음과 같다.

$$Cov(\epsilon) = \Theta_\epsilon = diag(\theta^\epsilon_{11}, \dots, \theta^\epsilon_{pp}),$$

$$Cov(\delta) = \Theta_\delta = diag(\theta^\delta_{11}, \dots, \theta^\delta_{qq}),$$

$$Cov(\zeta) = \Psi = diag(\psi_{11}, \dots, \psi_{mm}),$$

$$Cov(\xi) = \Phi = (\phi_{kj}),\ k, j = 1, \dots, n$$

여기서 $E(\epsilon)=0$, $E(\delta)=0$, $E(\zeta)=0$ 그리고 $E(\xi)=0$, 더불어 (1.3.1)-(1.3.3)의 구조방정식모형에서는 오차항과 잠재변수들 간에 다음과 같은 독립성 가정이 필요하다.

$$\epsilon \perp \eta,\ \delta \perp \xi,\ \zeta \perp \xi$$

그리고 ϵ, δ와 ζ 간의 상호 독립과 비정칙성(non-singularity) $I-B>0$을 만족한다.

측정모형 (1.3.1)과 (1.3.2)의 관측변수 $\boldsymbol{x} = (x_1, ..., x_q)^T$와 $\boldsymbol{y} = (y_1, ..., y_p)^T$는 $E(\boldsymbol{x})=0$와 $E(\boldsymbol{y})=0$을 가정한 결합변수로 크기가 $(p+q)\times 1$인 $\boldsymbol{z} = (\boldsymbol{y}^T, \boldsymbol{x}^T)^T$를 고려하면 이는 공분산행렬 (1.4.1)을 가지게 된다.

$$Cov(\boldsymbol{z}) = \Sigma = \begin{pmatrix} \Sigma_{yy} & \Sigma_{yx} \\ \Sigma_{xy} & \Sigma_{xx} \end{pmatrix} \tag{1.4.1}$$

(1.3.3)의 $\eta = B\eta + \Gamma\xi + \zeta$로부터 (1.4.2)를 유도한다.

$$(I-B)\eta = \Gamma\xi + \zeta \iff \eta = (I-B)^{-1}(\Gamma\xi + \zeta) \tag{1.4.2}$$

(1.4.2)를 (1.3.1)의 $y = \Lambda_y\eta + \epsilon$에 대입하면 (1.4.3)과 같다.

$$y = \Lambda_y(I-B)^{-1}(\Gamma\xi + \zeta) + \epsilon \tag{1.4.3}$$

이제 (1.4.1)의 공분산행렬을 구성하는 부행렬들은 (1.4.5) ~ (1.4.8)과 같이 계산되어 지고 그 계산과정은 [정리 1.4.1]에 요약되어 있다. 실제 이들을 공분산구조(covariance structure)라 한다.

$$Cov(\boldsymbol{y}) = \Sigma_{yy} = \Lambda_y(I-B)^{-1}(\Gamma\Phi\Gamma^T + \Psi)(I-B^T)^{-1}\Lambda_y^T + \Theta_\epsilon \tag{1.4.5}$$

$$Cov(\boldsymbol{x}) = \Sigma_{xx} = \Lambda_x\Phi\Lambda_x^T + \Theta_\delta \tag{1.4.6}$$

$$Cov(\boldsymbol{y},\boldsymbol{x}) = \Sigma_{yx} = \Lambda_y(I-B)^{-1}\Gamma\Phi\Lambda_x^T \tag{1.4.7}$$

$$Cov(\boldsymbol{x},\boldsymbol{y}) = \Sigma_{xy} = \Lambda_x\Phi\Gamma^T(I-B^T)^{-1}\Lambda_y^T \tag{1.4.8}$$

따라서 (1.4.1)의 $Cov(\boldsymbol{z}) = \Sigma$의 원소는 잠재변수가 있는 구조방정식모형으로부터 추정하고자 하는 모수행렬 Λ_y, Λ_x, B, Γ, Φ, Ψ, Θ_ϵ 그리고 Θ_δ에 의한 함수가 된다. 그리고 이들은 미지의 모수행렬의 원소로 이루어진 벡터를 θ라 하면 $\Sigma = \Sigma(\theta)$로 나타낼 수 있다. 이들 모수행렬의 원소는 고정(fixed), 자유(free), 제약(constrained) 세 종류로 나누어진다. [보기 1.4.1]에서 이들에 대한 개념을 2장 확증적 인자분석모형과 4장의 잠재변수가 있는 구조방정식모형에서 잠재변수만의 구조모형에서 살펴보자.

[정리 1.4.1] 잠재변수가 있는 구조방정식모형의 공분산구조

(1) (1.4.3) $y = \Lambda_y (I - B)^{-1}(\Gamma\xi + \zeta) + \epsilon$으로부터 $E(y) = 0$이므로

$$
\begin{aligned}
Cov(y) = \Sigma_{yy} &= E[y y^T] \\
&= E\left[\left(\Lambda_y (I-B)^{-1}(\Gamma\xi + \zeta) + \epsilon\right)\left(\Lambda_y (I-B)^{-1}(\Gamma\xi + \zeta) + \epsilon\right)^T\right] \\
&= \Lambda_y (I-B)^{-1} E\left[(\Gamma\xi + \zeta)(\Gamma\xi + \zeta)^T\right](I - B^T)^{-1}\Lambda_y^T + E(\epsilon\epsilon^T) \\
&= \Lambda_y (I-B)^{-1}(\Gamma\Phi\Gamma^T + \Psi)(I - B^T)^{-1}\Lambda_y^T + \Theta_\epsilon
\end{aligned}
$$

여기서 $E[\epsilon\xi^T] = 0$, $E[\epsilon\zeta^T] = 0$, $E[\xi\zeta^T] = 0$, $E[\zeta\xi^T] = 0$, $E[\zeta\zeta^T] = \Psi$, $E[\epsilon\epsilon^T] = \Theta_\epsilon$와 $E[\xi\xi^T] = \Phi$이다.

(2) (1.3.2) $x = \Lambda_x\xi + \delta$로부터 $E(x) = 0$이므로

$$
\begin{aligned}
Cov(x) = \Sigma_{xx} &= E\left[(\Lambda_x\xi + \delta)(\Lambda_x\xi + \delta)^T\right] \\
&= E\left[\Lambda_x\xi\xi^T\Lambda_x^T + \Lambda_x\xi\delta^T + \delta\xi^T\Lambda_x^T + \delta\delta^T\right] \\
&= \Lambda_x\Phi\Lambda_x^T + \Theta_\delta
\end{aligned}
$$

여기서 $E[\xi\xi^T] = \Phi$, $E[\xi\delta^T] = 0$, $E[\delta\xi^T] = 0$이고 $E[\delta\delta^T] = \Theta_\delta$이다.

(3) (1.3.1) $y = \Lambda_y\eta + \epsilon$과 (1.3.2)로부터 $E(y) = 0$와 $E(x) = 0$이므로

$$
\begin{aligned}
Cov(y, x) = \Sigma_{yx} &= E\left[(\Lambda_y\eta + \epsilon)(\Lambda_x\xi + \delta)^T\right] \\
&= E\left[\Lambda_y\eta\xi^T\Lambda_x^T + \Lambda_y\eta\delta^T + \epsilon\xi^T\Lambda_x^T + \epsilon\delta^T\right] \\
&= \Lambda_y E\left[\eta\xi^T\right]\Lambda_x^T
\end{aligned}
$$

여기서 $E[\eta\delta^T] = 0$, $E[\epsilon\xi^T] = 0$ 이고 $E[\epsilon\delta^T] = 0$이다.

그리고 (1.4.2) $\eta = (I - B)^{-1}(\Gamma\xi + \zeta)$로부터

$$
\begin{aligned}
E[\eta\xi^T] = E\left[(I-B)^{-1}(\Gamma\xi + \zeta)\xi^T\right] &= (I-B)^{-1}\Gamma E[\xi\xi^T] + E[\zeta\xi^T] \\
&= (I-B)^{-1}\Gamma\Phi
\end{aligned}
$$

여기서 $E[\boldsymbol{\xi}\boldsymbol{\xi}^T] = \Phi$와 $E[\boldsymbol{\zeta}\boldsymbol{\xi}^T] = 0$이다. 따라서

$$Cov(\boldsymbol{y}, \boldsymbol{x}) = \Sigma_{yx} = \Lambda_y(I-B)^{-1}\Gamma\Phi\Lambda_x^T$$

(4) $Cov(\boldsymbol{x}, \boldsymbol{y}) = \Sigma_{xy} = \Sigma_{yx}^T = \left[\Lambda_y(I-B)^{-1}\Gamma\Phi\Lambda_x^T\right]^T = \Lambda_x\Phi\Gamma^T(I-B^T)^{-1}\Lambda_y^T$

[보기 1.4.1] 구조방정식모형의 모수행렬의 고정원소, 자유원소와 제약원소의 예

2장의 확증적 인자분석모형과 4장의 잠재변수가 있는 구조방정식모형에서 모형을 구성하는 모수행렬을 통해 고정원소, 자유원소와 제약원소의 몇 가지 예를 살펴보자.

(1) 확증적 인자분석(CFA) 모형: $\boldsymbol{x} = \Lambda\boldsymbol{\xi} + \boldsymbol{\delta}$

$$\Lambda = \begin{pmatrix} \lambda_{11} & 0 \\ \lambda_{21} & 0 \\ \lambda_{31} & 0 \\ 0 & \lambda_{42} \\ 0 & \lambda_{52} \\ 0 & \lambda_{62} \end{pmatrix} \Rightarrow \text{0: 고정원소, } \lambda_{jk}\text{: 자유원소}$$

$$\Rightarrow \lambda_{21} = \lambda_{31},\ \lambda_{52} = \lambda_{62}\text{: 제약원소}$$

$$\Rightarrow \lambda_{11} = \lambda_{21} = \lambda_{62} = 0.5\text{: (non-zero) 고정원소}$$

이를 요약하자면 적재행렬 Λ에서 0의 값을 가지는 원소를 고정원소라 하며 원소 값이 정해지지 않은 모수형태인 자유원소 $\lambda_{11} \sim \lambda_{31}$, $\lambda_{42} \sim \lambda_{62}$들 가운데 $\lambda_{21} = \lambda_{31}$, $\lambda_{52} = \lambda_{62}$와 같이 조건을 두면 이를 제약원소라 한다. 특히, 자유원소에 $\lambda_{11} = \lambda_{21} = \lambda_{62} = 0.5$와 같이 값을 정해 주며 이를 0이 아닌 고정원소라 한다.

(2) 잠재변수가 있는 구조방정식모형의 구조모형: $\boldsymbol{\eta} = B\boldsymbol{\eta} + \Gamma\boldsymbol{\xi} + \boldsymbol{\zeta}$

$$B = \begin{pmatrix} 0 & \beta_{12} & \beta_{13} \\ \beta_{21} & 0 & 0 \\ \beta_{31} & 0 & 0 \end{pmatrix} \Rightarrow \text{0: 고정원소, } \beta_{kg}\text{: 자유원소}$$

$Cov(\boldsymbol{\zeta}) = \Psi = diag(1, \psi_{22}, \psi_{33}, 0, \psi_{55}) \Rightarrow$ 1, 0: 고정원소, $\psi_{22}, \psi_{33}, \psi_{55}$: 자유원소

이를 요약하자면 경로계수 행렬 B에서 0의 값을 가지는 고정원소와 값이 정해지지 않

은 모수 형태의 β_{12}, β_{13}, β_{21}, β_{31}을 자유원소라 한다. 실제 모형 설정에 나타나 있지 않지만 오차항의 공분산행렬도 모수행렬로 1과 0의 값을 가지는 고정원소와 값이 정해지지 않은 ψ_{22}, ψ_{33}, ψ_{55}을 자유원소라 한다.

일반적으로 구조방정식모형의 모수행렬을 구성하는 원소를 추정한다는 관점에서는 이를 모수(parameter)라고도 한다. 특히 고정원소를 제외하고 제약원소나 자유원소는 추정해야할 모수이다.

1.5 모형의 추정과 검정 적합도 지수

1.5.1 모형의 추정과 적합

Timm(2002, 10장)과 Jöreskog와 Sörbom(1989, 1장)을 참고로 구조방정식모형에 대한 추정과 적합을 요약하려 한다. 일반적으로 구조방정식모형을 구성하는 미지의 모수에 의한 모수행렬은 (1.4.1)의 공분산행렬에 모두 포함되어 있다. 특히 이들 미지의 모수행렬의 원소로 이루어진 벡터를 $\boldsymbol{\theta}$라 하면 $\Sigma = \Sigma(\boldsymbol{\theta})$가 되어 공분산행렬을 추정하는 것이 결국 구조방정식모형을 적합하는 것과 연관된다. 따라서 모형 적합에 관련된 귀무가설로 설정된 모형이 적합하다는 가정인 (1.5.1)을 고려하게 된다.

$$H_0 : \Sigma = \Sigma(\boldsymbol{\theta}) \tag{1.5.1}$$

일반적으로 (1.5.1)의 추정량 $\hat{\Sigma} = \Sigma(\hat{\boldsymbol{\theta}})$은 측정모형 (1.3.1)와 (1.3.2)의 관측변수 $\boldsymbol{x} = (x_1, \dots, x_q)^T$와 $\boldsymbol{y} = (y_1, \dots, y_p)^T$의 결합변수로 크기가 $(p+q)\times 1$인 $\boldsymbol{z} = (\boldsymbol{y}^T, \boldsymbol{x}^T)^T$의 관찰 표본으로 $k = q + p$라 하면 크기가 $k\times k$ 표본 공분산행렬 $\hat{\Sigma} = S$를 고려한다. 실제 구조방정식모형의 적합에서 t를 (1.5.1)의 $\Sigma = \Sigma(\boldsymbol{\theta})$에서 모수 벡터 $\boldsymbol{\theta}$를 구성하는 자유모수의 수라고 하면 모형의 적합도를 다루는 (1.5.6)의 카이제곱 통계량의 자유도는 관측변수의 총 수 $k = q + p$에 의해서 $df = k(k+1)/2 - t$가 된다. 특히 자유도가 $df \geq 0$을 만족해야 구조방정식모형을 적합할 수 있다.

구조방정식모형의 적합을 위한 적합함수 F는 (1.5.2)와 같이 $S - \hat{\Sigma}$가 근사적으로 가장 최소화되게 0이 되면 된다.

$$F = S - \Sigma(\hat{\theta}) \simeq 0 \tag{1.5.2}$$

전통적으로 구조방정식모형에서는 $\boldsymbol{z} = (\boldsymbol{y}^T, \boldsymbol{x}^T)^T$ 의 다변량 정규분포 가정하에 최대우도(maximum likelihood, ML)법에 의한 우도비검정(likelihood ratio test)을 통해 (1.5.3)의 적합함수를 구하게 된다.

$$F_{ML} = \log|\Sigma(\boldsymbol{\theta})| + tr(\Sigma(\boldsymbol{\theta})^{-1}S) - \log|S| - k \tag{1.5.3}$$

(1.5.3)의 적합함수 유도는 최용석(2019, 3.2절)을 참고로 [정리 1.5.1]에 요약되어 있다. 일반적으로 다변량 통계학에서는 우도함수에 의한 우도비검정은 근사적으로 카이제곱 검정통계량에 바탕을 두며 카이제곱 분포를 빠르게 근사 하도록 수정된 우도비검정 통계량을 최종적으로 제시한다. [정리 1.5.1]에서 모수 벡터 Θ에서 모평균 $\boldsymbol{\mu}$는 귀무가설과 대립가설을 위한 모수공간 Ω_0과 Ω_1에 공통적으로 모두 포함되어 있어 일관성을 잃지 않는 관점에서 $\boldsymbol{\mu}=0$로 두어도 된다. 따라서 실제 관심은 $H_0 : \Sigma = \Sigma(\boldsymbol{\theta})$에 포함된 모수만을 추정하여 모형을 적합시키게 된다.

[정리 1.5.1] $H_0 : \Sigma = \Sigma(\boldsymbol{\theta})$**에 대한 우도비검정의 적합함수**

관측변수 $\boldsymbol{x} = (x_1, ..., x_q)^T$와 $\boldsymbol{y} = (y_1, ..., y_p)^T$의 결합변수로 크기가 $(p+q)\times 1$인 $\boldsymbol{z} = (\boldsymbol{y}^T, \boldsymbol{x}^T)^T$가 다변량 정규분포 $N_k(\boldsymbol{\mu}, \Sigma)$를 따른다. 이로부터 얻어진 N명의 개체 z_i, $i = 1, ..., N$에 대해 모수벡터 Θ는 귀무가설 $H_0 : \Sigma = \Sigma(\boldsymbol{\theta})$과 대립가설 $H_1 : \Sigma \neq \Sigma(\boldsymbol{\theta})$ 각각에서 다음을 만족한다.

$$\Theta \subseteq \Omega_0 = \{\boldsymbol{\mu}, \Sigma(\boldsymbol{\theta})\}, \quad \Theta \subseteq \Omega_1 = \{\boldsymbol{\mu}, \Sigma\}, \quad \Omega = \Omega_0 \cup \Omega_1.$$

최대우도추정치를 구하기 위한 우도함수는 $V = (N-1)S$일 때 다음과 같다.

$$L(\boldsymbol{\mu}, \Sigma) = (2\pi)^{-Nk/2}|\Sigma|^{-N/2} \exp\left\{-\frac{1}{2}\left[tr\left[\Sigma^{-1}V\right] + N(\overline{\boldsymbol{x}} - \boldsymbol{\mu})^T\Sigma^{-1}(\overline{\boldsymbol{x}} - \boldsymbol{\mu})\right]\right\}$$

$H_1 : \Sigma \neq \Sigma(\boldsymbol{\theta})$에서 $\max_{\Theta \subseteq \Omega} L(\Theta) = \max_{\boldsymbol{\mu}, \Sigma} L(\boldsymbol{\mu}, \Sigma)$로부터 $\boldsymbol{\mu}$와 Σ의 최대우도추정치는 $\hat{\boldsymbol{\mu}} = \overline{\boldsymbol{x}}$와 $\hat{\Sigma} = N^{-1}V$이다. 따라서 $H_1 : \Sigma \neq \Sigma(\boldsymbol{\theta})$에서 최대우도 함숫값은 다음과 같다.

$$\max_{\mu,\Sigma} L(\mu, \Sigma) = L(\hat{\mu}, \hat{\Sigma}) = (2\pi)^{-Nk/2}\left|\frac{1}{N}V\right|^{-N/2}\exp\left\{-\frac{1}{2}tr\left[\frac{N}{V}V\right]\right\}$$

$$= (2\pi)^{-Nk/2}N^{Nk/2}|V|^{-N/2}\exp\left\{-\frac{Nk}{2}\right\} \tag{1.5.4}$$

여기서 $tr[(N/V)V] = tr[NI_k] = Nk$.

이번에는 $H_0 : \Sigma = \Sigma(\theta)$에서 $\max_{\Theta \subseteq \Omega_0} L(\Theta) = \max_{\mu} L(\mu, \Sigma(\theta))$로부터 μ의 최대우도추정치는 $\hat{\mu} = \overline{x}$에 의해서 최대우도함숫값은 다음과 같다.

$$\max_{\mu} L(\mu, \Sigma(\theta)) = L(\hat{\mu}, \Sigma(\theta))$$

$$= (2\pi)^{-Nk/2}|\Sigma(\theta)|^{-N/2}etr\left(-\frac{1}{2}\Sigma(\theta)^{-1}V\right) \tag{1.5.5}$$

여기서 $etr(\cdot) = \exp(tr(\cdot))$이다. 따라서 (1.5.4)와 (1.5.5)로부터

$$\Lambda = \frac{(2\pi)^{-Nk/2}|\Sigma(\theta)|^{-N/2}etr\left(-\frac{1}{2}\Sigma(\theta)^{-1}V\right)}{(2\pi)^{-Nk/2}N^{Nk/2}|V|^{-N/2}e^{-Nk/2}}$$

$$= N^{-Nk/2}e^{Nk/2}(N-1)^{Nk/2}|S|^{N/2}|\Sigma(\theta)|^{-N/2}etr\left(-\frac{N-1}{2}\Sigma(\theta)^{-1}S\right)$$

$$= \left(\frac{N-1}{N}e\right)^{Nk/2}|S|^{N/2}|\Sigma(\theta)|^{-N/2}etr\left(-\frac{N-1}{2}\Sigma(\theta)^{-1}S\right) \tag{1.5.6}$$

(1.5.6)에서 자료의 수가 큰 경우 N을 $N-1$로 수정을 하여도 별 문제가 없으며 이는 우도비 검정통계량이 카이제곱수렴을 용이하게 해 준다. 그러므로 수정된 우도비 검정통계량은 (1.5.7)과 같다.

$$\Lambda_m = e^{(N-1)k/2}|S|^{(N-1)/2}|\Sigma(\theta)|^{-(N-1)/2}etr\left(-\frac{N-1}{2}\Sigma(\theta)^{-1}S\right) \tag{1.5.7}$$

(1.5.7)의 로그변환을 포함한 변환을 통해 (1.5.8)을 얻는다.

$$-\frac{2}{N-1}\log\Lambda_m = -k - \log|S| + \log|\Sigma(\theta)| + tr\left(\Sigma(\theta)^{-1}S\right) \tag{1.5.8}$$

(1.5.8)은 t를 $\Sigma = \Sigma(\theta)$에서 모수 벡터 θ를 구성하는 자유모수의 수라고 하면 근사적으로 자유도 $df = k(k+1)/2 - t$인 카이제곱분포를 따르며 이를 (1.5.3)의 적합함수 F_{ML}이라 하자.

다변량 정규성을 바탕으로 우도함수에 의한 모형 적합함수 (1.5.3)의 F_{ML}외에 공분산행렬 S와 $\Sigma(\hat{\theta})=\hat{\Sigma}$의 가중 추정치를 비교하는 행렬 놈(norm)의 몇 가지 변형에 따른 가중행렬 W의 역행렬 W^{-1}를 고려하여 가중최소제곱(weighted least squares, WLS)법에 의해서 (1.5.9)를 모형 적합함수로 고려할 수 있다.

$$F_{WLS} = \frac{1}{2}tr[W^{-1}(S-\Sigma(\theta))]^2 = \frac{1}{2}\| W^{-1}(S-\Sigma(\theta))\|^2 \qquad (1.5.9)$$

(1.5.9)에서 $W^{-1}=S^{-1}$을 고려하면 일반화최소제곱(generalized least squares, GLS)법과 $W^{-1}=I$를 고려하면 비가중최소제곱(unweighted least squares, ULS)법에 의한 적합함수를 고려하게 된다. 더불어 DWLS(digonally weighted least square)법은 W^{-1}의 대각원소만을 고려하는 적합방법이다. 이들 방법은 모형이 적절하고 자료가 충분하면 모수의 추정치는 유사하고 일치한다.

실제 적합함수 (1.5.3)의 F_{ML}와 (1.5.9)의 F_{WLS}를 최소화하는 데는 뉴턴-라프슨(Newton-Raphson)과 가우스-뉴튼(Gauss-Newton) 방법의 수치해석 알고리즘을 활용해야 할 만큼 복잡하다(Timm, 2002, 10.2절). R의 lavaan 패키지에서는 모형 추정방법 ML, WLS, GLS, ULS, DWLS를 함수 sem()와 cfa()의 옵션 estimator="ML"/"WLS"/"GLS"/"ULS"/"DWLS"에 의해서 모형 적합함수를 최소화하는 추정치를 제공하는 추정을 하게 된다. ML 방법은 디폴트로 다변량 정규성이 가정되어야 하는데 이를 만족하면 근사적으로 비편향성(unbiasedness), 최소분산성 등 가장 바람직한 추정을 제공한다. 특히 WLS는 다중 군집의 SEM을 비교할 때 두 군집의 서로 다른 공분산행렬을 가중치로 고려하여 추정의 효율을 높일 수 있다. 실제로 WLS는 여러 인과모형의 다중 군집분석에서 군집의 공분산행렬의 동질성이 의심될 때 사용하면 좋다고 알려져 있다. 더불어 다변량 정규성이 만족되지 않을 때 로버스트하게 표준오차와 검정통계량을 제공한다. 더 나아가 estimator="MLM"/"MLR"은 다변량 정규성이 만족되지 않을 때 적용하는 모형 적합 추정방법으로 3.4절에서 비모수적 방법(non-parametric method)으로 알려진 붓스트랩 방법(Bootstrap method)과 함께 소개하고 있다. 특히, MLM과 MLR은 각각 ML에 의한 카이제곱 검정통계량의 수정된 Satorra-Bentler 카이제곱 통계량에 의한 평균-수정 카이제곱검정과 Yuan-Bentler T2 검정통계량과 근사적으로 같은 MLR 카이제곱 검정통계량을 제공한다(Rosseel, 2010; 2014).

모형의 추정에서 중요한 다변량 정규성에 대한 검정은 Mardia(1970)의 다변량 왜도(skewness)와 첨도(kurtosis)를 활용하는 것으로 1.6절에서 다루고 있다. 추가적으로 인과모형의 다중 군집분석에 필요한 박스 M-검정을 활용한 공분산행렬의 동질성 검정은 1.7 절에서 자세히 설명하고 있다.

1.5.2 모형의 적합도 지수

구조방정식모형에서 가정한 모형이 자료에 의해서 얼마나 잘 설명되는지는 (1.5.1) $\Sigma = \Sigma(\theta)$의 추정된 크기가 $k \times k$인 공분산행렬 $\hat{\Sigma} = \Sigma(\hat{\theta})$이 크기가 $k \times k$인 표본 공분산행렬 S를 어느 정도 설명하는 지를 보여주는 설명력 내지는 적합도(goodness-of-fit)가 필요하다. 관측변수의 단위(unit)가 다를 경우 표준화된 자료에 대한 공분산행렬은 상관행렬이 된다. 특히, 구조방정식모형을 위한 많은 적합도 검정은 자료의 수와 다변량 정규성 등에 따라 어느 것이 가장 적절한 것인지를 말할 수는 없으며, 다만 다양한 적합도를 비교하여 모형의 적절성을 이끌어 낸다. 이 절에서는 모형의 적합도를 위한 다양한 지수 중 가장 많이 사용되는 몇 가지를 정의하고자 한다.

만약에 공분산행렬 S와 $\Sigma = \Sigma(\theta)$의 대각원소 및 하삼각행렬 원소에 의한 두 벡터

$$s = (s_{11}, s_{21}, s_{22}, s_{31}, \ldots, s_{kk})^T$$
$$\sigma = (\sigma_{11}, \sigma_{21}, \sigma_{22}, \sigma_{31}, \ldots, \sigma_{kk})^T$$

를 고려하자. 그러면 (1.5.3)과 (1.5.9)의 적합함수의 일반형은 s와 σ의 가중유클리드거리 형태 (1.5.5)와 같이 정의할 수 있다.

$$F(S, \Sigma(\theta)) = \|s - \sigma\|^2_{W^{-1}} = (s - \sigma)^T W^{-1} (s - \sigma) \tag{1.5.5}$$

먼저 (1.5.1)에서 설정된 모형이 적합하다는 가정인 귀무가설 $H_0 : \Sigma = \Sigma(\theta)$을 검정하는 카이제곱 검정통계량은 자료의 수가 N이라고 하면 (1.5.6)과 같이 정의된다.

$$X^2 = (N-1)F(S, \Sigma(\hat{\theta})) \tag{1.5.6}$$

(1.5.6)의 통계량은 자유도가 $df = k(k+1)/2 - t$이며 t는 귀무가설 $\Sigma = \Sigma(\theta)$의 모수 벡터 θ를 구성하는 자유모수의 수이다. 특히 자유도는 $df \geq 0$을 만족해야 구조방정식모형을 적합할 수 있다. 카이제곱 통계량은 다변량 정규성 가정에 의존하며 더불어 자료의 수 N에 비례하여 다변량 정규성을 근사적으로 만족하게 하는 조건이 되면서 오히려 연구하고자 하는 구조방정식모형에 대한 귀무가설을 기각하기도 한다.

만약에 자유도가 $df = 0$인 경우 모형에서 추정하고자 하는 모수의 수와 변수들에

$\Sigma = \Sigma(\boldsymbol{\theta})$의 자유모수의 수가 일치하는 포화모형(saturated model)이 된다. 일반적으로 포화모형은 카이제곱검정의 자유도의 조건 $df \geq 0$을 만족하나 모형에서 추정하고자 하는 모수의 수가 적은 단순 모형을 선호하는 측면에서 바람직하지는 않다. 수리적으로 모수를 더 추가하여 복잡한 모형을 설정하면 카이제곱 검정통계량의 값이 작아지고 모형이 적합하나 모형의 간결성에 위배되는 문제가 발생하기도 한다. 따라서 실제 분석에서 카이제곱검정을 위한 가정이 모두 만족되기는 쉽지 않다.

카이제곱 검정통계량이 지니는 문제점에서 첨도가 매우 작은 분포의 경우 다음과 같은 CI(converted index)

$$Z = \frac{\sqrt[3]{\frac{X^2}{df}} - \left(1 - \frac{2}{9 \times df}\right)}{\sqrt{\frac{2}{9 \times df}}}$$

에 의해서 $|Z| \leq 5$이면 대개 모형이 잘 적합되었다고 한다.

다음으로 자료의 수에 영향을 받는 카이제곱 검정통계량 대신에 자료의 수에 영향을 덜 받는 (1.5.7)의 GFI(goodness-of-fit index)가 있다.

$$GFI = 1 - \frac{F(S, \Sigma(\hat{\boldsymbol{\theta}}))}{F(S, \Sigma(0))} \tag{1.5.7}$$

(1.5.7)에서 $0 \leq GFI \leq 1$을 만족하는 GFI의 모형 적합 기준은 0.9 이상 이면 된다.

특히, (1.5.7)의 GFI에서 자유도 $df = k(k+1)/2 - t$를 고려한 수정된 지수로 $AGFI$(adjusted goodness-of-fit index)가 있다.

$$AGFI = 1 - \frac{k(k+1)}{2 \times df}(1 - GFI) \tag{1.5.8}$$

여기서 $0 \leq AGFI \leq 1$을 만족하는 (1.5.8)의 모형 적합 기준은 0.8 이상 이면 된다. (1.5.7)의 GFI는 모형에 모수를 추가하면 증가하는 경향이 있어 모수를 추가하거나 제거하여 모형을 정할 경우 $AGFI$가 유용하게 사용된다.

다음은 잔차 $r_{ij} = s_{ij} - \widehat{\sigma_{ij}}$의 제곱에 의한 $RMSR$(root mean square residuals)이 있다.

$$RMSR = \sqrt{\frac{2}{k(k+1)} \sum_{i=1}^{k} \sum_{j=1}^{i} r_{ij}^2} \tag{1.5.10}$$

(1.5.10)의 $RMSR$ 은 잔차 $r_{ij} = s_{ij} - \widehat{\sigma_{ij}}$가 매우 작을수록 작아지며 0에 가까우면 모형 적합하나 적절한 기준값은 없다.

끝으로 (1.5.6)의 카이제곱 검정통계량 X^2에 의해서 자유도와 자료의 수를 고려한 $RMSEA$ (root mean square error of approximation)는 (1.5.11)과 같다.

$$RMSEA = \frac{\sqrt{X^2 - df}}{\sqrt{df \times (N-1)}} \tag{1.5.11}$$

여기서 $RMSEA$ 는 X^2이 자유도 df에 비해 작다면 0에 가깝게 되며, 0.05 이하면 모형의 적합이 매우 높음을 보여준다. 반대로 그 값이 클수록 적합이 낮음을 나타낸다. 최근 $RMSEA$ 의 활용이 높아지고 비교적 다른 모형 적합도 지수에 비해 신뢰성이 높다.

이 외에도 자료의 수에 크게 영향을 받지 않으며 0.9 이상이면 모형이 적합한 것으로 판단하는 CFI (comparative fit index), $NNFI$ (non-normed fit index), NFI (normed fit index), $PNFI$ (parsimony-adjusted NFI) 등 상대 적합도 지수가 있다. 특히, 강현철(2019, A.4)은 이들에 대해 비교 설명하고 있다. 추가적으로 정보기준(information criterion, IC) 통계량에 바탕을 둔 AIC (Akaika IC)와 BIC (Bayes IC)가 있는데 이들도 (1.5.1)에 대한 우도비검정을 통한 (1.5.3)의 적합함수 F_{ML}에 바탕을 두고 있으며 이들에 대해선 Shipley(2013)과 Bollen 외(2019)를 참고 바란다.

이 책에서는 R의 패키지 lavaan에서 제공하는 여러 적합도 지수 가운데 Schumacker(2016, 12장)에서 추천하는 카이제곱 검정통계량(chisq), CFI, GFI 그리고 $RMSEA$ 를 활용하고자 한다.

1.5.3 다양한 인과모형의 미리 보기

[보기 1.5.1]-[보기 1.5.6]에는 2장 확증적 인자분석모형, 3장 잠재변수가 없는 구조방정식모형으로 경로분석모형, 4장 잠재변수가 있는 구조방정식모형과 다싯점 구조방정식모형인 잠재성장모형, 5장 회귀모형으로 다중 회귀모형, 다변량 회귀모형과 공분산분석모형에 대해 각 장의 보기로부터 대표적인 것을 재인용하여 개괄적으로 미리 소개하려 한다. 덧붙여 군집 간의 모형을 비교하는 다중 군집분석도 언급하고 있다. 특히, [보기 1.5.1]은 각 장별 순서에 따라 원래는 [보기 1.5.2] 다음에 설명해야 한다. 그러나 관측변수가 3개인 구조가 단순한 경로분석모형이라 앞서 설명한 모형 적합도 지수와 R의 패키지 lavaan을 활용하여 자료입력, 모형설정, 주요 적합도 지수 지정, 모형적합을 위한 함수

sem() 등에 관한 간단한 예를 보여주기에 적합하다. 특히, 연구자가 세운 다양한 인과모형에 따라 R-코드 모형 작성도 다양하므로 연구자는 이 절에서 그 차이를 잘 살펴보기 바란다.

[보기 1.5.1] 경로분석모형: 부모 당선호도와 자녀 당선호도

3장의 [보기 3.1.1]에서 1965년 고등학교 고학년 학생을 대상으로 부모의 당선호도와 자녀의 당선호도의 인과관계를 알아보고자 100쌍의 부모와 학생들을 면접 조사하였다. 이를 바탕으로 잠재변수가 없는 구조방정식모형인 경로분석모형 (1.5.12)를 고려하게 된다. 이는 x_1=부 당선호도, y_1=모 당선호도, y_2=자녀 당선호도 3가지 관측변수로 이루어진 상관행렬 [자료 1.5.1]과 이에 관한 경로도가 [그림 1.5.1]에 주어져 있다. 이들 [자료 1.5.1]과 [그림 1.5.1]은 [보기 3.1.1]에서 재인용된다.

[자료 1.5.1] 상관행렬

관측변수	x_1	y_1	y_2
x_1 = 부 당선호도	1.00		
y_1 = 모 당선호도	0.71	1.00	
y_2 = 자녀 당선호도	0.57	0.62	1.00

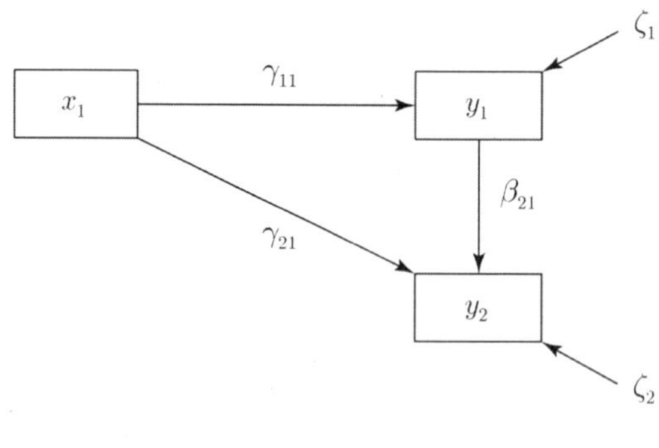

[그림 1.5.1] 부모와 자녀의 당선호도에 대한 경로도

$$
\begin{aligned} y_1 &= \gamma_{11}x_1 + \zeta_1 \\ y_2 &= \gamma_{21}x_1 + \beta_{21}y_1 + \zeta_2 \end{aligned} \Leftrightarrow \begin{pmatrix} y_1 \\ y_2 \end{pmatrix} = \begin{pmatrix} 0 & 0 \\ \beta_{21} & 0 \end{pmatrix}\begin{pmatrix} y_1 \\ y_2 \end{pmatrix} + \begin{pmatrix} \gamma_{11} \\ \gamma_{21} \end{pmatrix} x_1 + \begin{pmatrix} \zeta_1 \\ \zeta_2 \end{pmatrix} \quad (1.5.12)
$$

$$
\Leftrightarrow \; y = By + \Gamma x_1 + \zeta
$$

여기서는 인과모형의 추정과 해석은 잠시 접어두고 모형의 적합도 지수에 대한 종류와 R의 lavaan 패키지에서 제공되는 결과를 살펴보기로 하자. [R-코드 1.5.1]은 (1.5.12)의 모형을 [표 1.5.1]과 같이 R-코드 모형 작성을 고려하여 [결과 1.5.1]을 제공한다. 특히, [표 1.5.1]에서는 내생변수 Mother와 Child에 미치는 외생변수 Father와 사전변수 Mother 영향을 고려한 선형결합 형태를 ~를 사용하여 설정하고 있다.

여기서 [R-코드 1.5.1]을 통해 자료입력, 모형설정, 주요 적합도 지수 지정, 적합함수 sem()을 위한 lavaan 패키지의 기본 활용에 대해 살펴보려 한다. 특히, # Input data에서 함수 lav_matrix_lower2full()는 상관행렬 [자료 1.5.1]을 입력자료 party로 만들어 준다. 이는 함수 data.frame()을 통하여 상관행렬의 행의 변수 이름을 입력하고 as.matrix()에 의해서 상관행렬의 입력자료 party를 행렬로 정의한다. [표 1.5.1]에서 정의된 모형 party.model을 함수 sem()에서 적합시키기 위해서 옵션 model=party.model을 사용하고 앞서 # Input data에서 정의한 자료 party를 옵션 sample.cov=party로 지정하고 자료의 수는 sample.nobs=100에 의해서 지정한다. 입력자료로 상관행렬이나 공분산행렬을 이용할 경우 자료의 수에 대한 옵션 sample.nobs=은 반드시 필요하다.

[표 1.5.1] 부모와 자녀 당선호도의 경로분석모형을 위한 R-코드 모형 작성

```
# Create model
party.model='
Mother~Father
Child~Father + Mother'
```

필요한 주요 모형 적합도 지수를 얻기 위해서는 # Select fit indices에서 다음의 코드를 추가하고 함수 fitMeasures()에 의해서 옵션 index를 지정하면 된다.

```
# Select fit indices
index=c("chisq", "df", "pvalue", "cfi", "rmsea", "gfi")
```

[결과 1.5.1]의 (1)에는 모든 모형 적합도 지수를 보여주고 있으며 (2)에는 (1)로부터 주요 적합도 지수를 선택하여 제시하고 있다. 먼저 모형 (1.5.12)에서 추정하고자 하는 모수의 수는 B에서 1개, Γ에서 2개, $Cov(\zeta) = \Psi = diag(\psi_{11}, \psi_{22})$에서 2개, 외생변수 x_1의 분산 $var(x_1) = \phi_{11}$에서 1개 총 $t=6$개이다. 외생변수 x_1과 내생변수 y_1과 y_2에 의해서 총 변수의 수는 $k=3$이므로 카이제곱검정의 자유도 $df = k(k+1)/2 - t$에서 $df = 0$이 되어 포화모형이 된다. 이로 인하여 카이제곱 검정통계량 chisq의 값은 0이 되며 유의확률은 NA로 구할 수가 없다. 당연히 CFI와 GFI가 1로 모형이 완전 적합함을 나타내었고 작은 값을 가질수록 좋은 기준이 되는 $RMSEA$도 0으로 모형의 적합성을 보여주고 있다. [R-코드 1.5.1]의 보다 자세한 설명은 3장의 경로분석모형을 참고하면 된다.

[R-코드 1.5.1] 부모 당선호도와 자녀 당선호도의 경로분석모형 (party-PAmodel-gofindex.R)

```
## Goodness-of-fit Indices for SEM of Party prefernce of parents and Children
library(lavaan)
# Input data
party=lav_matrix_lower2full(c(
1.00,
0.71, 1.00,
0.57, 0.62, 1.00))

party=data.frame(party, row.names=c("Father", "Mother", "Child"))
names(party)=c("Father", "Mother", "Child")
party=as.matrix(party);party

# Create model
party.model='
Mother~Father
Child~Father + Mother'

# Run SEM model
fit=sem(model=party.model, sample.cov=party, sample.nobs=100)
fitMeasures(fit)

# Select fit indices
index=c("chisq", "df", "pvalue", "cfi", "rmsea", "gfi")
fitMeasures(fit, index)
```

[결과 1.5.1] [R-코드 1.5.1]의 결과

(1) 모형 적합도 지수

```
> fitMeasures(fit)
               npar                fmin               chisq
              6.000               0.000               0.000
                 df              pvalue      baseline.chisq
              0.000                  NA             124.331
        baseline.df     baseline.pvalue                 cfi
              3.000               0.000               1.000
                tli                nnfi                 rfi
              1.000               1.000               1.000
                nfi                pnfi                 ifi
              1.000               0.000               1.000
                rni                logl   unrestricted.logl
              1.000            -362.009            -362.009
                aic                 bic              ntotal
            736.017             751.648             100.000
               bic2               rmsea      rmsea.ci.lower
            732.699               0.000               0.000
     rmsea.ci.upper        rmsea.pvalue                 rmr
              0.000                  NA               0.000
         rmr_nomean                srmr         srmr_bentler
              0.000               0.000               0.000
srmr_bentler_nomean                crmr         crmr_nomean
              0.000               0.000               0.000
         srmr_mplus   srmr_mplus_nomean               cn_05
              0.000               0.000                  NA
              cn_01                 gfi                agfi
                 NA               1.000               1.000
               pgfi                 mfi                ecvi
              0.000               1.000               0.120
```

(2) 주요 모형 적합도 지수

```
> fitMeasures(fit, index)
 chisq      df pvalue    cfi  rmsea    gfi
     0       0     NA      1      0      1
```

[보기 1.5.2] 확증적 인자분석모형:

여섯 과목 성적의 상관관계와 남녀 학생들의 읽기와 수리능력과 두 군집의 비교

2장의 [보기 2.2.1]에는 220명의 남학생의 6개 과목 x_1=게일어, x_2=영어, x_3=역사, x_4=산수, x_5=대수, x_6=기하 성적의 상관행렬 [자료 1.5.2]에 대한 확증적 인자분석모형을 다루고 있다. 이들에 대한 경로도는 [그림 1.5.2]를 참고 바란다. [자료 1.5.2]와 [경로도 1.5.2]는 [보기 2.2.1]에서 [자료 2.2.1]과 [그림 2.2.1]로 재인용된다.

[자료 1.5.2] 6개 과목 성적의 상관 행렬

관측변수	x_1	x_2	x_3	x_4	x_5	x_6
x_1=게일어	1.000					
x_2=영어	0.439	1.000				
x_3=역사	0.410	0.3551	1.000			
x_4=산수	0.288	0.354	0.164	1.000		
x_5=대수	0.329	0.320	0.190	0.595	1.000	
x_6=기하	0.248	0.329	0.181	0.470	0.464	1.000

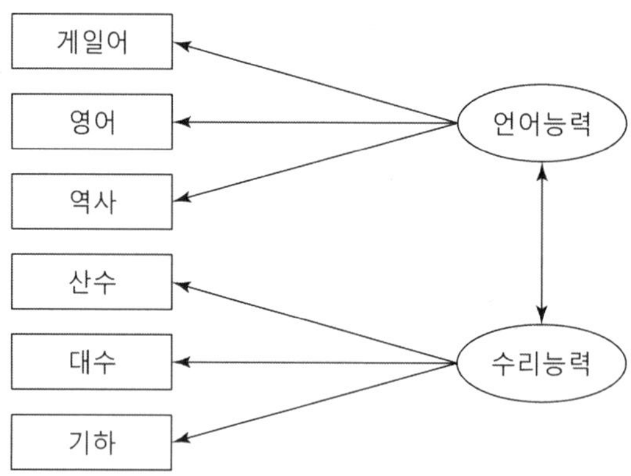

[그림 1.5.2] 6개 과목 성적에 대한 확증적 인자분석모형을 위한 경로도

여기서 언어능력과 수리능력을 잠재변수 ξ_1과 ξ_2로 공통인자를 구성하면서 [그림 1.1.2]-(2-b)의 구조방정식모형의 외생 잠재변수에 대한 측정모형과 같은 모형 (1.5.13)을 보여준다.

$$\begin{aligned} x_1 &= \lambda_{11}\xi_1 + \delta_1 \\ x_2 &= \lambda_{21}\xi_1 + \delta_2 \\ x_3 &= \lambda_{31}\xi_1 + \delta_3 \\ x_4 &= \lambda_{42}\xi_2 + \delta_4 \\ x_5 &= \lambda_{52}\xi_2 + \delta_5 \\ x_6 &= \lambda_{62}\xi_2 + \delta_6 \end{aligned} \Leftrightarrow \begin{pmatrix} x_1 \\ x_2 \\ x_3 \\ x_4 \\ x_5 \\ x_6 \end{pmatrix} = \begin{pmatrix} \lambda_{11} & 0 \\ \lambda_{21} & 0 \\ \lambda_{31} & 0 \\ 0 & \lambda_{42} \\ 0 & \lambda_{52} \\ 0 & \lambda_{62} \end{pmatrix} \begin{pmatrix} \xi_1 \\ \xi_2 \end{pmatrix} + \begin{pmatrix} \delta_1 \\ \delta_2 \\ \delta_3 \\ \delta_4 \\ \delta_5 \\ \delta_6 \end{pmatrix} \tag{1.5.13}$$

$$\Leftrightarrow \boldsymbol{x} = \boldsymbol{\Lambda}\boldsymbol{\xi} + \boldsymbol{\delta}$$

여기서 Λ를 인자적재행렬이라 하고 ξ를 공통인자벡터, δ를 특수인자벡터라 한다. 이를 적합하기 위해서 [R-코드 2.2.1]을 참고 바라며 R의 패키지 lavaan의 확증적 인자분석 모형을 위한 함수 cfa()를 활용한다. 특히, (1.5.13)의 모형을 위해서는 [표 1.5.2]의 R-코드 모형 작성이 필요하다. 특히, 언어능력 Verbal과 수리능력 Math의 잠재변수에 대한 관측변수의 선형결합 형태를 =~를 사용하여 설정하고 있다.

[표 1.5.2] 여섯 과목 성적의 확증적 인자분석모형을 위한 R-코드 모형 작성

```
# Create CFA model
basic.model='
Verbal=~Gaelic + English + History
Math=~Arithmetic + Algebra + Geometry'
```

다음은 [보기 2.4.1]에는 초등학교 남자 215명과 여자 230명의 읽기능력(R1, R2, R3)과 수리능력(M1, M2, M3) 각각 3종류의 측정한 [자료 1.5.3]의 상관행렬에 대한 남녀 두 군집의 확증적 인과분석모형을 다루고 있다. 여기서 관측변수는 x_1=R1, x_2=R2, x_3=R3, x_4=M1, x_5=M2, x_6=M3이다. [그림 1.5.3]은 이들 모형을 위한 경로도로 library(semPlot)를 통해 함수 semPaths()에 의해 제공된 것이다. 특히, [자료 1.5.3]과 [그림 1.5.3]은 [보기 2.4.1]에서 재인용된다.

[자료 1.5.3] 남녀 읽기능력과 수리능력의 공분산행렬

관측변수		R1	R2	R3	M1	M2	M3
여학생 230명	R1	112.35					
	R2	77.22	103.42				
	R3	69.33	74.44	109.16			
	M1	21.22	23.46	29.51	111.32		
	M2	20.35	28.23	31.43	78.54	104.49	
	M3	21.53	34.33	29.23	72.75	87.97	114.62
남학생 215명	R1	113.38					
	R2	78.23	105.49				
	R3	69.92	74.43	108.15			
	M1	22.25	22.45	29.71	112.38		
	M2	21.32	27.26	31.63	78.65	105.49	
	M3	22.53	33.37	29.43	72.95	88.43	113.60

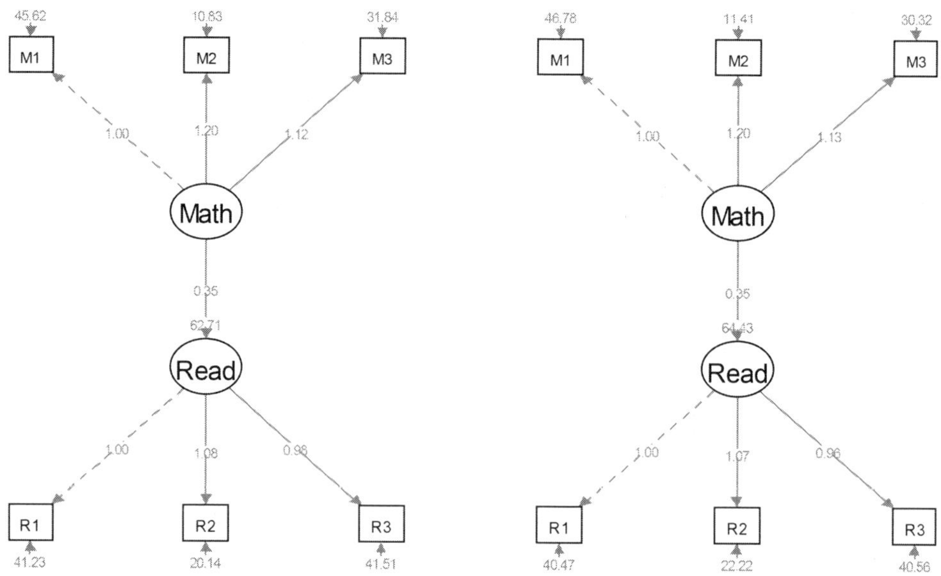

[그림 1.5.3] 남녀 두 군집 확증적 인자분석모형의 모수 추정치를 가진 경로도

[그림 1.5.3]으로부터 읽기능력(Read)와 수리능력(Math)를 각각 공통인자인 잠재변수 ξ_1과 ξ_2로 하는 확증적 인자분석모형으로 (1.5.14)를 고려한다.

$$\begin{aligned} x_1 &= \lambda_{11}\xi_1 + \lambda_{12}\xi_2 + \delta_1 \\ x_2 &= \lambda_{21}\xi_1 + \lambda_{22}\xi_2 + \delta_2 \\ x_3 &= \lambda_{31}\xi_1 + \lambda_{32}\xi_2 + \delta_3 \\ x_4 &= \lambda_{41}\xi_1 + \lambda_{42}\xi_2 + \delta_4 \\ x_5 &= \lambda_{51}\xi_1 + \lambda_{52}\xi_2 + \delta_5 \\ x_6 &= \lambda_{61}\xi_1 + \lambda_{62}\xi_2 + \delta_6 \end{aligned} \Leftrightarrow \begin{pmatrix} x_1 \\ x_2 \\ x_3 \\ x_4 \\ x_5 \\ x_6 \end{pmatrix} = \begin{pmatrix} \lambda_{11} & \lambda_{12} \\ \lambda_{21} & \lambda_{22} \\ \lambda_{31} & \lambda_{32} \\ \lambda_{41} & \lambda_{42} \\ \lambda_{51} & \lambda_{52} \\ \lambda_{61} & \lambda_{62} \end{pmatrix} \begin{pmatrix} \xi_1 \\ \xi_2 \end{pmatrix} + \begin{pmatrix} \delta_1 \\ \delta_2 \\ \delta_3 \\ \delta_4 \\ \delta_5 \\ \delta_6 \end{pmatrix} \tag{1.5.14}$$

$$\Leftrightarrow x = \Lambda\xi + \delta$$

추가적으로 두 군집인 남학생과 여학생의 확증적 인자분석모형을 비교하는 다중 군집 분석을 고려할 수 있다. 군집별로 확증적 인자분석모형을 적합하기 위한 [R-코드 2.4.1]을 참고 바라며 R의 패키지 lavaan의 함수 cfa()를 활용한다. 특히, (1.5.14)의 모형을 위해서 [표 1.5.3]의 R-코드 모형 작성을 활용한다. [표 1.5.2]와 같이 잠재변수 Read와 Math에 대하여 =~에 의해서 관측변수의 선형결합 형태를 이루고 있으며, 여기서는 잠재변수 간에 상관관계가 있는 것을 가정하고 있으며 Read~Math에 의해 설정되어있다.

[표 1.5.3] 남녀 학생들의 읽기능력과 수리능력의 확증적 인자분석모형을 위한 R-코드 모형 작성

```
# Create model
cfa.model='
Read=~ R1  + R2  + R3
Math=~ M1 + M2 + M3
Read~Math'
```

[보기 1.5.3] 잠재변수가 있는 구조방정식모형: 두 업종(A, B)의 고객만족과 업종별 다중 군집분석

4장의 [보기 4.5.1]에는 두 업종(A, B)의 고객만족 구조방정식모형을 위해 [그림 1.1.2]의 잠재변수가 있는 구방정식모형 (2-b) 측정모형과 (2-c) 구조모형의 결합된 형태를 고려할 수 있다. 추가적으로 업종 A와 업종 B의 두 군집 간에 모형을 다중 군집분석을 통해 비교하고 있다. [표 1.5.4]에 따르면 고객만족도 조사항목은 4종류의 잠재변수인 기대수준(Expect), 인지품질(Quality), 인지가치(Value), 고객만족(Satisfact)을 평가한다. 이들은 구조방정식모형에서 기대수준(Expect)은 외생 잠재변수 ξ_1으로 나머지는 이것의 영향을 받는 내생 잠재변수로 인지품질(Quality)은 η_1, 인지가치(Value)는 η_2, 고객만족(Satisfact)은 η_3를 형성한다. 특히, 원 자료(satis.txt)에서 관측변수는 항목별로 x11, x12, x13, x21, x22, x23, x31, x32, x41, x42, x43, Group을 사용하고 있으며 Group의 값 1은 업종 A와 2는 업종 B를 나타낸다. 모형설정은 측정모형 (1.5.15)와 (1.5.16)과 구조모형 (1.5.17)로 이루어진다.

[표 1.5.4] 관측변수와 잠재변수

잠재변수	관측변수
Expect 기대수준 ξ_1	x11(품질기대), x12(요구기대), x13(문제기대)
Quality 인지품질 η_1	x21(품질평가), x22(요구평가), x23(문제평가)
Value 인지가치 η_2	x31(가격가치), x32(품질가치)
Satisfact 고객만족 η_3	x41(전반적 만족), x42(기대대비 만족), x43(이상대비 만족)

여기서 실제 측정모형 (1.5.15)와 (1.5.16)은 구조모형에서 잠재변수가 되는 관측변수를 형성하는 항목에 관한 방정식을 이루고 구조모형 (1.5.17)은 이들 잠재변수 간의 모형을 구성한다. 이들 모형은 경로도 [그림 1.5.4]를 반영한 것으로 참고 바란다.

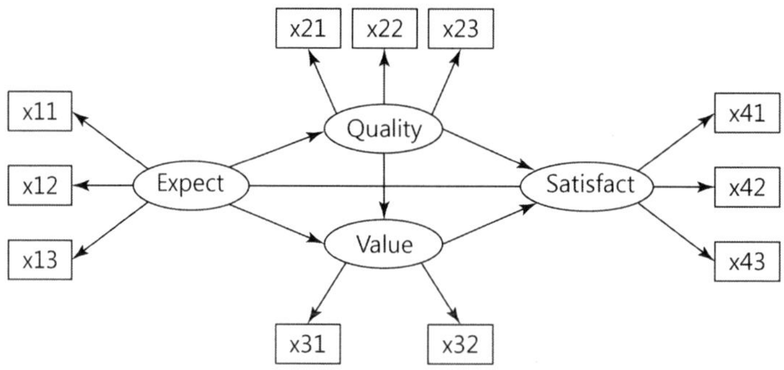

[그림 1.5.4] 잠재변수가 있는 고객만족 구조방정식모형의 경로도

측정모형:

$$\begin{pmatrix} x_{11} \\ x_{12} \\ x_{13} \end{pmatrix} = \begin{pmatrix} \lambda_{111} \\ \lambda_{121} \\ \lambda_{131} \end{pmatrix} \xi_1 + \begin{pmatrix} \delta_1 \\ \delta_2 \\ \delta_3 \end{pmatrix} \qquad \Leftrightarrow \boldsymbol{x} = \Lambda_x \boldsymbol{\xi} + \boldsymbol{\delta} \qquad (1.5.15)$$

$$\begin{pmatrix} y_1 \\ y_2 \\ y_3 \\ y_4 \\ y_5 \\ y_6 \\ y_7 \\ y_8 \end{pmatrix} = \begin{pmatrix} x_{21} \\ x_{22} \\ x_{23} \\ x_{31} \\ x_{32} \\ x_{41} \\ x_{42} \\ x_{43} \end{pmatrix} = \begin{pmatrix} \lambda_{211} & 0 & 0 \\ \lambda_{221} & 0 & 0 \\ \lambda_{231} & 0 & 0 \\ 0 & \lambda_{312} & 0 \\ 0 & \lambda_{312} & 0 \\ 0 & 0 & \lambda_{413} \\ 0 & 0 & \lambda_{423} \\ 0 & 0 & \lambda_{433} \end{pmatrix} \begin{pmatrix} \eta_1 \\ \eta_2 \\ \eta_3 \end{pmatrix} + \begin{pmatrix} \epsilon_1 \\ \epsilon_2 \\ \epsilon_3 \\ \epsilon_4 \\ \epsilon_5 \\ \epsilon_6 \\ \epsilon_7 \\ \epsilon_8 \end{pmatrix} \Leftrightarrow \boldsymbol{y} = \Lambda_y \boldsymbol{\eta} + \boldsymbol{\epsilon} \qquad (1.5.16)$$

구조모형:

$$\begin{pmatrix} \eta_1 \\ \eta_2 \\ \eta_3 \end{pmatrix} = \begin{pmatrix} 0 & 0 & 0 \\ \beta_{21} & 0 & 0 \\ \beta_{31} & \beta_{32} & 0 \end{pmatrix} \begin{pmatrix} \eta_1 \\ \eta_2 \\ \eta_3 \end{pmatrix} + \begin{pmatrix} \gamma_{11} \\ \gamma_{21} \\ \gamma_{21} \end{pmatrix} \xi_1 + \begin{pmatrix} \zeta_1 \\ \zeta_2 \\ \zeta_3 \end{pmatrix}$$

$$\Leftrightarrow \quad \eta = B\eta + \Gamma\xi + \zeta \qquad (1.5.17)$$

특히, (1.5.15)~(1.5.17)의 세 가지 모형을 R에서 수행하기 위해서는 [표 1.5.5]의 R-코드 모형 작성을 활용해야 한다. 이는 R의 패키지 lavaan의 구조방정식모형을 위한 함

[표 1.5.5] 잠재변수가 있는 고객만족 구조방정식모형을 위한 R-코드 모형 작성

```
# Create model: Measurement, Structural
model='
# M model
expect=~x11 + x12 + x13
quality=~x21 + x22 + x23
value=~x31 + x32
satisfact=~x41 + x42 + x43
# S model
quality~expect
value~expect + quality
satisfact~expect + quality + value
'
```

수 sem()에 의해 적합하고자 하는 모형을 입력하는 형태이며 이를 반영하는 [R-코드 4.5.1]을 참고 바란다. 특히, # M model의 측정모형은 확증적 인자분석모형의 설정과 동일하여 4개의 잠재변수 expect, quality, value, satisfact 각각에 대하여 =~에 의해서 관측변수의 선형결합 형태를 설정하고 있다. # S model의 구조모형은 경로분석모형의 설정과 일치하며 잠재변수 간에 미치는 관계를 ~에 의해서 선형결합 형태로 설정되어 있다. 독자들은 그 차이를 잘 살펴보기 바란다.

[보기 1.5.4] 다싯점 구조방정식모형: 기초와 고급 잠재성장모형
5년간 사춘기 일탈행위의 관대함과 4년간 대학진학 희망과 학교의 동기부여

[보기 4.6.1]에는 사춘기 168명의 일탈행위에 대한 관대함에 대하여 5년간 측정한 [자료 1.5.4]의 기초 잠재성장모형을 보여주고 있다. 관측변수로 5년 기간의 연령에 따라 $y_1 =$ Age11, $y_2 =$ Age12, $y_3 =$ Age13, $y_4 =$Age14, $y_5 =$ Age15를 고려하였다. 이들에 대한 오차항은 e_{11}~ e_{15}로 지정되어 있다. 이들에 대한 기초 잠재성장모형으로 (1.5.18)을 고려한다. 이 기초 잠재성장모형과 관련된 경로도는 [그림 1.5.5]를 참고하였다. 특히, [자료 1.5.4]와 [그림 1.5.5]는 [보기 4.6.1]에서 재인용된다.

[자료 1.5.4] 사춘기의 일탈행위의 관대함에 대한 상관행렬

관측변수	y_1	y_2	y_3	y_4	y_6
Age11	1.000				
Age12	0.161	1.000			
Age13	0.408	0.348	1.000		
Age14	0.373	0.269	0.411	1.000	
Age15	0.254	0.143	0.276	0.705	1.000

$$
\begin{aligned}
y_1 &= 1\eta_1 + 0\eta_2 + \epsilon_1 \\
y_2 &= 1\eta_1 + 1\eta_2 + \epsilon_2 \\
y_3 &= 1\eta_1 + 2\eta_2 + \epsilon_3 \\
y_4 &= 1\eta_1 + 3\eta_2 + \epsilon_4 \\
y_5 &= 1\eta_1 + 4\eta_2 + \epsilon_5
\end{aligned}
\Leftrightarrow
\begin{pmatrix} y_1 \\ y_2 \\ y_3 \\ y_4 \\ y_5 \end{pmatrix}
=
\begin{pmatrix} 1 & 0 \\ 1 & 1 \\ 1 & 2 \\ 1 & 3 \\ 1 & 4 \end{pmatrix}
\begin{pmatrix} \eta_1 \\ \eta_2 \end{pmatrix}
+
\begin{pmatrix} \epsilon_1 \\ \epsilon_2 \\ \epsilon_3 \\ \epsilon_4 \\ \epsilon_5 \end{pmatrix}
\tag{1.5.18}
$$

$$\Leftrightarrow \boldsymbol{y} = \Lambda \boldsymbol{\eta} + \boldsymbol{\epsilon}$$

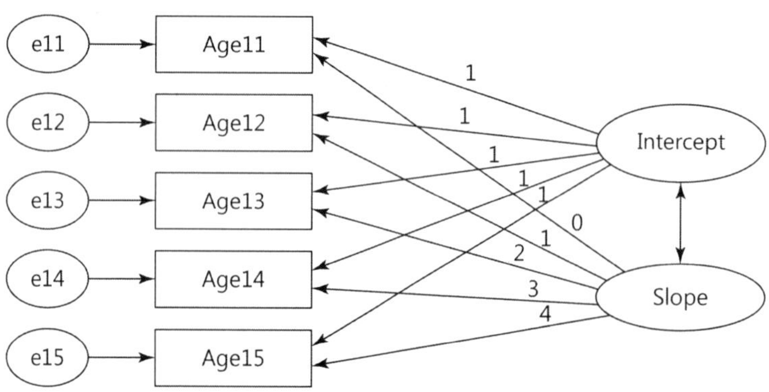

[그림 1.5.5] 사춘기의 일탈행위에 대한 기초 잠재성장모형의 경로도

여기서 Λ는 고정된 모수를 사용하는데 첫 번째 열은 모든 원소가 1로 각 처리 기간의 절편(intercept)을 동일하게 지정하고 두 번째 열은 선형 기울기(slope)의 계수를 포함하고 있다. 특히, 이들 절편과 기울기를 잠재변수 η_1과 η_2로 고려한다. (1.5.18)의 모형을 위한 R의 패키지 lavaan의 함수 growth()에서 적합하기 위해서는 [표 1.5.6]의 R-코드 모형 작성을 활용한 [R-코드 4.6.1]을 참고바란다. 특히, [표 1.5.6]의 기초 잠재성장모형 (1.5.18)의 R-코드 모형은 확증적 인자분석모형과 같이 절편 i와 기울기 s를 인자로 하면서 이들

에 미치는 연령별 관측변수 Age11, Age12, Age13, Age14, Age15와 각각의 계수를 가진 가중 선형결합 형태를 =~에 대하여 설정하고 있다.

[표 1.5.6] 기초 잠재성장모형을 위한 R-코드 모형 작성

```
model1 = '
# intercept
i =~ 1*Age11 + 1*Age12 + 1*Age13 + 1*Age14 + 1*Age15
# slope
s =~ 0*Age11 + 1*Age12 + 2*Age13 + 3*Age14 + 4*Age15'
```

[보기 4.6.2]에는 400명 고등학생을 대상으로 4년간 대학진학 희망과 학교로부터 받은 동기부여의 [자료 1.5.5]에 대해 고급 잠재성장모형을 보여주고 있다. 진학을 위한 부모의 주도와 격려는 두 가지 예측변수(predictor variable)로 생각되어 연구가 시작될 때 미리 측정되었다. 대학진학 희망에 대한 관측변수로 y_1=collasp1, y_2=collasp1, y_3=collasp3, y_4=collasp4와 학교로부터 받은 동기부여에 대한 공변량으로 z_1=motivn1, z_2=motivn2, z_3=motivn3, z_4=motivn4를 고려한다. 진학을 위한 부모의 주도와 격려는 잠재변수에 영향을 미치는 예측변수로 p_1=parstyl1과 p_2=parstyl2을 사용하였다. 여기에 잠재변수를 η_1=intercept와 η_2=slope로 고려하면 이는 잠재변수가 있는 구조방정식모형의 측정모형에 대한 것으로 생각할 수 있다.

[자료 1.5.5] 대학진학에 미치는 부모와 학교의 영향에 대한 공분산행렬

관측변수	y_1	y_2	y_3	y_4	p_1	p_2	z_1	z_2	z_3	z_4
collasp1	2.481									
collasp2	2.510	4.466								
collasp3	3.113	4.966	7.371							
collasp4	3.488	5.722	7.933	10.318						
parstyl1	12.482	19.497	25.238	30.622	405.091					
parstyl2	6.379	9.411	11.363	14.389	179.383	245.697				
motivn1	0.151	0.011	0.118	0.036	−1.045	0.308	0.945			
motivn2	−0.014	0.335	0.049	0.018	0.594	0.115	0.083	1.114		
motivn3	−0.012	0.100	0.412	0.075	−0.318	0.226	−0.013	0.078	0.926	
motivn4	−0.015	−0.163	−0.221	−0.051	−0.420	0.493	0.028	0.032	0.057	1.002

[그림 1.5.6]은 [자료 1.5.5]에 대한 고급 잠재성장모형에 대한 경로도이다. 고급 잠재성

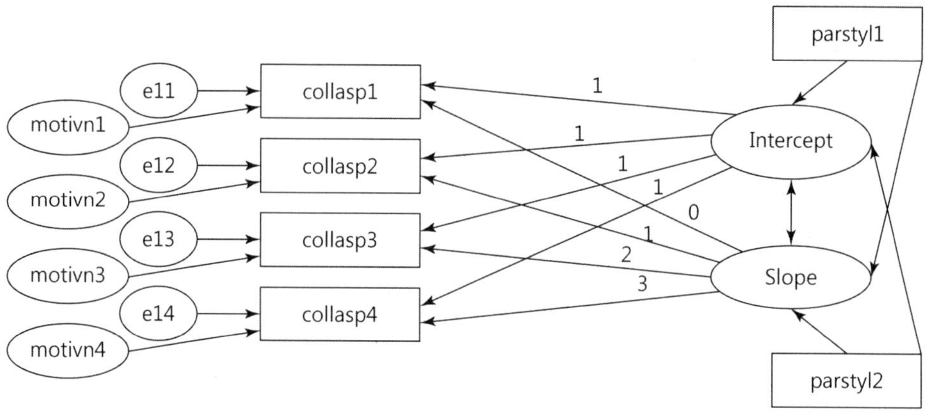

[그림 1.5.6] 대학진학에 미치는 부모와 학교의 영향에 대한 고급 잠재성장모형의 경로도

장모형도 기초 잠재성장모형을 기본 바탕으로 하고 있다. 여기서 절편은 동일한 값 1에 의한 경로계수를 가지며 네 기간의 대학진학 희망의 평균을 나타내며 기울기는 선형적 성장을 나타낸다. 동기부여에 대한 공변량 z_1=motivn1 ~ z_4=motivn4는 대학진학 희망에 대한 y_1=collasp1 ~ y_4=collasp4에 영향을 미치므로 이에 각각 대응되도록 하였다. 끝으로 두 개의 예측변수 p_1=parstyl1과 p_2=parstyl2는 잠재변수인 기울기와 절편을 예측함을 보여 주고 있다. 더불어 오차항은 e11 ~ e14로 지정되어 있다. 특히, [자료 1.5.5]와 [그림 1.5.6]은 [보기 4.6.2]에서 재인용된다.

이를 참고로 해서 고급 잠재성장모형 (1.5.19)를 세울 수가 있다. 이는 실제로 기초 잠재성장모형 $y = \Lambda\eta + \epsilon$에 공변량 z의 영향을 다중 회귀모형으로 고려한 최종 측정모형이라 볼 수 있다. 다시 말하자면 고급 잠재성장모형은 기초 잠재성장모형에서 관측변수에 영향을 미치는 공변량과 절편과 기울기를 설명할 예측변수가 존재하는 경우이다.

최종 측정모형

$$
\begin{aligned}
y_1 &= 1\eta_1 + 0\eta_2 + \theta_1 z_1 + \epsilon_1 \\
y_2 &= 1\eta_1 + 1\eta_2 + \theta_2 z_2 + \epsilon_2 \\
y_3 &= 1\eta_1 + 2\eta_2 + \theta_3 z_3 + \epsilon_3 \\
y_4 &= 1\eta_1 + 3\eta_2 + \theta_4 z_4 + \epsilon_4
\end{aligned}
\quad (1.5.19)
$$

$$\Leftrightarrow \begin{pmatrix} y_1 \\ y_2 \\ y_3 \\ y_4 \end{pmatrix} = \begin{pmatrix} 1 & 0 \\ 1 & 1 \\ 1 & 2 \\ 1 & 3 \end{pmatrix} \begin{pmatrix} \eta_1 \\ \eta_2 \end{pmatrix} + \begin{pmatrix} \theta_1 & 0 & 0 & 0 \\ 0 & \theta_2 & 0 & 0 \\ 0 & 0 & \theta_3 & 0 \\ 0 & 0 & 0 & \theta_4 \end{pmatrix} \begin{pmatrix} z_1 \\ z_2 \\ z_3 \\ z_4 \end{pmatrix} + \begin{pmatrix} \epsilon_1 \\ \epsilon_2 \\ \epsilon_3 \\ \epsilon_4 \end{pmatrix}$$

$$\Leftrightarrow \boldsymbol{y} = \Lambda \boldsymbol{\eta} + \Theta \boldsymbol{z} + \boldsymbol{\epsilon}$$

(1.5.19) 최종 측정모형의 Λ는 고정된 모수를 사용하는데 첫 번째 열은 모든 원소가 1로 각 처리 기간의 절편을 동일하게 지정하고 두 번째 열은 선형 기울기의 계수를 포함하고 있다. Θ는 공변량에 대한 회귀계수의 행렬이다. 최종 측정모형 (1.5.19)를 적합하기 위해서는 다음과 같은 기초 잠재성장모형 $\boldsymbol{y} = \Lambda\boldsymbol{\eta} + \boldsymbol{\epsilon}$과 공변량 z_1=motivn1 ~ z_4= motivn4에 의한 다중 회귀모형 (1.5.20)을 각각 모형에서 설정해 주어야 한다.

다중 회귀모형: 공변량

$$y_j = \theta_j z_j + e_j, \; j = 1, \ldots, 4 \tag{1.5.20}$$

구조모형: 예측변수

$$\begin{aligned} \eta_1 &= \gamma_{11} p_1 + \gamma_{12} p_2 + \zeta_1 \\ \eta_2 &= \gamma_{21} p_1 + \gamma_{22} p_2 + \zeta_2 \\ \Leftrightarrow \begin{pmatrix} \eta_1 \\ \eta_2 \end{pmatrix} &= \begin{pmatrix} 0 & 0 \\ 0 & 0 \end{pmatrix} \begin{pmatrix} \eta_1 \\ \eta_2 \end{pmatrix} + \begin{pmatrix} \gamma_{11} & \gamma_{12} \\ \gamma_{21} & \gamma_{21} \end{pmatrix} \begin{pmatrix} p_1 \\ p_2 \end{pmatrix} + \begin{pmatrix} \zeta_1 \\ \zeta_2 \end{pmatrix} \\ \Leftrightarrow \boldsymbol{\eta} &= B\boldsymbol{\eta} + \Gamma \boldsymbol{p} + \boldsymbol{\zeta} \end{aligned} \tag{1.5.21}$$

다음으로 2개의 예측변수 p_1=parstyl1과 p_2=parstyl2를 설명변수로 하면서 기초 잠재성장모형 $\boldsymbol{y} = \Lambda\boldsymbol{\eta} + \boldsymbol{\epsilon}$으로부터 계산되는 Intercept와 Slope를 반응변수 η_1=intercept와 η_2=slope하는 다변량 회귀모형을 고려하면 이는 구조방정식모형 관점에서 외생 잠재변수 $\boldsymbol{\xi}$가 예측변수 $\boldsymbol{p} = (p_1, p_2)^T$로 대치된 구조모형 (1.5.21)에 해당한다. 특히, (1.5.19) ~ (1.5.21)의 고급 잠재성장모형은 경로도 [그림 1.5.6]으로부터 세워졌으며 이는 기초모형에 4개의 공변량과 2개의 예측변수를 고려한 모형이다. 이들 고급 잠재성장모형을 적합하기 위해서는 [표 1.5.7]의 R-코드 모형 작성을 통해 R의 패키지 lavaan의 함수

growth()를 활용한다. 이에 관한 [R-코드 4.6.2]를 참고 바란다.

[표 1.5.7] 고급 잠재성장모형을 위한 R-코드 모형 작성

```
model1 = '
  # intercept and slope with fixed coefficients
    i =~ 1*collasp1 + 1*collasp2 + 1*collasp3 + 1*collasp4
    s =~ 0*collasp1 + 1*collasp2 + 2*collasp3 + 3*collasp4

  # multivaiate regressions
  # predictor variables - continuous
    i ~  parstyl1 + parstyl2
    s ~  parstyl1 + parstyl2

  # time-varying covariates
    collasp1 ~ motivn1
    collasp2 ~ motivn2
    collasp3 ~ motivn3
    collasp4 ~ motivn4'
```

특히, [표 1.5.7]의 고급 잠재성장모형 (1.5.19)의 R-코드 모형은 # intercept and slope with fixed coefficients에서 기초 잠재성장모형과 같이 잠재변수 절편과 기울기에 대하여 대학진학희망 collasp1 ~ collasp4 각각의 계수를 포함하고 있는 가중 선형결합을 =~ 에 대하여 설정한 형태이다. 추가적으로 모형 (1.5.21)은 # multivaiate regressions의 # predictor variables-continuous에서 예측변수 parstyl1과 parstyl2에 대하여 잠재변수가 있는 구조방정식모형의 구조모형과 같이 잠재변수에 대하여 예측변수의 선형결합 형태를 ~에 대하여 설정하는 R-코드 모형을 사용한다. 끝으로 공변량 motivn1 ~ motivn4가 설명변수로 반응변수 대학진학 희망 collasp1 ~ collasp4에 각각 미치는 영향에 관한 모형 (1.5.20)은 단순 회귀모형으로 ~를 사용하여 R-코드 모형을 설정한다. 다양한 회귀모형은 5장에서 다루어진다.

[보기 1.5.5] 회귀모형:

부모의 사회 경제적 지위에 따른 유치원 아동들의 비교와 다중 군집분석

5장의 [보기 5.2.2]의 [자료 5.2.1]에는 사회경제적 지위가 높은 부모(Group 1)의 유치

원 자녀 32명과 지위가 낮은 부모(Group 2)의 유치원 자녀 37명에 대해 반응변수로 3가지 표준화 검사 PPVT(Peabody picture vocabulary test), RPMT(Raven progressive matrices test), SAT(student achievement test)를 실시하였다. 이들 반응변수를 y_1=ppvt, y_2=rpmt, y_3=sat라 하고 이들에게 영향을 미칠 수 있는 설명변수로 5개 영역 x_1=n(named), x_2=s(still), x_3=ns(named still), x_4=na(named action), x_5=ss(sentence still)에 대해 검사를 실시하여 얻어진 점수를 고려하였다. 이를 바탕으로 (1.5.22)의 다변량 회귀모형을 적용하고자 한다.

$$y_{il} = \beta_{l0} + \sum_{j=1}^{5} \beta_{lj} x_{ij} + e_{il},\ i = 1, \dots, 69,\ l = 1,2,3 \qquad (1.5.22)$$

[보기 5.3.1]에서는 [자료 5.2.1]의 같은 자료에 대하여 부모의 사회 경제적 지위에 따른 군집의 수 $k=2$인 각 군집별(N_1 =32명, N_2 =37명)에 대한 다변량 회귀모형 (1.5.23)을 고려하고 추가적으로 각 군집별 적합한 모형을 선택하고 다중 군집분석을 통해 비교하고 있다.

$$y_{il} = \beta_{l0} + \sum_{j=1}^{5} \beta_{lj} x_{ij} + e_{il},\ k = 2,\ i = 1, \dots, N_k,\ l = 1,2,3 \qquad (1.5.23)$$

[표 1.5.8] 유치원자녀 검사 자료의 다변량 회귀모형을 위한 R-코드 모형 작성

```
# Create model
model='
ppvt~n + s + ns + na +   ss
rpmt~n + s + ns + na +   ss
sat~  n + s + ns + na +   ss
ppvt~~sat
'
```

다변량 회귀모형의 적합은 R의 패키지 lavaan의 함수 sem()을 활용할 수 있으며 [R-코드 5.2.2]를 참고하고 군집 간의 다중 군집분석은 [R-코드 5.3.1]을 참고 바란다. 특히, 다변량 회귀모형과 다중 군집분석의 (1.5.22)와 (1.5.23) 모형을 위한 R-코드 모형 작성을 위한 [표 1.5.8]을 활용하면 된다. 이는 반응변수에 대하여 설명변수의 선형결합 형태를 ~

에 대하여 설정하고 ppvt~~sat는 활용해서 반응변수들에 관련된 오차들의 사이에 상관관계를 설정한 것이다.

[보기 1.5.6] 공분산분석모형:
키와 나이를 통한 두 지역 아동의 성장 비교와 수학 교사들의 강의능력 비교

[보기 5.4.1]의 [자료 5.4.1]는 서로 환경이 다른 지방과 도시 아동의 성장을 비교하기 위해 아동들의 키(단위: cm)와 나이(단위: 개월)를 측정한 자료이다. 이 자료에서 나이를 공변량으로 하는 공분산분석모형 (1.5.24)을 보여주고 있다. 여기서 군집 간에 공변량의 영향을 반영하기 위하여 군집을 가변수(dummy variable)를 이용하여 지정해 주어야 한다. 이를 바탕으로 실제 지방공립학교 아동 $N_0 = 14$명과 도시사립학교 $N_1 = 18$명에 대해 반응변수 y(height)와 공변량 x(age) 그리고 군집을 나타내는 g(=0 또는 1)에 대한 공분산모형의 설정은 (1.5.24)와 같이 하나로 표현 가능하다. 여기서 $N = N_0 + N_1 = 32$.

$$y_{ij} = \mu_i + \gamma x_{ij} + e_{ij}, j = 1, ..., n_i, \ i = 0,1$$

$$\Leftrightarrow y_j = \mu_0 + \gamma x_j + (\mu_1 - \mu_0) g_j + e_j, \ j = 1, ..., N, \qquad (1.5.24)$$

공분산분석모형 (1.5.24)를 위한 R-코드 모형 작성을 위한 매우 간단한 [표 1.5.9]를 활용하면 되며 이는 [R-코드 5.4.1]에 반영되어 있다. 특히, [표 1.5.9]에서 반응변수 height에 대하여 설명변수 역할을 하는 공변량 age와 그룹을 나타내는 가변수 group의 선형결합 형태를 ~에 대하여 설정하고 있다.

[표 1.5.9] 지방과 도시 아동의 공분산분석모형을 위한 R-코드 모형 작성

```
# Create model
model='
height~age + group
'
```

[보기 5.4.2]에는 세 군집에 대한 공분산분석모형을 소개하고 있다. 여기서 [자료 5.4.2]는 고등학교에서 세 명의 수학 교사들의 강의능력을 비교하기 위하여 실험을 하였는데 반응변수로 성적 y과 지능지수 IQ를 공변량 x로 고려하고 있다. 세 명의 교사는 미적분

학의 기초 내용을 자신에게 배당된 6명의 학생들에게 일정한 시간 동안 가르친 후 시험을 실시하였다. 세 군집을 나타내기 위해서 g1과 g2를 군집을 나타내는 가변수라 하면 이항변수의 조합에 의해서 다음과 같이 구분할 수 있다.

(g1, g2) = (1, 0), 교사 1에 의한 군집
= (0, 1), 교사 2에 의한 군집
= (0, 0), 교사 3에 의한 군집

따라서 이를 반영한 공분산분석모형 (1.5.25)을 고려할 수 있다.

$$y = \mu_3 + \gamma x + (\mu_1 - \mu_3)g1 + (\mu_2 - \mu_3)g2 + e \tag{1.5.25}$$

공분산분석모형 (1.5.25)을 위한 R-코드 모형 작성은 매우 간단한 [표 1.5.10]를 활용하며 이는 [R-코드 5.4.2]에 반영되어 있다. 특히, [표 1.5.10]에서 반응변수 grade에 대하여 설명변수 역할을 하는 공변량 IQ와 그룹을 나타내는 가변수 g1과 g2에 의한 선형결합 형태를 ~에 대하여 설정하고 있다.

[표 1.5.10] 수학 교사들의 강의능력을 비교의 공분산분석모형을 위한 R-코드 모형 작성

```
# Create model
model='
grade~IQ + g1 + g2
'
```

공분산분석모형의 적합은 R의 패키지 lavaan의 함수 sem()을 활용할 수 있으며 [R-코드 5.4.1]과 [R-코드 5.4.2]를 참고 바란다.

1.6 다변량 정규성 검정

전통적으로 구조방정식모형의 적합을 위한 적합함수 F는 (1.5.2)와 같이 근사적으로 가장 최소화되게 하도록 관측변수 $\boldsymbol{x} = (x_1, \dots, x_q)^T$와 $\boldsymbol{y} = (y_1, \dots, y_p)^T$의 결합변수로

크기가 $(p+q)\times 1$인 $\boldsymbol{z} = (\boldsymbol{y}^T, \boldsymbol{x}^T)^T$의 다변량 정규분포 가정이 요구되고 최대우도법에 의한 우도비검정을 통해 적합함수를 구하게 된다. 더불어 모형의 적합도를 위한 다양한 지수 중 (1.5.6)의 카이제곱 검정통계량은 다변량 정규성 가정에 의존한다. 여기서 최용석(2019, 2장)을 참고로 Mardia(1970)의 다변량 왜도(skewness)와 첨도(kurtosis)를 활용한 정규성 평가를 위한 검정을 요약하기로 하자. 크기가 $(p+q)\times 1$인 결합변수 $z = (\boldsymbol{y}^T, \boldsymbol{x}^T)^T$에 대하여 $k = p+q$라 하면 N명의 개체들의 자료 $\boldsymbol{z}_i = (z_{i1}, ..., z_{ik})^T$, $i = 1, ..., N$와 공분산행렬 S를 고려할 때 다음과 같은 두 통계량인 왜도 b_{1k}와 첨도 b_{2k}의 정의와 분포를 정의하자.

$$b_{1k} = \frac{1}{N^2}\sum_{r=1}^{N}\sum_{s=1}^{N} m_{rs}^3 \simeq \frac{6}{N}\chi^2_{(k(k+1)(k+2)/6)}, \tag{1.6.1}$$

$$b_{2k} = \frac{1}{N}\sum_{r=1}^{N} m_{rr}^2 \simeq N\left(k(k+1),\ \frac{8k(k+2)}{N}\right). \tag{1.6.2}$$

여기서 $m_{rs} = (\boldsymbol{z}_r - \overline{\boldsymbol{z}})^T S^{-1}(\boldsymbol{z}_s - \overline{\boldsymbol{z}})$, $r, s = 1, ..., N$는 두 개체간의 제곱 마할라노비스 거리(Mahalanobis distance)이다.

자료의 수가 $N < 20$으로 작은 경우 $f = (k+1)(n+1)(N+3)/(N(N+1)(k+1)-6)$라 하면 왜도 통계량은 다음을 만족한다.

$$b_{1k} = \frac{1}{N^2}\sum_{r=1}^{N}\sum_{s=1}^{N} m_{rs}^3 \sim \frac{6}{Nf}\chi^2_{(k(k+1)(k+2)/6)}.$$

다변량 첨도와 왜도에 의한 이 검정은 R에서 library(MVN)에서 함수 mvn()를 활용하면 되고 검정 통계량의 유의확률 p-값을 제공한다. 더불어 함수 mvn()에 옵션 multivariatePlot="qq"을 지정하면 다변량 정규성을 마할라노비스거리에 바탕을 둔 카이제곱그림의 직선성에 의해 평가하는 시각적 방법을 제공한다. 이 외에도 최용석(2019, 2.3절)에 따르면 (1.6.1)과 (1.6.2)에 대한 주성분점수를 활용한 다변량 왜도와 첨도 검정을 소개하고 있으며 이를 위한 R-코드도 제공하고 있다.

[보기 1.6.1]과 [보기 1.6.2]에서는 3장 경로분석모형의 자료에 대해 (1.6.1)과 (1.6.2)에 의한 다변량 왜도와 첨도에 의한 검정을 살펴보기로 하자.

[보기 1.6.1] 두 군집(업종 A, B)의 고객만족의 다변량 정규성 검정

[보기 3.3.2]의 두 종류의 업종 A(600개)와 업종 B(300개)에 대해 고객만족도에 관한 자료의 다변량 정규성을 검토하기 위한 [R-코드 1.6.1]에 의한 [결과 1.6.1]의 두 업종별 검정결과를 살펴보자. 관측변수로 두 업종을 나타내는 group(군집), 한 가지 외생변수 x_1 =expect(기대수준)와 네 가지 내생변수 y_1=quality(인지품질), y_2=value(인지가치), y_3= satisfact(고객만족), y_4=loyalty(충성도)에 의한 측정 자료는 파일 loyal.txt에 있다.

[R-코드 1.6.1] 두 군집(업종 A, B)의 고객만족의 다변량 정규성 검정(loyal-MVN-test.R)

```
## Multivaiate Normality Test of Two Group of 고객충성도
library("MVN")
loyal=read.table("D:/R과함께하는 인과모형분석의 이해와 응용/R-codes/loyal.txt", header=T)
attach(loyal)

# Two groups
loyal1=loyal[group=="1",]
loyal2=loyal[group=="2",]

# MVN tests based on the Skewness and Kurtosis Ststistics
mvn(loyal1[,-1])
mvn(loyal2[,-1])
```

[결과 1.6.1] [R-코드 1.6.1]의 결과

(1) 업종 A

```
$multivariateNormality
             Test        Statistic               p value Result
1 Mardia Skewness 638.172086937797 6.72203766954268e-112     NO
2 Mardia Kurtosis 27.1134074112257                     0     NO
3             MVN             <NA>                  <NA>     NO
```

(2) 업종 B

```
$multivariateNormality
             Test        Statistic              p value Result
1 Mardia Skewness 404.947163437428 1.68259633524467e-64     NO
2 Mardia Kurtosis 15.0967453494016                    0     NO
3             MVN             <NA>                 <NA>     NO
```

[결과 1.6.1]에 따르면 (1) 업종 A와 (2) 업종 B의 경우 왜도와 첨도 검정통계량의 $p-$값은 전체적으로 유의수준 $\alpha=0.05$보다 작아 다변량 정규성이 통계적으로 만족되지 않음을 나타낸다. 열(column) 목록의 Result의 NO가 이를 보여 주고 있다.

[보기 1.6.2] 학교성적의 다변량 정규성 검정

3.6절의 연습문제 [1]의 [자료 3.6.1](grade.txt)은 학교 성적에 미치는 부모의 사회 경제적 지위, 지능, 성취동기에 대하여 30명의 학생들을 대상으로 측정한 것이다(김석우, 최용석, 2001, 2장). 여기서 측정변수는 IQ(x_1)=지능, ses(x_2)=부모의 사회경제적 지위, motivation(y_1)=성취동기, grade(y_2)=성적이다. 이 자료에 대해 다변량 정규성을 검토하기 위한 [R-코드 1.6.2]에 의한 [결과 1.6.2]의 검정결과를 살펴보자.

[R-코드 1.6.2] 학교 성적의 다변량 정규성 검정(grade-MVN-test.R)

```
## Multivaiate Normality Test of Grade
library("MVN")
grade=read.table("D:/R과함께하는 인과모형분석의 이해와 응용/R-codes/grade.txt", header=T)

# MVN tests based on the Skewness and Kurtosis Ststistics
mvn(grade)
```

[결과 1.6.2] [R-코드 1.6.2]의 결과

```
$multivariateNormality
             Test         Statistic           p value Result
1 Mardia Skewness  15.4387387548837 0.750776787159185    YES
2 Mardia Kurtosis -1.43419034757721 0.151517950810955    YES
3             MVN              <NA>              <NA>    YES
```

[결과 1.6.2]에 따르면 왜도와 첨도 검정통계량의 $p-$값이 각각 0.751과 0.152이다. 전체적으로 이들은 유의수준 $\alpha=0.05$보다 커서 다변량 정규성이 통계적으로 만족됨을 보여주고 있다. 열 목록 Result의 YES가 이를 보여 주고 있다.

구조방정식모형을 적합하기 위해서 다변량 정규성이 매우 중요하나 실제 상항에서는 이를 충족하지 못하는 경우가 많이 있다. 3.4절에는 다변량 정규성에 무관하게 구조방정식모형을 추정하는 비모수적 방법인 붓스트랩방법(Bootstrap method)과 다변량 정규성에 로버스트(robust)한 다양한 방법을 소개하고 있다.

1.7 공분산행렬의 동질성 검정

구조방정식모형을 군집별로 비교하는 다중 군집분석에서 군집의 공분산행렬의 동질성이 필요하다. 이는 다변량 정규성에 바탕을 둔 우도비검정(likelihood ration test)에 바탕을 두고 있다. 따라서 공분산행렬의 동질성을 검토하는 박스 M-검정을 검토하기 전에 각 군집의 자료가 다변량 정규성을 만족하는지를 살펴보아야 한다. 이는 다변량 정규성이 만족되지 못해 박스 M-검정은 공분산행렬의 동질성을 기각하곤 한다. 최용석(2019, 3.4절)을 참고로 공분산행렬의 동질성 검정을 발췌하여 정리하고 R에서 패키지 biotools의 함수 boxM()을 활용한 박스 M-검정을 적용해 보기로 하자.

만약에 g개 군집 $C_k,\ k=1,\dots,g$에서 각 군집은 개체 수를 N_k개 가진다고 하자. 그리고 k번째 군집 C_k의 개체 $\boldsymbol{x}_{ki}=(x_{ki1},\dots,x_{kip})^T,\ i=1,\dots,N_k$가 다변량 정규분포 $N_p(\boldsymbol{\mu}_k,\ \Sigma_k),\ k=1,\dots,g$를 따른다고 하면 g개 군집의 공분산행렬의 동질성에 대한 귀무가설

$$H_0 : \Sigma_1 = \Sigma_2 = \cdots = \Sigma_g = \Sigma$$

에 대해 [정리 1.7.1]에는 박스 M-검정을 요약하고 있다.

[정리 1.7.1] 박스 M-검정: $H_0 : \Sigma_1 = \Sigma_2 = \cdots = \Sigma_g = \Sigma$

k번째 군집 C_k의 개체

$$\boldsymbol{x}_{ki}=(x_{ki1},\dots,x_{kip})^T,\ i=1,\dots,N_k \sim N_p(\boldsymbol{\mu}_k,\ \Sigma_k),\ k=1,\dots,g:$$

$$M = -2\gamma \ln\Lambda = \gamma\sum_{k=1}^{g}(N_k-1)\log\left|S_k^{-1}S_p\right| > \chi^2_{(p(p+1)(g-1)/2)}(\alpha) \qquad (1.7.1)$$

$\Rightarrow$ 유의수준 α에서 H_0가 기각된다.

(1.7.1)에서 Λ는 우도비검정의 검정통계량

$$\Lambda = \prod_{k=1}^{g} \left(\frac{|S_k|}{|S_p|} \right)^{(N_k - 1)/2}$$

이고 S_k는 k번째 군집의 공분산행렬이고 S_p는 모든 군집의 공분산행렬의 가중평균합인 합동(pooled 또는 combined) 공분산행렬

$$S_p = \frac{\sum_{k=1}^{g}(N_k - 1)S_k}{\sum_{k=1}^{g}(N_k - 1)}$$

이다. 따라서 (1.7.1)의 박스 M-검정통계량은 근사적으로 자유도가 $df = p(p+1)(g-1)/2$을 따르는 카이제곱분포를 이루며 γ는 다음과 같다.

$$\gamma = 1 - \left[\sum_{k=1}^{g} \frac{1}{(N_k - 1)} - \frac{1}{\sum_{k=1}^{g}(N_k - 1)} \right] \left[\frac{2p^2 + 3p - 1}{6(p+1)(g-1)} \right].$$

[보기 1.7.1]과 [보기 1.7.2]에서는 [보기 1.6.1]에서 다변량 정규성 검토를 한 두 업종의 고객 만족도 자료와 [보기 1.5.5]에서 소개한 지방과 도시 아동의 성장을 비교하기 위한 자료에 대해 각각 공분산행렬의 동질성 검정을 살펴보려 한다. 특히, 지방과 도시 아동의 성장의 비교를 위한 자료는 다변량 정규성 검정도 같이 곁들인다.

[보기 1.7.1] 두 군집(업종 A, B)의 고객만족도의 공분산행렬의 동질성 검정

[보기 1.6.1]의 다변량 정규성을 검토하기 위한 두 종류의 업종 A(600개)와 업종 B(300개)에 대해 고객만족도 자료에 대해 [R-코드 1.7.1]에 의한 [결과 1.7.1]의 두 업종별 공분산행렬의 동질성의 귀무가설 $H_0 : \Sigma_1 = \Sigma_2 = \Sigma$에 대한 박스 M-검정의 결과를 살펴보자. 관측변수로 두 업종을 나타내는 group(군집), 한 가지 외생변수 x_1=expect(기대수준), 네 가지 내생변수 y_1=quality(인지품질), y_2=value(인지가치), y_3=satisfact(고객만족), y_4=loyalty(충성도)에 의한 측정 자료는 파일 loyal.txt에 있다.

[R-코드 1.7.1] 두 군집(업종 A, B)의 고객만족의 공분산행렬의 동질성 검정 (loyal-2groups-BoxM-test.R)

```
## Box M-test for Homogeneity of Covariance of Two Group of 고객충성도
library(biotools)
loyal=read.table("D:/R과함께하는 인과모형분석의 이해와 응용/R-codes/loyal.txt", header=T)
attach(loyal)

# Box M
boxM(loyal[,-1], group)
```

[결과 1.7.1] [R-코드 1.7.1]의 결과

```
> boxM(loyal[,-1], group)

        Box's M-test for Homogeneity of Covariance Matrices

data:  loyal[, -1]
Chi-Sq (approx.) = 45.238, df = 15, p-value = 7.021e-05
```

[결과 1.7.1]에 따르면 카이제곱 검정통계량의 $p-$값이 유의수준 $\alpha = 0.05$보다 작아 귀무가설 $H_0 : \Sigma_1 = \Sigma_2 = \Sigma$을 기각한다. 실제 이 자료는 다변량 정규성도 통계적으로 만족되지 않아 엄밀히 말하자면 박스 M-검정을 적용하기 어려운 경우이다.

[보기 1.7.2] 지방과 도시 아동의 나이와 키 자료의 공분산행렬의 동질성 검정

[보기 1.5.6]에서 서로 환경이 다른 지방과 도시 아동의 성장을 비교하기 위해 두 군집의 아동들의 키(단위: cm)와 나이(단위: 개월)를 측정한 자료에 대해 공분산분석모형을 소개하고 있다. 두 군집의 자료에 대하여 원활한 박스 M-검정에 의한 공분산행렬의 동질성 검정을 위해 먼저 Mardia의 다변량 왜도와 첨도에 의한 다변량 정규성 검정을 하였다. [R-코드 1.7.2]는 두 검정을 위한 것으로 [결과 1.7.2]를 참고 바란다.

[결과 1.7.2]의 (1) 다변량 정규성 검정의 결과 도시와 지방 아동 각 군집의 다변량 왜도와 첨도 검정 통계량의 $p-$값이 전체적으로 유의수준 $\alpha = 0.05$보다 커서 다변량 정규성이 통계적으로 만족됨을 보여주고 있다. (2)의 공분산행렬의 동질성 검정에서는 카이검정 통계량의 $p-$값이 0.247로 유의수준 $\alpha = 0.05$에서 귀무가설 $H_0 : \Sigma_1 = \Sigma_2 = \Sigma$을 기

각하지 못해 공분산행렬의 동질성이 만족됨을 보여주고 있다.

[R-코드 1.7.2] 지방과 도시 아동의 나이와 키 자료의 다변량 정규성검정과 공분산행렬의 동질성 검정(height-2groups-MVN-BoxM-test.R)

```
## MVN test&Box M-test for 지방과 도시 아동 자료
library(biotools)
library(MVN)
setwd("D:/R과함께하는 인과모형분석의 이해와 응용/R-codes")
height<-read.table("height.txt", header=T)
attach(height)

# Two groups
height1=height[group=="1",] # 도시 아동
height0=height[group=="0",] # 지방 아동

# MVN test based on the Skewness and Kurtosis Ststistics
mvn(height1[,-3])
mvn(height0[,-3])

# Box M
boxM(height[,-3], group)
```

[결과 1.7.2] [R-코드 1.7.2]의 결과

(1) 다변량 정규성 검정: 도시 아동과 지방 아동

```
> mvn(height1[,-3])
$multivariateNormality
             Test          Statistic           p value Result
1 Mardia Skewness   1.97979878953013 0.739474623849697    YES
2 Mardia Kurtosis -0.48529488763472 0.627467181435441    YES
3             MVN               <NA>              <NA>    YES

> mvn(height0[,-3])
$multivariateNormality
             Test          Statistic           p value Result
1 Mardia Skewness   2.07328509763061  0.72228180385241    YES
2 Mardia Kurtosis -1.23814305531395 0.215663021722221    YES
3             MVN               <NA>              <NA>    YES
```

(2) 공분산행렬의 동질성 검정

```
> boxM(height[,-3], group)
```

```
        Box's M-test for Homogeneity of Covariance Matrices

data:  height[, -3]
Chi-Sq (approx.) = 4.1316, df = 3, p-value = 0.2476
```

1.8 연습문제

[1] 회귀모형에서 다중 회귀모형과 다변량 회귀모형의 차이에 대하여 설명해보라.

[2] 구조방정식모형에서 비정칙성 $I-B>0$이 필요한 이유에 대하여 설명하라.

[3] 잠재변수가 있는 구조방정식모형을 구성하는 변수들에 대하여 그 차이를 설명하라.

[4] 잠재변수가 있는 구조방정식모형에서 측정모형과 구조모형에 대하여 설명하라.

[5] 구조방정식모형의 추정은 어떻게 이루어지는 지를 설명하라.

[6] 모형 검정을 위한 적합도 지수에서 기본이 되는 카이제곱 검정통계량의 의미를 설명하라.

[7] 구조방정식모형을 적용하기 위한 자료의 다변량 정규성의 필요성에 대하여 설명하라.

[8] 잠재변수가 없는 구조방정식모형과 잠재변수가 있는 구조방정식모형의 차이를 설명하라.

[9] 경로도의 필요성에 대하여 설명하라.

[10] 구조방정식모형에서 공변량이 존재할 수 있음을 설명하라.

[11] 인과모형에서 다중 군집분석을 할 때 두 군집 자료의 공분산행렬의 동질성 검정에 다변량 정규성이 왜 필요한지를 설명하라.

[12] 구조방정식모형의 모수의 특징을 구분하고 이에 대하여 설명하라.

제 2 장

확증적 인자분석
Confirmatory Factor Analysis

2.1 인자분석의 정의

인자분석(factor analysis)은 몇 개의 공통인자(common factor)를 통하여 변수들 사이에 존재하는 공분산구조(covariance structure)를 쉽게 파악하도록 모형에 바탕을 둔 다변량 기법이다.

인자분석은 심리학자들에 의해서 제안되고 개발된 기법으로 20세기 초 피어슨(Karl Pearson, 1857-1936)과 스피어만(Chales Spearman, 1863-1945)에 의해서 시작되었다. 특히, 영국 태생의 심리학자 스피어만이 인자라는 용어를 만들었고 1927년에 2개 인자에 의한 공통인자분석을 개발하였다. 그는 1904년 인간의 지식측정에 관한 연구(general intelligence objectively determined and measured)를 위해 33명의 아동들의 6개 과목(고전, 불어, 영어, 수학, 음감, 음악)의 성적에 관한 상관행렬로부터 잠재된 지능인자(intelligence factor)를 제안하기도 하여 이 분석의 기원은 시작되었다.

일반적으로 주성분분석(principal component analysis)이 단순히 변수들의 선형 결합들로 이루어진 몇 개의 주성분을 추출하는 기법인 반면에, 인자분석은 변수에 관한 공통인자들의 선형결합 형태인 인자분석모형의 인자적재를 추정하여 잠재변수인 공통인자를 추정하는 기법이다. 엄밀히 말해선 주성분분석과 인자분석은 p개의 변수를 $m(\leq p)$개의 주성분이나 공통인자로 차원을 축소하려는 점에서는 같은 맥락을 하고 있다.

인자분석을 위한 인자적재 추정의 대수적 알고리즘으로 주성분분석을 활용한 주성분인자분석(principal component factor analysis)이 있어 인자분석을 주성분분석의 확장으로 여기기도 한다(Johnson과 Wichern, 2007, p. 482). 그리고 다변량 정규분포 가정이 필요한 최대우도법(maximum likelihood method)이 있다.

추가적으로 추정된 공통인자들을 2.3절에서 설명할 구조적 공통인자분해(common factor decomposition)가 유지되는 직교변환을 통해 보다 쉽게 해석할 수 있다. 인자분석은 이와 같은 일련의 과정을 통해 원 변수들의 복잡한 차원을 저차원으로 축약하여 자료의 구조를 파악할 수 있게 해준다. 더 나아가 각 개체들에 대한 인자점수(factor score)를 계산하고 이를 이용하여 다른 통계기법에 활용할 수 있다. 따라서 인자분석은 그 자체가 통계분석의 목적이기도 하지만 때때로 다른 통계적 방법을 적용하기 이전의 차원축소를 위한 탐색적 중간 분석과정이다.

대개 인자분석을 연구자의 목적에 따라 탐색적 인자분석(exploratory factor analysis)과 확증적 인자분석(confirmatory factor analysis)으로 나눈다(Jöreskog와 Sörbom, 1989, pp. 96-97; Harman, 1976, p. 61).

탐색적 인자분석에서는 주어진 원 자료에 대해 원래 변수들 간의 상호관계를 분석하고 몇 개의 인자를 정할 것인가와 인자의 해석을 위해 어떤 회전을 할 것인가에 관심이 있다. 일반적으로 설문지를 활용한 통계조사에서 문항의 신뢰성(reliability) 확보를 위해서도 탐색적 인자분석이 활용된다. 이 과정을 통하여 밝혀진 인자분석모형의 검토와 검정의 관점에서 확증적으로 공통인자의 수를 미리 정하고 변수들과 인자들 간의 관계에 대한 구체적 가정과 모형의 적합도를 평가하는 데 중점을 두는 확증적 인자분석이 있다. 확증적 인자분석은 4장에서 다룰 공분산구조와 구조방정식모형의 한 부분으로 인식 될 수 있다(Everitt와 Dunn, 1991, p. 253). 대개 탐색적 인자분석은 다변량 자료분석에서 주로 다루어지고 있으며 2.3절에서 살펴 보려한다. 2.2절에서는 인과모형의 관점에서 R의 패키지 lavaan의 함수 cfa()를 활용한 확증적 인자분석에 대하여 알아보고자 한다. 먼저 인자분석의 기본 개념을 익히기 위해서 Mardia 외(1979, Chapter 9)에 소개되어 있는 스피어만(1904)의 예를 살펴보자.

[보기 2.1.1] 스피어만의 여섯 과목에 관한 인자분석모형

인자분석에서 공통인자의 개념의 이해를 위해 지금(2020년)으로부터 116년 전에 이를 처음 소개한 스피어만(1904)의 연구로 들어가 보자. 그의 논문 275쪽에 일류 사립초등학교 33명의 아동들의 x_1 =고전(Classics), x_2 =불어(French), x_3 =영어(English), x_4 =수학(Mathematics), x_5 =음감(Discrimination of pitch), x_6 =음악(Music) 여섯 과목의 시험점수로부터 얻어진 상관관계에 의한 [자료 2.1.1]과 같은 상관행렬을 제공하고 있다.

[자료 2.1.1] 스피어만의 여섯 과목 성적의 상관행렬

관측변수	고전	불어	영어	수학	음감	음악
고전	1.00					
불어	0.83	1.00				
영어	0.78	0.67	1.00			
수학	0.70	0.67	0.64	1.00		
음감	0.66	0.65	0.54	0.45	1.00	
음악	0.63	0.57	0.51	0.51	0.40	1.00

먼저 상관행렬 각 행별 과목을 기준으로 상관계수들의 값이 다소 같은 정도로 감소하는 경향을 보이고 있다. 전반적으로 모든 과목에 성적이 연관성이 높으며 언어계열 과목인 고전, 불어, 영어 세 교과목간 상관계수가 비교적 높고, 반면에 수리계열 과목인 수학과도 다소 높다. 반면에 수학과 예능계열 음감과 음악 간의 상관은 다소 낮다.

스피어만은 과목 간의 이런 상관관계가 발생하는 j번째 변수의 점수가 (2.1.1)과 같이 공통인자(common factor)와 특정인자(specific factor) 두 부분으로 설명되어질 수 있다고 했다.

$$x_j \;=\; \lambda_j \xi \;+\; \delta_j,\; j=1,\ldots,6. \tag{2.1.1}$$

(2.1.1)에서 ξ를 공통인자로 확률변수이며 모든 변수에 공통적으로 영향을 주며 λ_j, $j=1,\ldots,6$는 인자적재(factor loadings)이다. δ_j, $j=1,\ldots,6$는 특정인자로 이것의 분산이 작으면 변수가 공통인자 ξ와 매우 가깝게 연관되어 있다는 것이다.

실제 2.3절의 탐색적 인자분석의 하나인 주성분 인자분석에 의해 추정된 인자적재는 다음과 같다(최용석, 2006, 3장).

$$\lambda_1 = -0.94,\; \lambda_2 = -0.89,\; \lambda_3 = -0.84,$$
$$\lambda_4 = -0.80,\; \lambda_5 = -0.74,\; \lambda_6 = -0.72$$

이로부터 $x_5 =$ 음감과 $x_6 =$ 음악에 관련된 모형에서 인자 ξ의 인자적재가 -0.74와 -0.72로 나머지에 비해 상대적으로 조금 작은 값을 가지지만 전체적으로 모든 과목에 대해 공통적으로 영향을 미치므로 인자 ξ를 일반지능(general intelligence) 또는 일반능력(general ability) 인자로 해석할 수 있다.

(2.1.1)에서 인자를 ξ만 고려했는데 실제로 변수 수만큼 6개의 인자가 존재하고 이에 따른 인자적재가 있게 된다. 스피어만의 공통인자에 대한 개념을 통하여 그가 많은 변수들의 상관관계를 통하여 상관이 높은 것을 공통적으로 한 인자로 나타낼 수 있는 인자분석모형을 통하여 차원축소를 시도했다고 여겨진다. 보다 자세한 인자분석을 위한 모형에 대한 정의, 대수적 표현, 성질 등은 2.3절에서 다루기로 하자.

2.2 확증적 인자분석모형

확증적 인자분석을 위해선 탐색적 인자분석을 통하여 인자의 개수나 인자회전을 통하여 공통인자를 명확히 밝혀야 함은 앞서 설명한 바 있다. 참고로 탐색적 인자분석에 대한 개념과 자세한 설명은 2.3절에서 다루고 있다. 다만 이 절에서는 [보기 2.2.1]의 여섯 과목(게일어, 영어, 역사, 산수, 대수, 기하)의 탐색적 인자분석을 통하여 추출된 잠재된 공통인자와 변수들 간에 존재하는 인과모형을 밝히는 확증적 인자분석모형을 먼저 다루려 한다. 특히 보기를 통하여 그 개념을 살펴보고 R-코드와 수행 결과를 해석하는데 주안점을 두려 한다.

[보기 2.2.1] 여섯 과목의 확증적 인자분석모형

1) 자료 및 변수

[자료 2.2.1]은 220명의 남학생의 6개 과목(게일어, 영어, 역사, 산수, 대수, 기하) 성적의 상관행렬이다(Lawley와 Maxwell, 1963, p. 33). 이는 [보기 1.5.2]의 [자료 1.5.2]에서 언급한 바 있다.

[자료 2.2.1] 6개 과목 성적의 상관행렬

관측변수	x_1	x_2	x_3	x_4	x_5	x_6
x_1 = 게일어	1.000					
x_2 = 영어	0.439	1.000				
x_3 = 역사	0.410	0.3551	1.000			
x_4 = 산수	0.288	0.354	0.164	1.000		
x_5 = 대수	0.329	0.320	0.190	0.595	1.000	
x_6 = 기하	0.248	0.329	0.181	0.470	0.464	1.000

Johnson과 Wichern(2007, Example 9.8)은 [자료 2.2.1]에 대한 탐색적 인자분석을 실시하여 공통인자 2개를 선택할 수 있음을 보여 주고 있다. 이들은 각각 언어능력인자(verbal-ability factor)와 수리능력인자(mathematical-ability factor)이다. 탐색적 인자분석은 2.3절에서 자세히 다루겠지만 인자의 개수나 인자를 정하지 않고 원 자료로부터 이를 추정해 내어 확증적 인자분석에 활용하려고 한다.

2) 경로도

[그림 2.2.1]은 [그림 1.5.2]를 재인용한 것으로 6개 과목에서 게일어, 영어, 역사가 언어능력인자 ξ_1에 의해 영향을 받고 산수, 대수, 기하가 수리능력인자 ξ_2에 의해 영향을 받는 확증적 인자분석모형을 나타내는 경로도이다.

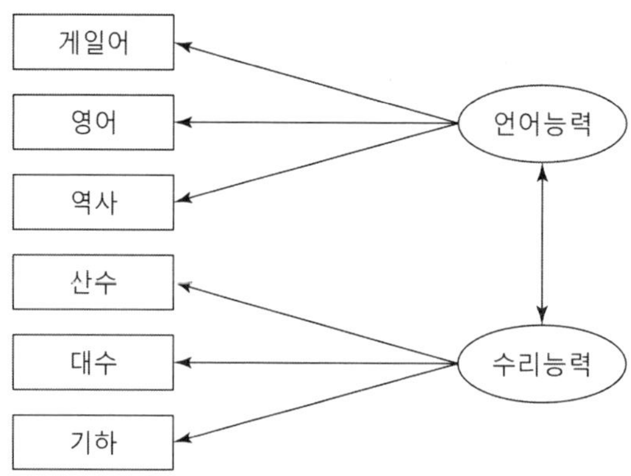

[그림 2.2.1] 6개 과목 성적에 대한 확증적 인자분석모형을 위한 경로도

3) 확증적 인자분석모형의 설정

이번에는 경로도 [그림 2.2.1]이 나타내는 확증적 인자분석모형의 방정식은 구조방정식모형의 표기 관점에서 다음과 같이 세울 수 있다.

$$
\begin{aligned}
x_1 &= \lambda_{11}\xi_1 + \delta_1 \\
x_2 &= \lambda_{21}\xi_1 + \delta_2 \\
x_3 &= \lambda_{31}\xi_1 + \delta_3 \\
x_4 &= \lambda_{42}\xi_2 + \delta_4 \\
x_5 &= \lambda_{52}\xi_2 + \delta_5 \\
x_6 &= \lambda_{62}\xi_2 + \delta_6
\end{aligned}
$$

이를 행렬로 표현하자면 (2.2.1)과 같다.

$$\begin{pmatrix} x_1 \\ x_2 \\ x_3 \\ x_4 \\ x_5 \\ x_6 \end{pmatrix} = \begin{pmatrix} \lambda_{11} & 0 \\ \lambda_{21} & 0 \\ \lambda_{31} & 0 \\ 0 & \lambda_{42} \\ 0 & \lambda_{52} \\ 0 & \lambda_{62} \end{pmatrix} \begin{pmatrix} \xi_1 \\ \xi_2 \end{pmatrix} + \begin{pmatrix} \delta_1 \\ \delta_2 \\ \delta_3 \\ \delta_4 \\ \delta_5 \\ \delta_6 \end{pmatrix}$$

$$\Leftrightarrow \quad \boldsymbol{x} = \Lambda \xi + \delta \tag{2.2.1}$$

여기서 Λ를 인자적재행렬이라 하고 ξ를 잠재변수인 공통인자벡터, δ를 특수인자벡터라 한다. 이들은 모두 모형을 가정하는 모수(parameter)에 관한 것이다. 대개 모형 (2.2.1)을 확증적 인자분석모형(CFA 모형)이라 하는데 4장 잠재변수가 있는 구조방정식모형의 관점에서 외생 잠재변수에 대한 측정모형으로 볼 수 있다.

(2.2.1)에서 크기가 6×1인 관측변수의 벡터 $\boldsymbol{x}$, 크기가 2×1인 공통인자 벡터 ξ, 크기가 6×1인 특수 인자벡터 δ의 공분산행렬은 각각 크기가 6×6, 2×2, 6×6인

$$Cov(\boldsymbol{x}) = \Sigma,$$
$$Cov(\xi) = \Phi = (\phi_{kj}),\ \phi_{kk} = 1,\ k, j = 1,2,$$
$$Cov(\delta) = \Theta_\delta = diag(\theta_{11}^\delta, \ldots, \theta_{66}^\delta)$$

이다. 이들로부터 공분산구조는 (2.2.2)와 같다.

$$\Sigma = \Sigma(\theta) = \Lambda \Phi \Lambda^T + \Theta_\delta \tag{2.2.2}$$

4) 모형의 적합

확증적 인자분석모형 (2.2.1)의 적합을 위해 R의 lavaan 패키지의 함수 cfa()를 활용하기로 하자. [보기 1.5.2]에서 자세히 설명한 모형 (2.2.1)의 R-코드 모형 작성 [표 1.5.2]를 참고한 [R-코드 2.2.1]과 [결과 2.2.1]을 살펴보자. 먼저 [R-코드 2.2.1]에 대하여 간략하게 정리하면 다음과 같다.

[R-코드 2.2.1] 6개 과목의 확증적 인자분석모형(subjects-cfamodel.R)

```
# CFA for 6 subjects
#install.packages("lavaan")
library(lavaan)
# Input correlation matrix
sub= lav_matrix_lower2full(c(
```

```
1,
0.439, 1.0,
0.410, 0.351, 1.0,
0.288, 0.354, 0.164, 1.0,
0.329, 0.320, 0.190, 0.595, 1.0,
0.248, 0.329, 0.181, 0.470, 0.464, 1.0))
sub=data.frame(sub,
    row.names=c("Gaelic", "English", "History", "Arithmetic", "Algebra", "Geometry"))
names(sub)= c("Gaelic", "English", "History", "Arithmetic", "Algebra", "Geometry")
sub=as.matrix(sub)

# Create CFA model
basic.model='
Verbal=~Gaelic + English + History
Math=~Arithmetic + Algebra + Geometry'

# Select fit indices
index=c("chisq", "df", "pvalue", "cfi", "rmsea", "gfi")

# Run CFA model
fit=cfa(model=basic.model, sample.cov=sub, sample.nobs=220, std.lv=TRUE)
fitMeasures(fit,index)

# Summarization of results
summary(fit, standardized=TRUE)

# Number of parameters in CFA model
inspect(fit)

# Diagram for CFA model
library(psych)
lavaan.diagram(fit)


## Others for Input Data
sub=data.frame(lav_matrix_lower2full(c(
1,
0.439, 1.0,
0.410, 0.351, 1.0,
0.288, 0.354, 0.164, 1.0,
0.329, 0.320, 0.190, 0.595, 1.0,
0.248, 0.329, 0.181, 0.470, 0.464, 1.0), diagonal=TRUE),
row.names=c("Gaelic", "English", "History", "Arithmetic", "Algebra", "Geometry"))
names(sub)= c("Gaelic", "English", "History", "Arithmetic", "Algebra", "Geometry")
sub=as.matrix(sub)
```

Input correlation matrix

함수 lav_matrix_lower2full()는 상관행렬을 입력 자료 sub로 만들어 준다. 이를 함수 data.frame()을 통하여 상관행렬의 행의 변수 이름을 입력하고 as.matrix()에 의해서 sub를 행렬로 정의한다.

Create CFA model과 # Select fit indices

basic.model에서 두 인자로 Verbal과 Math에 대하여 관측변수에 의한 선형결합 형태의 모형을 =~에 대해서 세운다. 실제 모형을 적합할 때 모형의 적절성을 나타내는 적합도 지수(index)들 중 χ^2(chisq), *CFI*(comparative fit index), *RMSEA*(root mean square error of approximation), *GFI*(goodness of fit index) 몇 가지를 지정한다.

Run CFA model

basic.model에서 설정한 모형을 적합할 때 함수 cfa()를 활용하며 이 확증적 인자분석 모형도 넓게는 구조방정식모형(structure equation model)으로 함수 sem()을 사용해도 동일한 결과를 얻을 수 있다. 옵션 std.lv=TRUE는 표준화된 잠재변수를 제공한다. 적합도 지수의 결과는 함수 fitMeasures()를 통해 얻게 된다.

Summarization of results

함수 summary()에서는 [그림 2.2.1]에서 세운 모형의 적합을 통해 인자적재를 포함하여 다양한 모수의 추정과 통계적 유의성을 검정하는 유의확률 $p-$값을 제공한다.

Number of parameters in CFA model

모형 (2.2.1)에서 추정하고자 하는 모수의 수를 제공하며 [결과 2.2.1]의 (3)을 참고하면 총 13개임을 보여준다. 이는 함수 inspect()에 의해서 제공된다. 다만 $psi에서 보여 주고 있는 것은 실제로 $Cov(\xi) = \Phi$에 대한 것으로 이는 "lavaan"에서는 관측변수 y의 측정 모형으로 CFA 모형을 대신하고 있어 오차항에 대한 공분산 $Cov(\zeta) = \Psi$가 이를 대신하고 있다고 여겨진다.

Diagram for CFA model

[그림 2.2.2]를 얻기 위한 것으로 basic.model에서 두 인자로 Verbal과 Math에 대하여 세운 모형과 관련하여 library(psych)를 통해 함수 lavaan.diagram()이 제공하게 된다. [그

림 2.2.2]는 [그림 2.2.1]의 경로도에서 확증적 인자분석모형의 적합을 통해 얻어진 추정된 경로계수를 나타내고 있다.

[결과 2.2.1] [R-코드 2.2.1]의 결과

(1) 모형 적합도 지수

```
> fitMeasures(fit,index)
  chisq     df pvalue    cfi  rmsea    gfi
  7.990  8.000  0.434  1.000  0.000  0.988
```

(2) 모형의 모수 추정

```
> summary(fit, standardized=TRUE)
Latent Variables:
                   Estimate  Std.Err  z-value  P(>|z|)   Std.lv  Std.all
  Verbal =~
    Gaelic            0.685    0.075    9.096    0.000    0.685    0.687
    English           0.671    0.075    8.920    0.000    0.671    0.672
    History           0.531    0.075    7.060    0.000    0.531    0.533
  Math =~
    Arithmetic        0.765    0.067   11.406    0.000    0.765    0.767
    Algebra           0.767    0.067   11.436    0.000    0.767    0.768
    Geometry          0.614    0.069    8.963    0.000    0.614    0.616

Covariances:
                   Estimate  Std.Err  z-value  P(>|z|)   Std.lv  Std.all
  Verbal ~~
    Math              0.597    0.072    8.332    0.000    0.597    0.597

Variances:
                   Estimate  Std.Err  z-value  P(>|z|)   Std.lv  Std.all
   .Gaelic            0.526    0.082    6.437    0.000    0.526    0.528
   .English           0.545    0.081    6.723    0.000    0.545    0.548
   .History           0.713    0.081    8.754    0.000    0.713    0.716
   .Arithmetic        0.411    0.068    6.071    0.000    0.411    0.412
   .Algebra           0.408    0.068    6.025    0.000    0.408    0.410
   .Geometry          0.618    0.071    8.712    0.000    0.618    0.621
    Verbal            1.000                                1.000    1.000
    Math              1.000                                1.000    1.000
```

(3) 모형의 추정 모수의 수

```
> inspect(fit)
$lambda
           Verbal Math
Gaelic          1    0
English         2    0
History         3    0
Arithmetic      0    4
Algebra         0    5
Geometry        0    6

$theta
           Gaelic Englsh Histry Arthmt Algebr Gemtry
Gaelic      7
English     0      8
History     0      0      9
Arithmetic  0      0      0     10
Algebra     0      0      0      0     11
Geometry    0      0      0      0      0     12

$psi
       Verbal Math
Verbal  0
Math   13      0
```

다음으로 [결과 2.2.1]-(1)의 모형 적합도 지수를 통해 모형의 적합함을 살펴보면 다음과 같다.

- 자유도 8인 $\chi^2=7.990$의 $p-$값$=0.434$는 가정된 CFA 모형을 기각하지 않아 모형이 적합함을 보여 주고 있다.
- CFI=1은 적합이 완벽함을 나타낸다.
- RMSEA=0.000은 적합이 완벽함을 나타낸다.
- GFI=0.988은 가정된 CFA 모형이 상관행렬의 99%를 설명한다.

특히 모형 (2.2.1)에서 추정하고자 하는 모수의 수는 1.4절의 구조방정식모형의 모수 관점에서 보면 공분산구조 (2.2.2)로부터 Λ에서 6개, $Cov(\delta) = \Theta_\delta$에서 6개, $Cov(\xi) = \Phi$에서 1개 총 $t=13(=6+6+1)$개이다. 따라서 카이제곱 검정통계량의 자유도 $df = p(p+1)/2 - t = 6(6+1)/2 - 13 = 8$이 되고 이는 모형을 적합할 수 있는 기준

$df \geq 0$을 만족하게 된다. 앞서 [R-코드 2.2.1]의 설명과 같이 [결과 2.2.1]-(3)에는 추정하고자 하는 모수의 수에 대한 것을 확인 차원에서 제공하고 있는데 R에서 함수 inspect()를 사용하면 쉽게 얻어진다.

[결과 2.2.1]-(2)의 Latent Variables에서 (2.2.1)에서 정의한 모형의 모수들의 추정된 값을 제공한다. 특히 게일어(Gaelic) $x_1 = \lambda_{11}\xi_1 + \delta_1$에 대하여 추정된 모수 값은 $\hat{\lambda}_{11}=0.685$이고 $Var(\delta_1)=0.526$이이다. 게일어(Gaelic)에 대한 언어능력인자(Verbal) ξ_1의 유의성을 위한 귀무가설 H_0: $\lambda_{11}=0$은 검정통계량 $z-$값$=9.096$의 유의확률 $p-$값$=0.000$에 의해서 유의수준 5%에서 기각하므로 이는 언어능력인자(Verbal) ξ_1이 모형 $x_1 = \lambda_{11}\xi_1 + \delta_1$에서 유의함을 나타낸다. 모형 (2.2.2)와 관련하여 전체적으로 모수 추정의 결과에서 추정된 인자적재행렬은 다음과 같다.

$$\hat{\Lambda} = \begin{pmatrix} 0.685 & 0 \\ 0.671 & 0 \\ 0.531 & 0 \\ 0 & 0.765 \\ 0 & 0.767 \\ 0 & 0.614 \end{pmatrix}$$

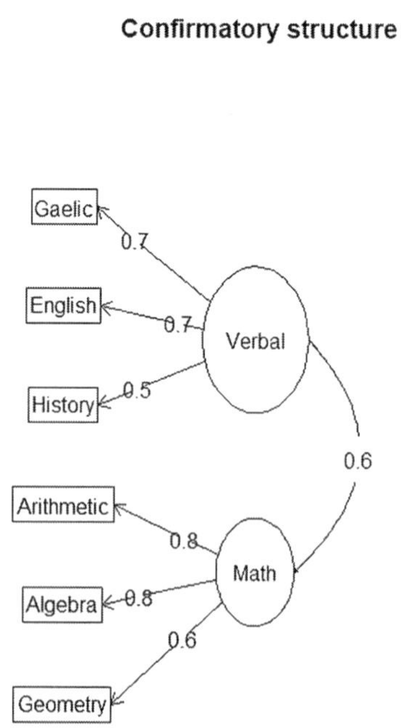

[그림 2.2.2] 6개 과목의 확증적 인자분석모형의 모수 추정치를 경로계수로 가진 경로도

인자적재의 유의성을 위한 귀무가설 H_0: $\lambda_{jk}=0$은 검정통계량 $z-$값(9.096, 8.920, 7.060, 11.406, 11.436, 8.963)의 유의확률 $p-$값$=0.000$에 의해서 유의수준 5%에서 기각된다. 이는 언어능력인자 ξ_1와 수리능력인자 ξ_2가 모든 모형에서 유의함을 나타낸다.

[그림 2.2.2]의 경로도에는 [그림 2.2.1]에서 세운 경로도의 CFA 모형의 적합된 경로계수를 보여주고 있다. 이는 [R-코드 2.2.1]에서 library(psych)의 함수 lavaan.diagram()의 의해서 제공됨을 설명한 바 있다.

[보기 2.2.2] 정신활성제 사용 횟수의 확증적 인자분석모형

1) 자료 및 변수

[자료 2.2.2]는 11개 고등학교 저학년 1634명의 학생을 대상으로 13개 종류의 정신활성제를 사용한 횟수를 설문조사를 하였고 이들의 상관행렬이다(Everitt와 Dunn, 1991, 14장). 여기서 사용된 정신활성제는 관측변수로 담배(Cigs), 맥주(Beer), 와인(Wine), 독한술(Liquor), 코카인(Cocaine), 안정제(Tranq), 약물치료제(Drugst), 헤로인(Heroin), 마리화나(Mari), 대마초(Hash), 흡입제(Inhal, 접착제, 휘발유, 등), 환각제(Hallu), 흥분제(Amphet)이다.

[자료 2.2.2] 정신활성제 사용 횟수의 상관 행렬

관측변수	x_1	x_2	x_3	x_4	x_5	x_6	x_7	x_8	x_9	x_{10}	x_{11}
담배(Cigs)	1.000										
맥주(Beer)	0.447	1.000									
와인(Wine)	0.422	0.619	1.000								
독한술(Liquor)	0.435	0.604	0.583	1.000							
코카인(Cocaine)	0.114	0.068	0.053	0.115	1.000						
안정제(Tranq)	0.203	0.146	0.139	0.258	0.349	1.000					
약물치료제(Drugst)	0.091	0.103	0.110	0.122	0.209	0.221	1.000				
헤로인(Heroin)	0.082	0.063	0.066	0.097	0.321	0.355	0.201	1.000			
마리화나(Mari)	0.513	0.445	0.365	0.482	0.186	0.315	0.150	0.154	1.000		
대마초(Hash)	0.304	0.318	0.240	0.368	0.303	0.377	0.163	0.219	0.534	1.000	
흡입제(Inhal)	0.245	0.203	0.183	0.255	0.272	0.323	0.310	0.288	0.301	0.302	1.000
환각제(Hallu)	0.101	0.088	0.074	0.139	0.279	0.367	0.232	0.320	0.204	0.368	0.340
흥분제(Amphet)	0.245	0.199	0.184	0.293	0.278	0.545	0.232	0.314	0.394	0.467	0.392

Everitt와 Dunn(1991, 14장)은 [자료 2.2.2]에 대한 탐색적 인자분석을 실시하여 공통인자 3개를 선택하였다. 여기서는 이들을 구조방정식모형의 관점에서 각각 잠재변수로 ξ_1, ξ_2, ξ_3로 하자.

2) 경로도

[그림 2.2.3]은 13개 종류의 정신활성제에 미치는 잠재 인자들의 영향에 관한 확증적 인자분석모형의 경로도이다. 여기서 담배(Cigs), 맥주(Beer), 와인(Wine), 독한술(Liquor)이 잠재변수 ξ_1에 의해 영향을 받고 담배(Cigs), 와인(Wine), 독한술(Liquor)이 잠재변수 ξ_2에 의해 일부 영향을 받으며 코카인(Cocaine), 마리화나(Mari), 대마초(Hash), 흡입제(Inhal)가 영향을 받는다. 치료제의 일부로 사용되는 안정제(Tranq), 약물치료제(Drugst), 헤로인(Heroin)과 환각제(Hallu), 흥분제(Amphet)는 잠재변수 ξ_3에 의해 영향을 받는다.

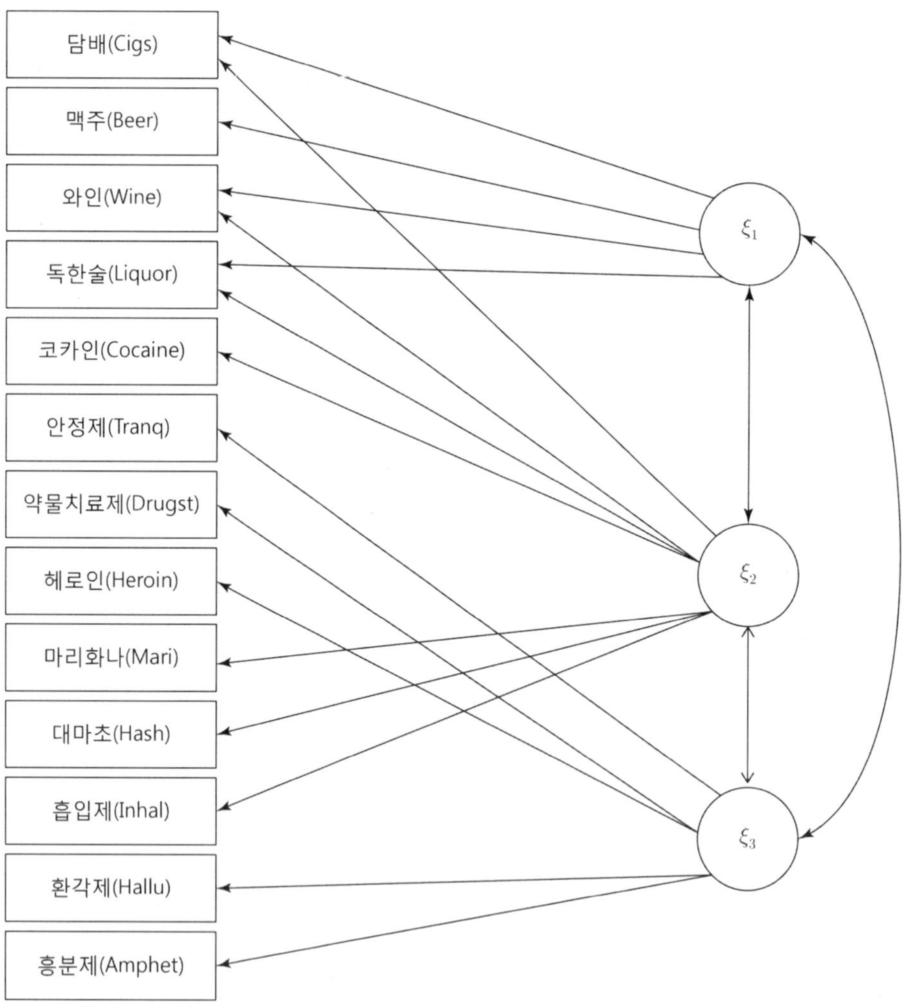

[그림 2.2.3] 정신활성제 횟수의 확증적 인자분석모형을 위한 경로도

3) 확증적 인자분석모형의 설정

이번에는 R을 활용한 확증적 인자분석을 통하여 경로도 [그림 2.2.3]을 만족하는 모형의 적합성을 따져 보자. 먼저 이 경로도가 나타내는 모형 방정식은 구조방정식모형의 표기 관점에서 다음과 같이 세울 수 있다.

담배(Cigs)	$x_1 = \lambda_{11}\xi_1 + \lambda_{12}\xi_2 + \delta_1$
맥주(Beer)	$x_2 = \lambda_{21}\xi_1 + \delta_2$
와인(Wine)	$x_3 = \lambda_{31}\xi_1 + \lambda_{32}\xi_2 + \delta_3$
독한술(Liquor)	$x_4 = \lambda_{41}\xi_1 + \lambda_{42}\xi_2 + \delta_4$
코카인(Cocaine)	$x_5 = \lambda_{52}\xi_2 + \delta_5$
안정제(Tranq)	$x_6 = \lambda_{63}\xi_3 + \delta_6$
약물치료제(Drugst)	$x_7 = \lambda_{73}\xi_3 + \delta_7$
헤로인(Heroin)	$x_8 = \lambda_{83}\xi_3 + \delta_8$
마리화나(Mari)	$x_9 = \lambda_{92}\xi_2 + \delta_9$
대마초(Hash)	$x_{10} = \lambda_{10,2}\xi_2 + \delta_{10}$
흡입제(Inhal)	$x_{11} = \lambda_{11,2}\xi_2 + \delta_{11}$
환각제(Hallu)	$x_{12} = \lambda_{12,3}\xi_3 + \delta_{12}$
흥분제(Amphet)	$x_{13} = \lambda_{13,3}\xi_3 + \delta_{13}$

행렬로 표현하자면 (2.2.3)과 같다.

$$\begin{pmatrix} x_1 \\ x_2 \\ x_3 \\ x_4 \\ x_5 \\ x_6 \\ x_7 \\ x_8 \\ x_9 \\ x_{10} \\ x_{11} \\ x_{12} \\ x_{13} \end{pmatrix} = \begin{pmatrix} \lambda_{11} & \lambda_{12} & 0 \\ \lambda_{21} & 0 & 0 \\ \lambda_{31} & \lambda_{32} & 0 \\ \lambda_{41} & \lambda_{42} & 0 \\ 0 & \lambda_{52} & 0 \\ 0 & 0 & \lambda_{63} \\ 0 & 0 & \lambda_{73} \\ 0 & 0 & \lambda_{83} \\ 0 & \lambda_{92} & 0 \\ 0 & \lambda_{10,2} & 0 \\ 0 & \lambda_{11,2} & 0 \\ 0 & 0 & \lambda_{12,3} \\ 0 & 0 & \lambda_{13,3} \end{pmatrix} \begin{pmatrix} \xi_1 \\ \xi_2 \\ \xi_3 \end{pmatrix} + \begin{pmatrix} \delta_1 \\ \delta_2 \\ \delta_3 \\ \delta_4 \\ \delta_5 \\ \delta_6 \\ \delta_7 \\ \delta_8 \\ \delta_9 \\ \delta_{10} \\ \delta_{11} \\ \delta_{12} \\ \delta_{13} \end{pmatrix}$$

$$\Leftrightarrow \quad \boldsymbol{x} = \Lambda \boldsymbol{\xi} + \boldsymbol{\delta} \tag{2.2.3}$$

여기서 Λ는 인자적재행렬이고 ξ는 잠재변수인 공통인자벡터, δ는 특수인자벡터이다.

(2.2.3)에서 크기가 13×1인 관측변수의 벡터 $\boldsymbol{x}$, 크기가 3×1인 공통인자벡터 ξ, 크

기가 13×1인 특수인자벡터 δ의 공분산행렬은 각각 크기가 13×13, 3×3, 13×13인

$$Cov(\boldsymbol{x}) = \Sigma,$$
$$Cov(\boldsymbol{\xi}) = \Phi = (\phi_{kj}),\ \phi_{kk} = 1,\ k,j = 1,2,3,$$
$$Cov(\boldsymbol{\delta}) = \Theta_{\delta} = diag(\theta_{11}^{\delta}, \ldots, \theta_{13,13}^{\delta})$$

이다. 이들로부터 공분산구조는 (2.2.4)와 같다.

$$\Sigma = \Sigma(\boldsymbol{\theta}) = \Lambda \Phi \Lambda^{T} + \Theta_{\delta} \tag{2.2.4}$$

4) 모형의 적합

3) 확증적 인자분석모형의 설정 (2.2.3)에 따른 다음과 같은 R-코드를 반영한 [R-코드 2.2.2]에 의한 [결과 2.2.2]를 살펴보자.

```
# Create CFA model
model='
F1=~Cigs + Beer + Wine + Liquor
F2=~Cigs + Wine + Mari + Hash + Inhal
F3=~Liquor + Cocaine + Tranq + Drugst + Heroin + Hallu + Amphet
'
```

[결과 2.2.2]-(1)의 모형 적합도 지수를 보면 먼저 자유도 59인 $\chi^2 = 573.259$의 p-값= 0.000은 가정된 CFA 모형을 기각하여 모형이 적합하지 않음을 보여주고 있다. 그러나 나머지 $CFI = 0.921$, $RMSEA = 0.073$, $GFI = 0.947$은 가정된 CFA 모형이 어느 정도 적합함을 보여 주고 있다.

특히 모형 (2.2.3)에서 추정하고자 하는 모수의 수는 공분산구조 (2.2.4)로부터 Λ에서 16개, $Cov(\boldsymbol{\delta}) = \Theta_{\delta}$에서 13개, $Cov(\boldsymbol{\xi}) = \Phi = (\phi_{kj})$, $k,j = 1,2,3$에서 3개 총 $t = 32$ $(= 16 + 13 + 3)$개이다. 따라서 카이제곱 검정통계량의 자유도 $df = q(q+1)/2 - t = 13(13+1)/2 - 32 = 59$가 된다. [보기 2.2.1]에서 언급한 것처럼 모형에서 추정하고자 하는 모수의 수는 함수 inspect()를 활용하면 쉽게 확인 가능하다고 했고 [R-코드 2.2.2]에도 반영되어 있다. 다만, 그 결과는 생략하였으니 독자들은 꼭 확인 바란다.

[결과 2.2.2]-(2)의 Latent Variables의 Estimate에서 모형 (2.2.3)에서 정의한 모형의 경로계수에 해당하는 모수들의 추정된 값을 제공한다. 이들 모수들은 검정통계량 z-값의

유의확률 $p-$값은 0.010을 포함하여 모두 0.000으로 유의수준 5%에서 모두가 모형에서 유의함을 나타내고 있다.

[결과 2.2.2] [R-코드 2.2.2]의 결과

(1) 모형 적합도 지수

```
> fitMeasures(fit,index)
  chisq      df  pvalue     cfi   rmsea     gfi
573.259  59.000   0.000   0.921   0.073   0.947
```

(2) 모형의 모수 추정

```
> summary(fit, standardized=TRUE)
Latent Variables:
                   Estimate  Std.Err  z-value  P(>|z|)   Std.lv  Std.all
  F1 =~
    Cigs              0.376    0.034   11.061    0.000    0.376    0.376
    Beer              0.800    0.023   35.374    0.000    0.800    0.800
    Wine              0.832    0.038   22.103    0.000    0.832    0.832
    Liquor            0.725    0.024   30.804    0.000    0.725    0.725
  F2 =~
    Cigs              0.291    0.035    8.356    0.000    0.291    0.291
    Wine             -0.099    0.038   -2.578    0.010   -0.099   -0.099
    Mari              0.735    0.024   30.894    0.000    0.735    0.735
    Hash              0.694    0.024   28.842    0.000    0.694    0.694
    Inhal             0.495    0.026   19.335    0.000    0.495    0.496
  F3 =~
    Liquor            0.129    0.024    5.261    0.000    0.129    0.129
    Cocaine           0.457    0.026   17.639    0.000    0.457    0.457
    Tranq             0.687    0.024   28.568    0.000    0.687    0.687
    Drugst            0.341    0.027   12.825    0.000    0.341    0.341
    Heroin            0.469    0.026   18.166    0.000    0.469    0.469
    Hallu             0.610    0.025   24.670    0.000    0.610    0.610
    Amphet            0.774    0.023   33.239    0.000    0.774    0.774
```

[R-코드 2.2.2] 정신활성제 횟수의 확증적 인자분석모형(drug-cfamodel.R)

```
# CFA for Drug Usage
install.packages("lavaan")
library(lavaan)
# Input correlation matrix
drug= lav_matrix_lower2full(c(
  1.000,
```

```
  0.447, 1.000,
  0.422, 0.619, 1.000,
  0.435, 0.604, 0.583, 1.000,
  0.114, 0.068, 0.053, 0.115, 1.000,
  0.203, 0.146, 0.139, 0.258, 0.349, 1.000,
  0.091, 0.103, 0.110, 0.122, 0.209, 0.221, 1.000,
  0.082, 0.063, 0.066, 0.097, 0.321, 0.355, 0.201, 1.000,
  0.513, 0.445, 0.365, 0.482, 0.186, 0.315, 0.150, 0.154, 1.000,
  0.304, 0.318, 0.240, 0.368, 0.303, 0.377, 0.163, 0.219, 0.534, 1.000,
  0.245, 0.203, 0.183, 0.255, 0.272, 0.323, 0.310, 0.288, 0.301, 0.302, 1.000,
  0.101, 0.088, 0.074, 0.139, 0.279, 0.367, 0.232, 0.320, 0.204, 0.368, 0.340, 1.000,
  0.245, 0.199, 0.184, 0.293, 0.278, 0.545, 0.232, 0.314, 0.394, 0.467, 0.392, 0.511, 1.000))
drug=data.frame(drug,
     row.names=c("Cigs", "Beer", "Wine", "Liquor", "Cocaine", "Tranq", "Drugst",
                 "Heroin", "Mari", "Hash", "Inhal", "Hallu", "Amphet"))
names(drug)=c("Cigs", "Beer", "Wine", "Liquor", "Cocaine", "Tranq", "Drugst",
                 "Heroin", "Mari", "Hash", "Inhal", "Hallu", "Amphet")
drug=as.matrix(drug)

# Create CFA model
model='
F1=~Cigs + Beer + Wine + Liquor
F2=~Cigs + Wine + Mari + Hash + Inhal
F3=~Liquor + Cocaine + Tranq + Drugst + Heroin + Hallu + Amphet
'

# Select fit indices
index=c("chisq", "df", "pvalue", "cfi", "rmsea", "gfi")

# Run CFA model
fit=cfa(model=model, sample.cov=drug, sample.nobs=1634,std.lv=TRUE)
fitMeasures(fit,index)

# Summarization of results
summary(fit, standardized=TRUE)

# Number of parameters in CFA model
inspect(fit)

# Diagram for CFA model
library(psych)
lavaan.diagram(fit)
```

[그림 2.2.4]의 경로도에는 [그림 2.2.3]에서 세운 경로도의 CFA 모형의 적합된 경로계수를 보여주고 있으면 이는 모형 (2.2.3)의 추정된 인자적재행렬 $\hat{\Lambda}$을 구성한다.

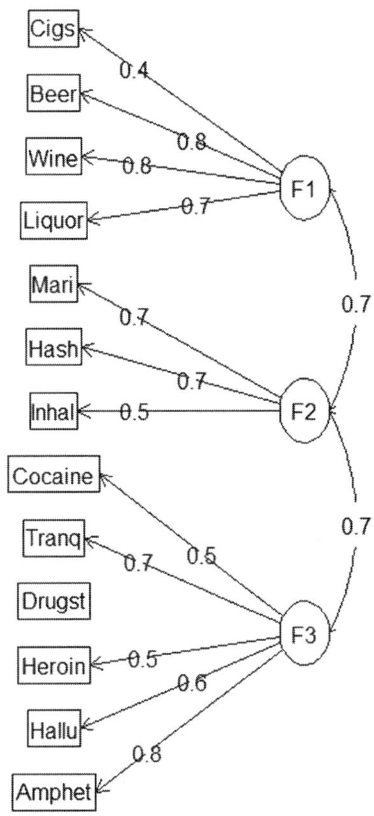

[그림 2.2.4] 정신활성제 횟수의 확증적 인자분석모형의 모수 추정치를 가진 경로도

2.3 탐색적 인자분석모형

확증적 인자분석에 앞서 인자의 수나 잠재된 공통인자를 결정할 탐색적 인자분석을 다루려 한다. 설문지를 활용한 통계조사에서 비슷한 성향을 묻는 문항의 구성을 위해, 초기에 탐색적 인자분석이 활용되며 이를 통하여 문항을 걸러내며 신뢰성을 확보하게 된다. 2.2절에서 확증적 인자분석에 대한 개념과 R을 활용한 모형을 적합하고 해석하는 보기를 살펴보았다. 이젠 본격적으로 모형 (2.2.1)과 (2.2.2)의 일반형으로 확장된 인자분석을 위한 인자분석모형을 생각하기로 하자(Johnson과 Wichern, 2007, Chapter 9; Mardia 외, 1979, Chapter 9; Everitt과 Dunn, 1991, Chapter 13). 일반적으로 인자분석이란 관찰

된 q개의 확률변수로 이루어진 확률벡터 $\boldsymbol{x}=(x_1, ..., x_q)^T$의 공분산 또는 상관이 관찰될 수 없고 잠재되어 있는 $m(<p)$개의 공통인자 $\xi_1, ..., \xi_m$에 대하여 설명될 수 있는지를 말하는 다변량 분석기법이다. 인자분석을 위한 모형을 인자모형(factor model)이라 하는데 이 책에서는 인자분석모형이라 한다.

크기가 $q\times 1$인 평균벡터 $\boldsymbol{\mu} = (\mu_1, ..., \mu_q)^T$와 크기가 $q\times q$ 공분산행렬 Σ를 가지는 확률벡터 $\boldsymbol{x}=(x_1, ..., x_q)^T$를 고려하자. q개의 확률변수 $x_1, ..., x_q$는 다음과 같이 인자분석모형으로 표현 가능하다.

$$
\begin{aligned}
x_1 - \mu_1 &= \lambda_{11}\xi_1 + \lambda_{12}\xi_2 + \cdots + \lambda_{1m}\xi_m + \delta_1 \\
&\vdots \\
x_j - \mu_2 &= \lambda_{j1}\xi_1 + \lambda_{j2}\xi_2 + \cdots + \lambda_{jm}\xi_m + \delta_j \\
&\vdots \\
x_q - \mu_q &= \lambda_{q1}\xi_1 + \lambda_{q2}\xi_2 + \cdots + \lambda_{qm}\xi_m + \delta_q
\end{aligned}
$$

여기서 평균벡터를 $\boldsymbol{\mu}=0$로 두더라도 인자분석모형의 일관성은 유지되며 이를 행렬로 표현하자면 (2.3.1)과 같다.

$$\boldsymbol{x} = \Lambda\boldsymbol{\xi} + \boldsymbol{\delta} \tag{2.3.1}$$

여기서

$$\Lambda = \begin{pmatrix} \lambda_{11} \cdots \lambda_{1m} \\ \vdots \qquad \vdots \\ \lambda_{j1} \cdots \lambda_{jm} \\ \vdots \qquad \vdots \\ \lambda_{q1} \ldots \lambda_{qm} \end{pmatrix} = (\lambda_{jk}),\ j=1, ..., q; k=1, ..., m$$

는 크기가 $q\times m$인 인자적재행렬(matrix of factor loading)이고, λ_{jk}는 k번째 인자에서 j번째 변수의 적재(loading)라 한다. $\boldsymbol{\xi}=(\xi_1, ..., \xi_m)^T$는 서로 독립인 m개의 공통인자로 이루어진 $m\times 1$벡터이고 $\boldsymbol{\delta} = (\delta_1, ..., \delta_q)^T$는 특수인자로 구성된 크기가 $q\times 1$벡터이다.

모형 (2.3.1)을 위한 다음의 몇 가지 가정이 필요하다.

(가정 1) $E(\boldsymbol{\xi})=0,\ Cov(\boldsymbol{\xi}) = E(\boldsymbol{\xi}\boldsymbol{\xi}^T) = \Phi$

(가정 2) $E(\boldsymbol{\delta})=0,\ Cov(\boldsymbol{\delta}) = E(\boldsymbol{\delta}\boldsymbol{\delta}^T) = \Theta_\delta = diag(\theta_{11}^\delta, ..., \theta_{qq}^\delta)$

(가정 3) $Cov(\boldsymbol{\delta}, \boldsymbol{\xi}) = E(\boldsymbol{\delta}\boldsymbol{\xi}^T) = 0$

특히 탐색적 인자분석에서 공통인자에 대한 성질로

$$Cov(\xi) = E(\xi\xi^T) = \Phi = I$$

로 두어 인자 간에 독립성이 만족되게 하는 직교(orthogonal)인자분석모형을 고려하는 것이 보편적이다. 경우에 따라선 $\Phi = \Lambda^T\Theta^{-1}\Lambda$ 또는 $\Lambda^T\Lambda$가 대각행렬(diagonal matrix)이 되도록 모형을 선택하며 궁극적으로 이런 조건 아래 모형 (2.3.1)의 Λ와 Θ를 추정하게 된다. 따라서 이들에 의해 변수들 간의 공분산행렬은 다음과 같다.

$$\begin{aligned}\Sigma &= Cov(\boldsymbol{x}) = E[\boldsymbol{x}\boldsymbol{x}^T] \\ &= \Lambda E(\xi\xi^T)\Lambda^T + \Lambda E(\xi\delta^T) + E(\delta\xi^T)\Lambda^T + E(\delta\delta^T)\end{aligned}$$

이는 (가정 1) ~ (가정 3)에 의해서

$$\Sigma = \Lambda\Phi\Lambda^T + \Theta_\delta \tag{2.3.2}$$

로 쉽게 요약될 수 있다. 이를 Σ의 공통인자분해(common factor decomposition)라 하는데 이미 1.4절에서 이를 공분산구조라고 하였다. (2.3.2)에서 Φ의 조건에 따라 다양한 Λ를 추정할 수 있게 되고 동시에 Θ_δ도 동일한 현상을 따른다. 예를 들자면 직교인자분석모형에서 $\Phi = I = TT^T$를 만족하는 직교행렬 T는 무수히 많으며 이를 인자회전행렬이라 한다. 대표적으로 공통인자가 2개인 ξ_1과 ξ_2의 경우 각 θ에 대하여 인자 축을 시계방향 회전과 반시계방향 회전으로 각각 다음의 두 가지를 선택할 수 있다.

$$T = \begin{bmatrix} \cos\theta & \sin\theta \\ -\sin\theta & \cos\theta \end{bmatrix},\ T = \begin{bmatrix} \cos\theta & -\sin\theta \\ \sin\theta & \cos\theta \end{bmatrix}.$$

따라서 모형 (2.3.2)에서 직교 인자회전행렬 T는 $\boldsymbol{x} = (\Lambda T)(T^T\xi) + \delta$를 만족하여 새로운 인자적재행렬 $\Lambda^* = \Lambda T$와 인자벡터 $\xi^* = T^T\xi$를 제공하게 된다. 이는 대수적으로 공통인자벡터 ξ의 변환(transformation)을 가져다주며 기하적으로 공통인자벡터의 회전을 제공받는다. 그리고 인자적재행렬 $\Lambda^* = \Lambda T$는 T에 따라 변하는 비유일성(non-uniqueness)을 만족하게 된다. 따라서 인자적재행렬의 유일성을 보장하기 위해서 $\Phi = \Lambda^T\Theta_\delta^{-1}\Lambda$가 대각행렬이 되게끔 제한을 두기도 한다(Johnson과 Wichern, 2007, pp. 527-530; Mardia 외, 1979, pp. 257-258). 일반적으로 인자회전에서 회전행렬 T를 찾는 가장 잘 알려진 방법인 Varimax는 최용석(2019, 3.5절)을 참고 바란다.

공통인자분해 (2.3.2)에서 편의상 $\Phi = I$라 하자. 이때 모집단 공분산행렬 Σ 대신에 표본 공분산행렬 S로부터 Λ와 Θ를 잘 추정하는 일이 모형 (2.3.1)을 적합시킬 인자적재와 공통인자를 구하는 과정이 된다. 추정된 인자적재행렬과 특수인자행렬을 $\hat{\Lambda}$와 $\hat{\Theta}$라 하면 S의 공통인자분해는 근사적으로

$$S \fallingdotseq \hat{\Lambda}\hat{\Lambda}^T + \hat{\Theta}_\delta \tag{2.3.3}$$

을 만족한다. 만약에 모든 변수가 표준화되어 있다면 (2.3.3)의 S대신 표본 상관행렬 R을 사용한다.

일반적으로 (2.3.3)에서 $\hat{\Lambda}$와 $\hat{\Theta}_\delta$를 얻기 위한 방법으로 주성분인자분석(principal component factor analysis, PCFA)과 최대우도 인자분석(maximum likelihood factor analysis, MLFA)이 있다. 주성분 인자분석은 주성분분석의 알고리즘을 따르는데 Johnson과 Wichern(2007, pp. 488-491)에서는 S의 고유체계(eigensystem)에 바탕을 둔 접근 방법을 제안하고 있다. Choi와 Byun(1996)은 고유체계보다도 대수적으로 편리한 중심화 자료행렬의 비정칙값분해(singular value decomposition)를 이용한 알고리즘을 정리하고 있어 이를 간단히 요약하자.

중심화 자료행렬(centered data matrix)을 $Y = (x_{ij} - \bar{x}_{.j})$라 하자. 여기서 $\bar{x}_{.j} = \sum_{i=1}^{n} x_{ij}/n$이고 $i = 1, ..., n; j = 1, ..., q$이다. 그러면 표본 공분산행렬은

$$S = Y^T Y/(n-1)$$

이 되며, 계수(rank)가 r인 Y의 비정칙값분해는

$$Y = UD_l V^T = \sum_{k=1}^{r} l_k \boldsymbol{u}_k \boldsymbol{v}_k^T \tag{2.3.4}$$

이다. 여기서 $\boldsymbol{U} = (\boldsymbol{u}_1, ..., \boldsymbol{u}_r)$와 $\boldsymbol{V} = (\boldsymbol{v}_1, ..., \boldsymbol{v}_r)$는 직교열벡터 $\boldsymbol{u}_k$와 $\boldsymbol{v}_k$, $k = 1, ..., r$를 갖는 크기가 $n \times r$과 $q \times r$인 행렬이다. $D_l = diag(l_1, ..., l_r)$은 크기가 $r \times r$인 대각행렬로 비정칙값 $l_1 \geq \cdots \geq l_r$을 대각원소로 갖는다.

비정칙값분해 (2.3.4)에 바탕을 둔 주성분 인자분석을 위한 알고리즘은 다음과 같다.

[1단계] $m(\ll r \leq q)$개의 비정칙값 $l_1 \geq \cdots \geq l_m$과 이에 대응하는 비정칙벡터 $\boldsymbol{v}_1, ..., \boldsymbol{v}_m$을 얻는다.

[2단계] 크기가 $p \times m$인 추정된 인자적재행렬 $\hat{\Lambda}$을 다음과 같이 계산한다.

$$\hat{\Lambda} = n^{-1/2}(l_1\boldsymbol{v}_1, \ldots, l_m\boldsymbol{v}_m) = (\hat{\boldsymbol{\lambda}}_1, \ldots, \hat{\boldsymbol{\lambda}}_q)^T$$

여기서 $\hat{\boldsymbol{\lambda}}_j^T = n^{-1/2}(l_1 v_{j1}, \ldots, l_m v_{jm}),\ j = 1, \ldots, q$

[3단계] $S^* = S - \hat{\Lambda}\hat{\Lambda}^T$로부터 추정된 특수 분산행렬

$$\hat{\Theta}_\delta = diag(\hat{\theta^\delta}_{11}, \ldots, \hat{\theta^\delta}_{qq})$$

을 계산한다. 여기서 $\hat{\theta}^\delta_{jj} = s_{jj} - \hat{\boldsymbol{\lambda}}_j^T\hat{\boldsymbol{\lambda}}_j$이며 s_{jj}는 S의 j번째 대각원소이며 $\hat{\boldsymbol{\lambda}}_j^T\hat{\boldsymbol{\lambda}}_j$을 j번째 변수의 공통성(communality)이라 한다.

이 알고리즘은 연속적으로 추정된 공통성의 차이가 아주 작을 때까지 반복적으로 적용되며 중심화 자료행렬 대신에 표준화(standardized) 자료행렬을 이용하면 공분산행렬 S은 상관행렬 R이 되어 이를 바탕으로 주성분 인자분석 알고리즘이 이루어진다.

다음으로 Mardia 외(1979, pp. 263-275)와 Everitt와 Dunn(1991, p. 246)에 정리된 최대우도 인자분석에 대해서 요약하기로 하자. 먼저 (2.3.1)의 $\boldsymbol{x}$가 다변량 정규분포를 따르는 것으로 가정할 때 공통인자분해 (2.3.2)의 Λ와 Θ_δ를 추정하기 위해서 최대우도방법을 적용하게 된다.

만약에 다변량 정규분포 $N_p(\boldsymbol{\mu}, \Sigma)$을 만족하는 n개의 관찰 개체를 $\boldsymbol{x}_i = (x_{i1}, \ldots, x_{iq})^T$, $i = 1, \ldots, n$라 하면 이들의 로그-우도함수는 다음과 같다.

$$\begin{aligned} l(\boldsymbol{\mu}, \Sigma) = \log L(\boldsymbol{\mu}, \Sigma) &= -\frac{n}{2}\log|2\pi\Sigma| - \frac{1}{2}\sum_{i=1}^{n}(\boldsymbol{x}_i - \boldsymbol{\mu})^T\Sigma^{-1}(\boldsymbol{x}_i - \boldsymbol{\mu}) \\ &= -\frac{n}{2}\log|2\pi\Sigma| - \frac{n}{2}tr(\Sigma^{-1}S) - \frac{n}{2}(\overline{\boldsymbol{x}} - \boldsymbol{\mu})^T\Sigma^{-1}(\overline{\boldsymbol{x}} - \boldsymbol{\mu}) \end{aligned}$$

여기서 맨 끝항에서 $\boldsymbol{\mu}$의 최대우도추정치 $\hat{\boldsymbol{\mu}} = \overline{\boldsymbol{x}}$로 대체한 (2.3.5)를 최종 로그-우도함수라 하자.

$$L = -\frac{1}{2}n\log|2\pi\Sigma| - \frac{1}{2}n\,tr(\Sigma^{-1}S) \tag{2.3.5}$$

여기서 $\Sigma = \Lambda\Phi\Lambda^T + \Theta_\delta$를 만족하며 $\Phi = \Lambda^T\Theta_\delta^{-1}\Lambda$가 대각행렬이 되게 하는 조건 아래에 (2.3.5)를 최대화하는 $\hat{\Lambda}$과 $\widehat{\Theta_\delta}$를 찾으면 된다. 계산의 편의성을 위하여 (2.3.5)의 로그-우도함수를 최대화하는 대신에

$$F = \log|\Sigma| + tr(\Sigma^{-1}S) - \log|S| - q \tag{2.3.6}$$

을 최소화하면 된다. (2.3.6)의 형태는 $k = q$와 $\Sigma(\theta) = \Sigma$라고 하면 구조방정식모형에서 우도비검정을 통한 적합함수 (1.5.3)과 유사하다. (2.3.6)을 최소화하는 방법에는 수치해석의 계산이 요구되며 자세한 설명을 Johnson과 Wichern(2007, pp. 527-528), Lawley와 Maxwell(1971, p. 33)과 Mardia 외(1979)에 잘 나와 있다.

지금까지 인자분석모형을 적합하는 방법으로 소개한 주성분법에 의한 PCFA과 최대우도법에 의한 MLFA는 R에서는 library(psych)에서 제공하는 함수 principal()와 factanal()에 의해서 각각 이루어진다. 다만 이들 함수에 사용하는 입력 자료가 공분산행렬과 상관행렬인 경우와 인자 개수(nfactors=, factors=)와 인자회전(rotate= “varimax”, rotation= “varimax”)에 대한 옵션 명령어가 다르므로 잘 살펴보기 바란다. 이들에 대한 자세한 응용과 설명은 최용석(2018, 3장)을 참고 바란다.

[보기 2.3.1]에서는 [보기 2.2.1]의 6개 과목(게일어, 영어, 역사, 산수, 대수, 기하)의 상관행렬에 대한 함수 principal()와 factanala()를 활용한 PCFA와 MLFA를 적용하고 있다.

[보기 2.3.1] 6개 과목(게일어, 영어, 역사, 산수, 대수, 기하)의 인자분석

[보기 2.2.1]의 6개 과목(게일어, 영어, 역사, 산수, 대수, 기하)의 상관행렬 [자료 2.2.1]에 대해 인자분석의 두 가지 방법의 적용을 위한 [R-코드 2.3.1]이 있다. [표 2.3.1]은 [R-코드 2.3.1]의 [결과 2.3.1]의 (1) PCFA의 모형 추정과 (2) MLFA의 모형 추정 결과를 요약하고 있다. 이로부터 두 결과는 대동소이함을 알 수 있다. 다만 [결과 2.3.1]-(2) MLFA의 모형 추정의 결과 맨 아래 The degrees of freedom for the model is 4 and the fit was 0.0109은 인자분석에서 최대우도방법에서만 제공되는 모형적합 검정의 결과이다. 이는 최용석(2019, p. 156)에 따르면 우도비검정에 바탕을 두고 자유도 $df = [(q-m)^2 - q - m]/2$인 카이제곱검정에 의한 것이다. 여기서 q는 측정변수의 수이고 m은 인자 수이다. [자료 2.3.1]에 따르면 q=6이고 m=2로 자유도는 4가 된다. 그리고 $p-$값이 0.0109로 유의수준 5%에서 인자가 2개인 인자분석모형이 통계적으로 유의하여 적합함을 의미한다.

[표 2.3.1] 주성분 인자분석과 최대우도 인자분석의 비교

변수	주성분 인자분석			최대우도 인자분석		
	추정된 인자적재		특수분산	추정된 인자적재		특수분산
	ξ_1	ξ_2	$\widehat{\theta_{jj}^{\delta}}$	ξ_1	ξ_2	$\widehat{\theta_{jj}^{\delta}}$
게일어	0.66	0.45	0.37	0.55	0.43	0.51
영어	0.69	0.29	0.44	0.57	0.29	0.59
역사	0.52	0.64	0.33	0.39	0.45	0.64
산수	0.74	−0.41	0.28	0.74	−0.27	0.38
대수	0.74	−0.38	0.31	0.72	−0.21	0.43
기하	0.68	−0.36	0.41	0.60	−0.13	0.62

먼저 첫 번째 인자 ξ_1에 대해서 모든 과목에 양의 인자적재를 고르게 가져 이를 일반적 지능(general intelligence) 인자라 하였다. 특히 두 번째 인자 ξ_2에 대해선 수리과목은 음의 인자적재를 갖고 그 반면에 게일어, 영어, 역사는 양의 인자적재를 가져 과목의 대조를 보여주고 있다. 이럴 경우 이 인자를 양극화 인자(bipolar factor)라 한다. 쉽게 발견되지 않지만 언어영역에서 평균점수 이상을 획득한 학생들이 이 인자에서 평균점수 이상을 얻게 되는 경우이다. 반면에 수리영역에서 평균점수 이상을 획득한 학생들은 이 인자에서 평균점수 이하를 얻었다고 볼 수 있다. 따라서 인자 ξ_2는 수학-비수학 인자로 분류될 수 있다.

[R-코드 2.3.1] 6개 과목의 확증적 인자분석모형의 추정(subjects-PCFA-MLFA-cfamodel.R)

```
## PCFA and MLFA for 6 subjects
library(lavaan)
# Input correlation matrix
sub= lav_matrix_lower2full(c(
1.0,
0.439, 1.0,
0.410, 0.351, 1.0,
0.288, 0.354, 0.164, 1.0,
0.329, 0.320, 0.190, 0.595, 1.0,
0.248, 0.329, 0.181, 0.470, 0.464, 1.0))
sub=data.frame(sub,
    row.names=c("Gaelic", "English", "History", "Arithmetic", "Algebra", "Geometry"))
names(sub)= c("Gaelic", "English", "History", "Arithmetic", "Algebra", "Geometry")
sub=as.matrix(sub)

library(psych)
# PCFA
```

```
pcfa=principal(sub, nfactors=2, rotate="none")
pcfa

# MLFA
mlfa=factanal(covmat=sub, factors=2, rotation="none")
mlfa
```

[결과 2.3.1] [R-코드 2.3.1]의 결과

(1) PCFA의 모형 추정

```
> pcfa
Principal Components Analysis
Call: principal(r = sub, nfactors = 2, rotate = "none")
Standardized loadings (pattern matrix) based upon correlation matrix
            PC1   PC2   h2   u2 com
Gaelic     0.66  0.45 0.63 0.37 1.8
English    0.69  0.29 0.56 0.44 1.3
History    0.52  0.64 0.67 0.33 1.9
Arithmetic 0.74 -0.41 0.72 0.28 1.6
Algebra    0.74 -0.38 0.69 0.31 1.5
Geometry   0.68 -0.36 0.59 0.41 1.5

                       PC1  PC2
SS loadings           2.73 1.13
Proportion Var        0.46 0.19
Cumulative Var        0.46 0.64
Proportion Explained  0.71 0.29
Cumulative Proportion 0.71 1.00

Mean item complexity =  1.6
Test of the hypothesis that 2 components are sufficient.

The root mean square of the residuals (RMSR) is  0.11
```

(2) MLFA의 모형 추정

```
> mlfa

Call:
factanal(factors = 2, covmat = sub, rotation = "none")

Uniquenesses:
    Gaelic    English    History Arithmetic    Algebra   Geometry
     0.510      0.594      0.644      0.377      0.431      0.628
```

```
Loadings:
           Factor1 Factor2
Gaelic      0.553   0.429
English     0.568   0.288
History     0.392   0.450
Arithmetic  0.740  -0.273
Algebra     0.724  -0.211
Geometry    0.595  -0.132

               Factor1 Factor2
SS loadings      2.209   0.606
Proportion Var   0.368   0.101
Cumulative Var   0.368   0.469

The degrees of freedom for the model is 4 and the fit was 0.0109
```

2.4 확증적 인자분석모형의 다중 군집분석

다중 군집분석은 확증적 인자분석 CFA와 같이 잠재변수가 있거나 또는 없는 구조방정식모형의 군집 간의 차이를 비교하는 것이다. 4.5절에는 본격적으로 잠재변수가 있는 구조방정식모형을 다루고 있다. 특히, 4.6절의 잠재변수가 있는 다중 군집분석에서 두 군집간의 비교를 위해 먼저 측정모형에서 군집 간의 잠재변수에 대한 적재값들이 동일하다는 측정계수 제약모형(measurement weights constrained model)을 고려해야 한다. 그리고 구조모형에서 잠재변수 간의 회귀모형의 구조계수가 동일하다는 구조계수 제약모형(structural weights constrained model)도 적합시켜야 한다. 여기서는 CFA에서 군집간의 모형을 비교하고자 하며 측정계수 제약모형에 의한 인자적재값이 동일한지를 살펴보게 된다. [보기 2.4.1]의 초등학교 남자 215명과 여자 230명의 읽기능력과 수리능력의 CFA 모형의 적합과 해석을 살펴보기로 하자.

[보기 2.4.1] 남(215명) 여(230명)의 읽기능력과 수리능력의 CFA 모형 비교

Raykov와 Marcoludies(2008, p. 317)에서 초등학교 남자 215명과 여자 230명의 읽기능력(R1, R2, R3)과 수리능력(M1, M2, M3) 각각 3종류의 측정을 하였다. 여기서 관측변수를 x_1=R1, x_2=R2, x_3=R3, x_4=M1 x_5=M2, x_6=M3라 하자.

1) 자료 및 변수

[자료 2.4.1]은 읽기능력(R1, R2, R3)과 수리능력(M1, M2, M3)에 의한 남녀 각각 크기가 6×6인 공분산행렬이 있다. 이는 이미 [보기 1.5.2]의 [자료 1.5.3]을 재인용한 것이다.

[자료 2.4.1] 남녀 읽기능력과 수리능력의 공분산행렬

관측변수		R1	R2	R3	M1	M2	M3
여학생 230명	R1	112.35					
	R2	77.22	103.42				
	R3	69.33	74.44	109.16			
	M1	21.22	23.46	29.51	111.32		
	M2	20.35	28.23	31.43	78.54	104.49	
	M3	21.53	34.33	29.23	72.75	87.97	114.62
남학생 215명	R1	113.38					
	R2	78.23	105.49				
	R3	69.92	74.43	108.15			
	M1	22.25	22.45	29.71	112.38		
	M2	21.32	27.26	31.63	78.65	105.49	
	M3	22.53	33.37	29.43	72.95	88.43	113.60

2) 경로도

[그림 2.4.1]은 관측변수로 R1, R2, R3가 인자 Read(읽기능력)에 대한 영향을 받으며 M1, M2, M3는 인자 Math(수리능력)에 의해 영향을 받는 확증적 인자분석모형의 적합 결과를 보여주는 경로도이다. 이는 [보기 1.5.2]의 [그림 1.5.3]을 재인용한 것이며 [R-코드 2.4.1]의 # Diagram for CFA model 이하의 남녀 두 군집에 관한 수행결과이다.

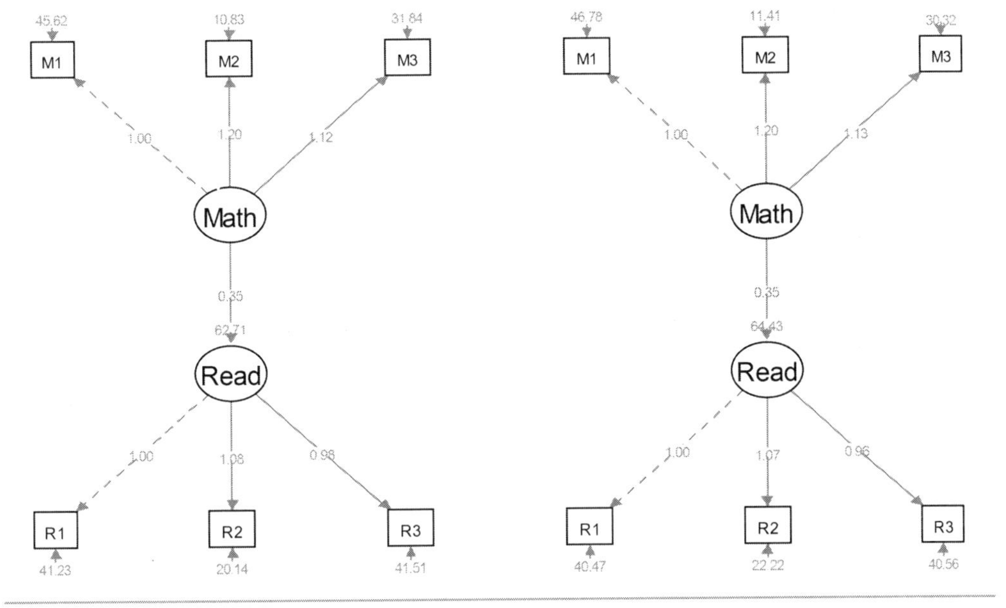

[그림 2.4.1] 남녀 두 군집 CFA 모형의 모수 추정치를 가진 경로도

3) 확증적 인자분석모형의 설정

경로도 [그림 2.4.1]의 CFA 모형으로 다음을 고려할 수 있다.

$$
\begin{aligned}
x_1 &= \lambda_{11}\xi_1 + \lambda_{12}\xi_2 + \delta_1 \\
x_2 &= \lambda_{21}\xi_1 + \lambda_{22}\xi_2 + \delta_2 \\
x_3 &= \lambda_{31}\xi_1 + \lambda_{32}\xi_2 + \delta_3 \\
x_4 &= \lambda_{41}\xi_1 + \lambda_{42}\xi_2 + \delta_4 \\
x_5 &= \lambda_{51}\xi_1 + \lambda_{52}\xi_2 + \delta_5 \\
x_6 &= \lambda_{61}\xi_1 + \lambda_{62}\xi_2 + \delta_6
\end{aligned}
\Leftrightarrow
\begin{pmatrix} x_1 \\ x_2 \\ x_3 \\ x_4 \\ x_5 \\ x_6 \end{pmatrix}
=
\begin{pmatrix} \lambda_{11} & \lambda_{12} \\ \lambda_{21} & \lambda_{22} \\ \lambda_{31} & \lambda_{32} \\ \lambda_{41} & \lambda_{42} \\ \lambda_{51} & \lambda_{52} \\ \lambda_{61} & \lambda_{62} \end{pmatrix}
\begin{pmatrix} \xi_1 \\ \xi_2 \end{pmatrix}
+
\begin{pmatrix} \delta_1 \\ \delta_2 \\ \delta_3 \\ \delta_4 \\ \delta_5 \\ \delta_6 \end{pmatrix}
$$

$$\Leftrightarrow x = \Lambda\xi + \delta$$

이를 [보기 1.5.2]의 R-코드 모형 작성 [표 1.5.3]과 같이 [R-코드 2.4.1]에서 다음과 같이 정의한다.

```
# Create model
cfa.model='
```

```
Read=~ R1 + R2 + R3
Math=~ M1 + M2 + M3
Read~Math'
```

[R-코드 2.4.1]에서 lavaan 패키지 함수 cfa()에 의해서 CFA 모형의 적합이 가능하며 이에 대하여 간략하게 정리하면 다음과 같다.

Input correlation matrix

함수 lav_matrix_lower2full()를 활용하여 각 군집별로 공분산행렬을 입력 자료 girl과 boy로 만들어 준다. 함수 data.frame()을 통하여 공분산행렬의 행의 변수 이름을 입력하고 as.matrix()에 의해서 공분산행렬을 행렬 girl과 boy로 정의한다.

Create CFA model과 # Select fit indices

cfa.model에서 두 인자로 Read와 Math에 대하여 모형을 세우고 이 모형을 적합할 때 모형의 적절성을 나타내는 적합도 지수(index)들 중 χ^2(Chisq), *CFI*, *RMSEA*, *GFI*를 지정한다.

Run CFA model

cfa.model에서 설정한 모형을 적합할 때 함수 cfa()를 활용하며 이 인자분석모형도 넓게는 구조방정식모형으로 함수 sem()을 사용해도 동일한 결과를 얻을 수 있다. 적합 모형의 적합도 지수의 결과는 함수 fitMeasures()를 통해 얻게 된다.

[R-코드 2.4.1] 남녀 읽기능력과 수리능력의 확증적 인자분석(boygirl-2groups-cfamodel.R)

```
## CFA model for two groups
library(lavaan)
# Input data
girl=lav_matrix_lower2full(c(
112.35,
77.22, 103.42,
69.33, 74.44, 109.16,
21.22, 23.46, 29.51, 111.32,
20.35, 28.23, 31.43, 78.54, 104.49,
21.53, 34.33, 29.23, 72.75, 87.97, 114.62))
```

```
boy=lav_matrix_lower2full(c(
113.38,
78.23, 105.49,
69.92, 74.43, 108.15,
22.25, 22.45, 29.71, 112.38,
21.32, 27.26, 31.63, 78.65, 105.49,
22.53, 33.37, 29.43, 72.95, 88.43, 113.60))

girl=data.frame(girl, row.names=c("R1", "R2", "R3", "M1", "M2", "M3"))
names(girl)=c("R1", "R2", "R3", "M1", "M2", "M3")
girl=as.matrix(girl);girl

boy=data.frame(boy, row.names=c("R1", "R2", "R3", "M1", "M2", "M3"))
names(boy)=c("R1", "R2", "R3", "M1", "M2", "M3")
boy=as.matrix(boy);boy

# Create model
cfa.model='
Read=~ R1  + R2  + R3
Math=~ M1 + M2 + M3
Read~Math'

# Select fit indices
index=c("chisq", "df", "pvalue", "cfi", "rmsea", "gfi")

# Run CFA model
girl.fit=cfa(cfa.model, sample.cov=girl, sample.nobs=230, std.lv=FALSE)
fitMeasures(girl.fit,index)

boy.fit=cfa(cfa.model, sample.cov=boy, sample.nobs=215, std.lv=FALSE)
fitMeasures(boy.fit,index)

# Summarization of results
summary(girl.fit, standardized=TRUE)
summary(boy.fit, standardized=TRUE)

# Compare CFA models
anova(boy.fit, girl.fit)

# Diagram for CFA model
#install.packages("semPlot")
library(semPlot)
par(mfrow=c(1,2), pty="m")
semPaths(girl.fit, whatLabels="estimate", style="lisrel", nCharNodes=0)
semPaths(boy.fit, whatLabels="estimate", style="lisrel", nCharNodes=0)
```

Summarization of results

함수 summary()에서는 [그림 2.4.1]에서 세운 모형의 적합을 통해 인자적재를 포함하여 다양한 모수의 추정과 통계적 유의성을 검정하는 유의확률 $p-$값을 제공한다.

Diagram for CFA model

[그림 2.4.1]에서 세운 경로도를 R의 cfa.model에서 두 인자로 Read와 Math에 대하여 세운 모형과 관련하여 library(semPlot)를 통해 함수 semPaths()에 의해 제공된다.

4) 모형의 적합

[결과 2.4.1]-(1)의 모형 적합도 지수를 통해 모형이 적합함을 살펴보면 다음과 같다.

- 자유도 8인 카이제곱 검정통계량의 $p-$값=0.071과 0.105는 가정된 두 군집의 CFA 모형이 각각 적합함을 보여준다.
- CFI는 1에 가까워 적합이 완벽함을 나타낸다.
- RMSEA=0.06으로 적합함을 나타낸다.
- GFI는 가정된 CFA 모형이 상관행렬의 98%를 설명한다.

[결과 2.4.1]-(2)에서 Latent Variables에서 CFA 모형과 관련하여 전체적으로 모수 추정의 결과를 요약하자면 다음과 같다.

인자적재 유의성을 위한 귀무가설 H_0: $\lambda_{jk}=0$은 모든 검정통계량 $z-$값의 유의확률 $p-$값=0.000에 의해서 유의수준 5%에서 기각된다. 이는 모형에서 인자적재값 모두가 유의함을 나타낸다.

[결과 2.4.1]-(3)에서 함수 anova()는 적합된 두 모형의 차를 검정하는 것이다. 이는 카이제곱 차이 검정으로 검정통계량의 차이 $\chi^2_{girl}(=14.45)-\chi^2_{boy}(=13.21)=1.24$는 매우 작아 두 군집의 가정된 두 인자 CFA 모형에서 서로 다른 인자적재를 가지지 않음을 보여준다. 또한 두 검정 통계량의 자유도가 8로 동일하므로 그 차이는 0이 되므로 유의확률은 제공되지 않는다. 따라서 두 군집은 서로 유사한 읽기능력과 수리능력을 가지고 있다고 볼 수 있다. 실제로 두 군집의 인자적재 추정값은 거의 일치하고 있음을 보여준다.

[결과 2.4.1] [R-코드 2.4.1]의 결과

(1) 모형 적합도 지수

```
> fitMeasures(girl.fit,index)
 chisq     df pvalue    cfi  rmsea    gfi
14.455  8.000  0.071  0.992  0.059  0.979

> fitMeasures(boy.fit,index)
 chisq     df pvalue    cfi  rmsea    gfi
13.211  8.000  0.105  0.993  0.055  0.980
```

(2) 모형의 모수 추정

```
> summary(girl.fit, standardized=TRUE)
Latent Variables:
                   Estimate  Std.Err  z-value  P(>|z|)   Std.lv  Std.all
  Read =~
    R1                1.000                                8.404    0.795
    R2                1.083    0.081   13.310    0.000    9.101    0.897
    R3                0.975    0.078   12.442    0.000    8.196    0.786
  Math =~
    M1                1.000                                8.076    0.767
    M2                1.195    0.083   14.403    0.000    9.654    0.947
    M3                1.123    0.082   13.782    0.000    9.071    0.849

> summary(boy.fit, standardized=TRUE)
Latent Variables:
                   Estimate  Std.Err  z-value  P(>|z|)   Std.lv  Std.all
  Read =~
    R1                1.000                                8.508    0.801
    R2                1.069    0.083   12.898    0.000    9.098    0.888
    R3                0.963    0.080   12.106    0.000    8.191    0.789
  Math =~
    M1                1.000                                8.067    0.763
    M2                1.199    0.087   13.807    0.000    9.674    0.944
    M3                1.128    0.085   13.300    0.000    9.097    0.855
```

(3) 두 군집 적합 모형의 비교

```
> anova(boy.fit, girl.fit)
Chi-Squared Difference Test

         Df    AIC    BIC  Chisq Chisq diff Df diff Pr(>Chisq)
boy.fit   8 9017.3 9061.1 13.211
girl.fit  8 9637.2 9681.8 14.455     1.2433       0
```

2.5 연습문제

[1] 다음은 100쌍의 아버지와 첫째 아들의 지위에 관련된 사회-경제적 변수에 관한 상관행렬이다(Everitt와 Dunn, 1991, p. 256).

아버지와 아들의 지위	관측변수				
	1	2	3	4	5
1. 아버지의 직업수준	1.00				
2. 아버지의 지위	0.52	1.00			
3. 아들의 교육수준	0.45	0.44	1.00		
4. 아들의 처음 지위	0.33	0.42	0.54	1.00	
5. 아들의 나중 지위	0.33	0.41	0.60	0.54	1.00

(1) 확증적 인자분석모형을 위한 경로도를 그려보자.

(2) 확증적 인자분석모형을 적합하고 해석하라.

[2] 다음은 5개 과목의 시험을 두 가지 방식(책을 참고하는 경우(open-book), 책을 참고하지 않는 경우(closed-book))에 따라 치른 88명의 학생들의 성적에 대한 상관행렬이다(최용석, 2018, 1장).

과목 성적	관측변수				
	1	2	3	4	5
1. 역학 (c)	1.000				
2. 벡터 (c)	0.553	1.000			
3. 대수 (c)	0.547	0.610	1.000		
4. 해석 (o)	0.410	0.485	0.711	1.000	
5. 통계 (o)	0.389	0.437	0.665	0.607	1.000

(1) 확증적 인자분석모형을 경로도를 통해 세워보라.

(2) (1)에서 세운 확증적 인자분석모형을 적합하여 보라.

[3] 한국여자프로골프협회(KLPGA) 홈 페이지(www.klpga.com, 2006)에서 제공하는 전체 경기기록 중 상금 순위 상위 50명의 [자료 2.5.1](klpga.txt)는 최태훈과 최용석(2008)에서 사용된 자료를 관측변수 상금대신 상금율(상금 1위 선수에 대한 상대적 비율)로 대체한 것이다. 관측변수로 상금율 외에 평균퍼팅수(총퍼팅수/라운드수), 그

린적중율, 파세이브율(총파세이브홀수/총홀수×100), 파브레이크율(버디이상홀수/총홀수×100), 평균타수((총스트로크수×72/코스소정파)/라운드수))가 사용되었다.

[자료 2.5.1] KLPGA 선수 성적(klpga.txt)

선수	평균퍼팅수	그린적중율	파세이브율	파브레이크율	평균타수	상금율
1	30.36	82.72	90.12	23.77	69.58	100.0
2	30.85	76.94	85.29	23.69	70.85	63.7
3	31.33	79.63	88.52	19.26	70.93	59.4
4	30.64	79.32	87.65	21.30	70.47	50.2
5	30.97	68.86	79.97	17.17	72.79	44.0
6	31.09	78.59	86.03	20.48	71.23	38.0
7	31.25	77.47	86.88	16.82	71.61	30.5
8	29.81	69.53	85.94	15.63	71.84	21.8
9	30.36	70.37	83.95	16.82	71.97	21.1
10	31.91	78.28	87.71	15.32	71.73	19.2
11	31.67	73.40	83.00	17.34	72.15	19.1
12	30.55	73.84	82.64	19.79	71.97	18.1
13	31.40	70.19	83.33	15.05	72.39	16.4
14	30.79	69.70	80.39	17.32	72.91	16.0
15	30.48	64.81	80.04	13.37	73.44	15.5
16	32.18	79.41	83.17	16.67	72.18	14.9
17	30.46	68.10	81.75	16.19	72.57	14.4
18	31.47	72.88	82.52	15.36	72.74	13.2
19	30.87	68.10	80.29	16.31	72.90	12.9
20	31.17	73.49	84.72	15.59	72.22	12.9
21	30.80	61.30	76.67	12.04	74.73	11.1
22	31.47	74.07	81.94	16.98	72.61	11.1
23	31.73	71.21	80.47	14.65	73.27	10.0
24	31.75	68.85	78.77	12.00	74.07	9.8
25	30.87	68.15	82.96	13.15	73.00	9.0
26	30.88	63.37	78.82	12.67	73.84	9.0
27	31.97	69.63	81.30	14.07	73.43	8.5
28	31.00	64.58	80.03	12.67	74.03	8.5
29	31.56	67.88	77.60	13.89	73.75	8.4
30	32.78	73.77	80.86	13.43	73.44	8.3
31	31.25	69.97	76.43	17.51	73.45	8.1
32	31.91	71.90	79.74	13.24	73.53	8.0
33	31.94	71.55	79.46	14.31	73.73	7.9
34	31.58	68.35	78.76	13.40	73.79	7.9
35	31.55	68.86	78.62	13.97	74.00	7.8
36	31.82	69.28	79.08	13.24	73.82	7.7
37	32.08	70.52	79.48	12.96	73.69	7.6
38	32.03	69.97	80.21	12.15	73.78	7.5
39	31.59	64.93	78.47	12.15	74.38	7.3
40	31.00	66.88	80.77	14.74	73.50	7.3
41	31.10	71.51	79.57	16.31	73.06	7.1
42	32.67	72.39	76.94	13.47	74.36	6.8
43	31.81	68.23	77.08	12.85	74.38	6.8
44	32.32	72.62	78.37	13.89	73.64	6.7
45	31.73	71.79	81.84	13.25	73.38	6.6
46	30.79	63.07	78.59	11.76	74.06	6.5
47	31.70	65.66	76.26	12.63	74.52	6.3
48	31.20	70.19	80.19	14.44	73.53	6.2
49	32.50	71.35	78.13	12.67	74.06	5.9
50	31.07	68.72	80.36	14.88	73.39	5.1

(1) 확증적 인자분석모형을 위한 경로도를 세워라.

(2) (1)에 따라 확증적 인자분석모형을 적합하라.

(3) 상금율에 따라 상위 50명과 하위 50명의 두 군집의 확증적 인자분석모형을 비교하라.

[4] [자료 2.5.2](airpollution.txt)은 미국 LA시에서 낮 12시에 42일 동안 풍속(wind), 태양방사능양 (Solar radiation), CO, NO, NO_2, O_3, HC등 7개 변수로 측정된 대기오염 관찰치를 나타낸다.

(1) 공분산행렬 S 및 상관행렬 R을 구하고 분석에서 어느 것을 활용하면 좋을지를 생각하라.

(2) 확증적 인자분석모형을 경로도를 통해 세워보라.

(3) (1)에서 구한 공분산행렬과 상관행렬에 대해 (2)의 확증적 인자분석모형을 수행하고 두 결과를 서로 비교하여라.

[자료 2.5.2] LA시의 대기오염 자료(airpollution.txt)

측정일	$Wind$	$Solar\ rardiation$	CO	NO	NO_2	O_3	HC
1	8	98	7	2	12	8	2
2	7	107	4	3	9	5	3
3	7	103	4	3	5	6	3
4	10	88	5	2	8	15	4
5	6	91	4	2	8	10	3
6	8	90	5	2	12	12	4
7	9	84	7	4	12	15	5
8	5	72	6	4	21	14	4
9	7	82	5	1	11	11	3
10	8	64	5	2	13	9	4
11	6	71	5	4	10	3	3
12	6	91	4	2	12	7	3
13	7	72	7	4	18	10	3
14	10	70	4	2	11	7	3
15	10	72	4	1	8	10	3
16	9	77	4	1	9	10	3
17	8	76	4	1	7	7	3
18	8	71	5	3	16	4	4
19	9	67	4	2	13	2	3
20	9	69	3	3	9	5	3
21	10	62	5	3	14	4	4
22	9	88	4	2	7	6	3
23	8	80	4	2	13	11	4
24	5	30	3	3	5	2	3
25	6	83	5	1	10	23	4
26	8	84	3	2	7	6	3

27	6	78	4	2	11	11	3
28	8	79	2	1	7	10	3
29	6	62	4	3	9	8	3
30	10	37	3	1	7	2	3
31	8	71	4	1	10	7	3
32	7	52	4	1	12	8	4
33	5	48	6	5	8	4	3
34	6	75	4	1	10	24	3
35	10	35	4	1	6	9	2
36	8	85	4	1	9	10	2
37	5	86	3	1	6	12	2
38	5	86	7	2	13	18	2
39	7	79	7	4	9	25	3
40	7	79	5	2	8	6	2
41	6	68	6	2	11	14	3
42	8	40	4	3	6	5	2

[5] [자료 2.5.3](tennis.txt)는 2003년 3월부터 2004년 8월 15일전까지 전국대회 단체전 4강 이상 입상한 대학과 실업팀에 소속된 시니어 남자 테니스 선수들 중 2004년 대한테니스협회(KTA)에 등록된 랭킹 100위권 이내의 상위랭크와 하위랭크 각각 25명씩 선수 50명을 고려하였다. 여기서 선수들은 8개의 체격요인변수군($x_1 \sim x_8$: 신장, 체중, 상완장, 전완장, 수장, 상지장/신장비율, 전완장/상지장비율, 피하지방합)과 8개의 체력요인변수군($y_1 \sim y_8$: 악력, 윗몸일으키기, 하버드스텝, 윗몸앞으로굽히기, 50m달리기, 제자리높이뛰기, 눈감고외발서기, 전신반응시간), 그리고 기초기술요인변수군($z_1 \sim z_3$: 그라운드 스트로크, 서비스, 발리)인 세 변수군에 의해 측정된 것이다(최태훈과 최용석, 2010).

(1) 체격, 체력, 기초기술 인자에 대한 확증적 인자분석모형을 위한 경로도를 세워라.
(2) (1)에 따라 확증적 인자분석모형을 적합하라.

[자료 2.5.3] 우리나라 남자 테니스선수 기록자료(tennis.txt)

체격								체력								기초 기술		
x_1	x_2	x_3	x_4	x_5	x_6	x_7	x_8	y_1	y_2	y_3	y_4	y_5	y_6	y_7	y_8	z_1	z_2	z_3
174	67	31.6	25.8	18.3	43.51	34.08	7.70	64.0	56	90.57	26.3	6.91	62.0	309	0.11	123	48	40
185	76	35.7	31.0	20.7	47.24	35.47	4.28	57.0	57	93.19	30.3	6.77	68.0	340	0.11	138	48	38
181	74	34.6	28.8	20.0	46.08	34.53	6.16	56.5	57	106.22	28.4	6.88	64.0	328	0.11	123	56	41
180	75	34.4	28.4	20.6	46.33	34.05	6.40	56.0	54	96.03	21.3	7.12	57.0	255	0.11	119	52	40
186	85	37.0	33.4	22.0	49.68	36.15	5.32	55.0	57	96.03	28.0	6.89	63.0	316	0.11	118	52	36
177	72	34.5	27.0	18.0	44.92	33.96	3.82	55.0	51	102.51	17.7	7.37	51.0	176	0.11	118	48	32
181	65	34.0	27.4	20.1	45.03	33.62	4.00	54.5	50	96.03	15.2	7.76	49.0	107	0.12	132	40	38
173	70	31.3	25.2	19.2	43.76	33.29	7.44	54.0	56	81.87	25.7	6.95	61.0	268	0.11	126	56	33
183	73	34.9	27.9	19.3	44.86	33.98	3.82	54.0	53	99.13	20.5	7.13	56.0	227	0.11	116	40	31
183	75	34.6	28.0	20.6	45.46	33.65	10.09	53.0	53	81.87	19.7	7.13	55.0	226	0.11	121	52	36
177	70	32.0	26.0	19.1	43.56	33.72	4.66	53.0	51	97.55	17.5	7.37	51.0	167	0.11	132	48	38
181	78	32.6	25.7	19.3	42.87	33.12	5.50	52.5	56	97.55	25.3	6.97	60.0	255	0.11	119	52	36
184	83	36.5	33.0	20.0	48.64	36.87	5.46	52.5	53	89.34	19.3	7.15	55.0	225	0.11	121	43	42
175	67	33.6	26.0	19.8	45.37	32.75	2.95	52.0	54	80.05	21.1	7.12	57.0	253	0.11	120	44	37
182	82	36.0	32.0	22.6	49.78	35.32	5.32	51.5	55	96.03	23.7	6.98	58.0	255	0.11	117	48	40
175	65	32.0	25.0	18.9	43.37	32.94	6.81	51.0	52	100.78	18.2	7.23	52.0	195	0.11	110	44	36
189	83	34.0	28.0	21.4	44.13	33.57	7.12	50.5	53	81.87	19.3	7.17	54.5	220	0.11	94	48	33
190	86	36.5	30.5	21.8	46.74	34.35	5.70	49.0	56	90.57	25.3	6.97	59.0	255	0.11	122	56	42
179	77	33.5	26.5	19.0	44.13	33.54	7.84	48.5	53	89.34	19.3	7.17	54.0	207	0.11	107	48	36
180	66	36.0	26.5	21.0	46.39	31.74	3.05	48.5	51	90.57	17.2	7.37	51.0	167	0.11	114	44	37
183	70	35.0	29.0	18.5	45.08	35.15	5.18	48.0	55	94.58	22.7	6.98	58.0	255	0.11	127	52	38
169	63	31.0	23.7	18.3	43.20	32.47	3.58	48.0	53	99.13	19.2	7.17	53.7	205	0.11	122	46	32
184	71	35.6	27.1	20.1	45.00	32.73	5.07	48.0	45	84.84	11.4	7.87	43.0	94	0.12	90	44	40
182	65	31.8	27.0	18.8	42.64	34.79	3.61	47.5	56	84.84	25.2	6.97	59.0	255	0.11	118	46	33
165	70	31.0	25.6	18.9	45.76	33.91	8.12	47.0	55	96.03	22.0	7.01	58.0	255	0.11	127	60	44
176	68	32.8	26.1	19.1	44.32	33.46	7.00	47.0	53	102.51	18.9	7.17	53.5	201	0.11	115	52	38
181	77	31.7	27.0	16.5	41.55	35.90	8.10	47.0	51	82.83	17.1	7.39	50.1	154	0.11	133	48	42
176	78	32.6	24.2	19.2	43.18	31.84	7.69	46.0	42	99.13	5.1	7.91	43.0	75	0.13	87	32	28
170	62	30.0	26.1	19.5	44.47	34.52	4.52	45.0	53	84.84	18.9	7.19	53.0	199	0.11	115	40	36
179	70	33.8	26.8	19.3	44.64	33.54	4.86	45.0	53	93.19	18.7	7.21	53.0	197	0.11	95	36	24
179	75	32.7	27.3	21.5	45.53	33.50	6.84	45.0	51	74.53	17.0	7.43	50.0	150	0.11	88	40	42
180	73	32.5	28.1	21.0	45.33	34.44	6.84	44.0	53	93.19	18.6	7.21	53.0	195	0.11	99	40	32
172	68	31.7	23.8	19.6	43.66	31.69	5.63	44.0	53	78.35	18.3	7.23	53.0	195	0.11	86	44	26
182	73	32.1	24.4	18.5	41.21	32.53	6.15	43.5	54	88.15	20.9	7.13	57.0	253	0.11	101	40	36
173	66	31.0	24.7	19.4	43.41	32.89	5.12	43.5	50	106.22	15.2	7.78	47.0	103	0.12	98	48	28
191	87	36.7	28.1	22.2	45.55	32.30	6.88	43.0	51	87.01	16.9	7.45	50.0	133	0.11	109	44	34
180	68	32.0	23.1	19.5	41.44	30.97	5.89	43.0	50	83.82	14.8	7.78	47.0	103	0.12	81	44	28
171	71	32.1	25.4	18.3	44.33	33.51	6.76	42.5	57	78.35	27.1	6.89	63.0	315	0.11	109	48	40
178	64	33.2	27.2	21.1	45.79	33.37	4.46	42.5	55	90.57	21.8	7.05	58.0	255	0.11	96	44	28
185	72	34.1	27.2	20.6	44.27	33.21	3.50	42.5	51	83.82	16.7	7.47	50.0	128	0.11	96	36	32
182	74	34.5	27.5	20.6	45.38	33.29	5.46	42.5	50	88.15	13.1	7.79	47.0	100	0.12	74	40	30
183	87	34.0	28.2	20.1	44.97	34.26	7.90	42.0	52	83.82	18.2	7.31	51.3	195	0.11	101	44	38
173	62	31.6	24.4	18.5	43.06	32.75	6.50	42.0	51	97.55	16.2	7.65	49.7	116	0.12	110	40	28
174	67	30.5	25.4	19.2	43.16	33.82	6.64	42.0	51	93.19	15.7	7.75	49.0	107	0.12	88	40	32
177	70	34.5	26.8	20.7	46.33	32.68	8.01	41.5	56	81.87	24.7	6.97	58.7	255	0.11	95	44	40
177	74	32.3	26.6	18.8	43.90	34.23	7.02	41.5	53	93.19	18.2	7.23	52.0	195	0.11	101	40	36
182	75	33.8	26.8	20.3	44.45	33.13	5.40	40.5	45	90.57	7.9	7.89	43.0	75	0.13	101	36	34
188	70	35.3	27.4	20.4	44.20	32.97	4.42	40.0	52	87.01	17.7	7.34	51.0	195	0.11	101	36	34
183	70	33.8	26.6	21.3	44.64	32.56	4.14	38.5	50	84.84	13.1	7.87	46.0	97	0.12	112	40	40
178	63	31.2	26.8	19.6	43.60	34.54	5.28	36.0	48	83.82	11.6	7.87	43.0	96	0.12	93	40	30

[6] 다음은 미국 시카고 어느 중학교 남학생 72명과 여학생 73명의 심리검사 결과에 대한 두 군집의 상관행렬이다. 사용된 6가지 심리검사점수인 x_1=시각검사점수, x_2=공간인지검사점수, x_3=공간적응검사점수, x_4=문단완성검사점수, x_5=문장완성검사점수, x_6=단어의미검사점수를 변수로 사용하였다.

남학생 72명	관측변수					
	x_1	x_2	x_3	x_4	x_5	x_6
x_1 = 시각검사점수	1.000					
x_2 = 공간인지검사점수	0.161	1.000				
x_3 = 공간적응검사점수	0.408	0.348	1.000			
x_4 = 문단완성검사점수	0.373	0.269	0.411	1.000		
x_5 = 문장완성검사점수	0.254	0.143	0.276	0.705	1.000	
x_6 = 단어의미검사점수	0.426	0.214	0.364	0.674	0.666	1.000

여학생 73명	관측변수					
	x_1	x_2	x_3	x_4	x_5	x_6
x_1 = 시각검사점수	1.000					
x_2 = 공간인지검사점수	0.483	1.000				
x_3 = 공간적응검사점수	0.492	0.492	1.000			
x_4 = 문단완성검사점수	0.343	0.211	0.326	1.000		
x_5 = 문장완성검사점수	0.367	0.179	0.335	0.724	1.000	
x_6 = 단어의미검사점수	0.230	0.184	0.369	0.743	0.696	1.000

(1) x_1=시각검사점수, x_2=공간인지검사점수, x_3=공간적응검사점수를 시공간능력 인자로 x_4=문단완성검사점수, x_5=문장완성검사점수, x_6=단어의미검사점수를 언어능력인자로 확증적 인자분석모형을 각 군집별 실시하고 비교하라.

(2) 두 군집의 적합 모형의 결과를 다중 군집분석으로 비교하라.

제 3 장

경로분석모형

Path Analysis Model

3.1 경로분석모형

구조방정식모형에서 잠재변수가 없는 복잡한 관측변수간의 인과관계를 보여주는 가장 핵심인 경로분석모형에 대한 역사적 배경을 간단히 살펴보면 유전학자인 Wright(1960)가 그 개념을 정리 하였으나 실제 1918-1921 사이에 이를 처음 소개하였다. 이후 Duncan (1966)은 사회학 문제에서 경로분석모형을 적용, 발전시켜 일반화시키는데 많은 기여를 하였다. 최근에 경로분석모형은 사회과학이나 유전학에서 인과관계 구축기법(causal relation building technique)으로 활발히 이용되고 있다. 덧붙여 경로분석모형은 연구자의 모형설정에 대한 사전 지식이 많이 요구되고 경우에 따라서는 다변량 통계분석이 가지는 특징인 연구자의 주관적 결정이 많이 필요하기도 한다.

경로분석모형은 관측변수 $\boldsymbol{x} = (x_1, ..., x_q)^T$와 $\boldsymbol{y} = (y_1, ..., y_p)^T$를 외생변수와 내생변수로 하면서 (1.3.3)의 잠재변수에 의한 구조방정식모형의 구조모형에서 잠재변수 대신에 $\eta = \boldsymbol{y}$와 $\xi = \boldsymbol{x}$를 고려한 (1.3.4)의 모형이다. 이런 이유로 경로분석모형을 잠재변수가 없는 구조방정식모형이라 한다.

3.1.1 경로도

이미 1장에서 [그림 1.3.1]의 측정모형 (1.3.1), (1.3.2)와 구조모형 (1.3.3)으로 이루어진 구조방정식모형과 경로분석모형 (1.3.4)의 경로도의 경로계수에 대해서는 소개의 차원에서 미리 설명하였다. 확증적 인자분석모형은 구조방정식모형의 측정모형 (1.3.2)의 경우로 2장에서 [그림 2.2.1]과 [그림 2.2.2]에서 경로도를 소개하였다. 아무튼 변수들이 인과모형의 전제조건을 만족하면 각 변수들 간의 구조적 관계를 경로도를 이용해 그려낼 수 있고 이는 다시 선형방정식으로 표현하게 된다. 비록 경로도는 수치적 분석에는 필요치는 않지만 변수들 간의 인과관계에 대한 경향성을 그림으로 보여주고 이들 경향성을 대수적 선형방정식으로 표현하는 데 도움이 되는 유용한 도구이다. 특히, AMOS에서는 도구상자 아이콘을 활용하여 구조방정식모형의 경로도를 통해 변수들의 인과관계를 연구자가 설정해 주어야 하는 번거로움이 있다. 다음의 [보기 3.1.1]을 통하여 경로분석모형에서 경로도의 예를 살펴보자.

[보기 3.1.1] 부모 당선호도와 자녀 당선호도의 경로분석모형

1965년 고등학교 고학년 학생을 대상으로 부모의 당선호도와 자녀의 당선호도의 인과관계를 알아보고자 100쌍의 부모와 학생들을 면접 조사하였다. 당선호도는 순위를 가진 7점 척도로 측정되었다. 여기서 x_1 = 부의 당선호도, y_1 = 모의 당선호도, y_2 = 자녀의 당선호도라 하면 이 연구를 위한 경로도는 [그림 3.1.1]에 있다. 이는 이미 [보기 1.5.1]의 [그림 1.5.1]에서 언급한 바가 있다.

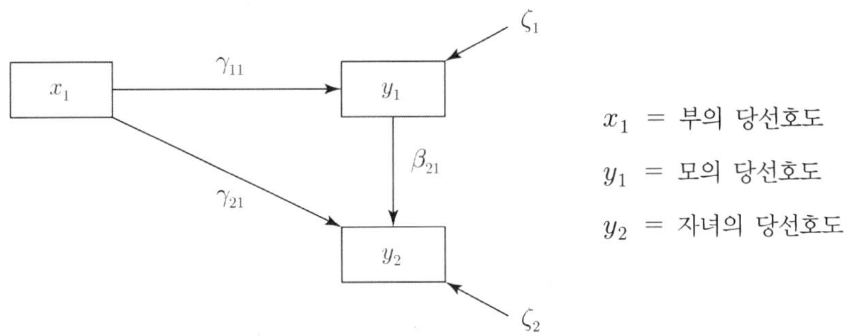

[그림 3.1.1] 부모와 자녀의 당선호도에 대한 경로도

이미 1.3절 [그림 1.3.1]의 구조방정식모형의 경로도와 경로계수에서 설명한 바가 있지만 [그림 3.1.1]에서 그리스문자 γ_{11}, γ_{21}, β_{21}은 관측변수들 x_1, y_1과 y_2 사이의 경로계수를 나타내다. 특히 γ_{11}과 γ_{21}는 x_1이 y_1과 y_2에 미치는 직접효과를 나타내며, β_{21}은 y_1이 y_2에 미치는 직접효과를 나타낸다. 일반적으로 관측변수 $\boldsymbol{x} = (x_1, ..., x_q)^T$가 $\boldsymbol{y} = (y_1, ..., y_p)^T$에 직접 미치는 영향력을 나타내는 직접효과(direct effect)는 γ(gamma)로 나타내며 γ_{kj}라면 변수 x_j가 변수 y_k에 미치는 직접효과를 타나내는 경로계수이다. 이번에는 관측변수 $\boldsymbol{y} = (y_1, ..., y_p)^T$의 변수들 사이의 직접효과는 β(beta)로 나타내는데 β_{hg}는 변수 y_g가 변수 y_h에 미치는 직접효과를 나타내는 경로계수이다.

3.1.2 경로분석모형에서 사용하는 변수

일반적으로 회귀분석을 위한 모형에서는 반응을 나타내는 변수를 반응변수 또는 종속변수라 하고 이를 설명하는 변수를 독립변수 또는 설명변수라 한다. 경로분석모형은 잠재변수가 없는 구조방정식모형인데 모형에서는 [정리 3.1.1]과 같은 변수가 사용된다.

[정리 3.1.1] 경로분석모형의 변수

내생변수(endogenous variables):
경로분석모형에서 설명되어지는 변수로 주로 y로 나타내며 성격은 회귀모형의 반응변수에 해당하나 동일하지는 않다.

외생변수(exogenous variables):
회귀모형의 설명변수처럼 내생변수에 대한 궁극적 원인변수로 대개 x로 나타낸다.

사전변수(predetermined variables):
경로분석모형에서 각 내생변수의 설명변수에 해당한다.

[보기 3.1.1]에서 [정리 3.1.1]의 내생변수는 y_1과 y_2가 되고 외생변수는 x_1이 된다. 내생변수 y_1에 대해선 x_1이 사전변수가 되고 y_2에 대해선 x_1과 y_1이 사전변수가 된다.

일반적으로 경로분석모형은 관측변수 $\boldsymbol{x} = (x_1, \ldots, x_q)^T$와 $\boldsymbol{y} = (y_1, \ldots, y_p)^T$를 각각 외생변수와 내생변수로 하면서 (1.3.3)의 잠재변수에 의한 구조방정식모형

$$\eta = B\eta + \Gamma\xi + \zeta$$

에서 잠재변수를 $\eta = \boldsymbol{y}$와 $\xi = \boldsymbol{x}$로 고려한 모형 (3.1.1)이다.

$$\boldsymbol{y} = B\boldsymbol{y} + \Gamma\boldsymbol{x} + \zeta \tag{3.1.1}$$

(3.1.1)에서 B와 Γ는 효과의 분할에서 직접효과를 나타내는 경로계수를 포함하는 행렬이다. 특히, 행렬 B는 부분대각행렬(sub-diagonal matrix)로 하위삼각행렬(lower triangular matrix)이고 오차항 ζ(zeta)의 공분산 $Cov(\zeta) = \Psi$가 대각행렬이 되면 내생변수 $\boldsymbol{x}$의 공분산행렬은 $Cov(\boldsymbol{x}) = \Phi$로 내생변수들 간에 상관이 있다면 대칭행렬이고 상관이 없으면 대각행렬이 된다.

경로분석모형을 위한 공분산행렬은 (1.4.1)에서 관측변수 $\boldsymbol{x} = (x_1, \ldots, x_q)^T$와 $\boldsymbol{y} = (y_1, \ldots, y_p)^T$는 $E(\boldsymbol{x}) = 0$와 $E(\boldsymbol{y}) = 0$을 가정한 결합변수로 크기가 $(p+q) \times 1$인 $\boldsymbol{z} = (\boldsymbol{y}^T, \boldsymbol{x}^T)^T$를 고려한 (3.1.2)의 $Cov(\boldsymbol{z}) = \Sigma = \Sigma(\boldsymbol{\theta})$가 된다.

$$\Sigma(\theta) = \begin{pmatrix} (I-B)^{-1}(\Gamma\Phi\Gamma^T + \Psi)(I-B^T)^{-1} & (I-B)^{-1}\Gamma\Phi \\ \Phi\Gamma^T(I-B^T)^{-1} & \Phi \end{pmatrix} \tag{3.1.2}$$

여기서 (3.1.2)에 대한 증명은 [정리 3.1.2]에 요약되어 있으며 이는 구조방정식모형 측정모형과 구조모형에 대한 공분산행렬 [정리 1.4.1]을 참고하면 쉽게 계산된다.

[정리 3.1.2] 경로분석모형의 공분산구조

(1) $E(\boldsymbol{x})=0$라 하면 $\Sigma_{xx} = Cov(\boldsymbol{x}) = E[\boldsymbol{x}\boldsymbol{x}^T] = \Phi$

(2) (3.1.1)로부터 $\boldsymbol{y} = (I-B)^{-1}(\Gamma\boldsymbol{x} + \zeta)$와 $E(\boldsymbol{y})=0$이라 하면

$$\begin{aligned}\Sigma_{yy} &= Cov(\boldsymbol{y}) = E[\boldsymbol{y}\boldsymbol{y}^T] \\ &= E\left[((I-B)^{-1}(\Gamma\boldsymbol{x} + \zeta))((I-B)^{-1}(\Gamma\boldsymbol{x} + \zeta))^T\right] \\ &= (I-B)^{-1}E\left[(\Gamma\boldsymbol{x} + \zeta)(\Gamma\boldsymbol{x} + \zeta)^T\right](I-B^T)^{-1} \\ &= (I-B)^{-1}(\Gamma\Phi\Gamma^T + \Psi)(I-B^T)^{-1}\end{aligned}$$

여기서 $E(\boldsymbol{x}\zeta^T)=0$, $E(\zeta\boldsymbol{x}^T)=0$, $E(\zeta\zeta^T)=\Psi$, $E(\boldsymbol{x}\boldsymbol{x}^T)=\Phi$이다.

(3) (3.1.1)로부터 $\boldsymbol{y} = (I-B)^{-1}(\Gamma\boldsymbol{x} + \zeta)$, $E(\boldsymbol{y})=0$와 $E(\boldsymbol{x})=0$이므로

$$\begin{aligned}Cov(\boldsymbol{y},\boldsymbol{x}) = \Sigma_{yx} &= E\left[(I-B)^{-1}(\Gamma\boldsymbol{x} + \zeta)\boldsymbol{x}^T\right] \\ &= (I-B)^{-1}\Gamma\left[E(\boldsymbol{x}\boldsymbol{x}^T) + E(\zeta\boldsymbol{x}^T)\right] \\ &= (I-B)^{-1}\Gamma\Phi\end{aligned}$$

여기서 $E(\zeta\boldsymbol{x}^T)=0$과 $E(\boldsymbol{x}\boldsymbol{x}^T)=\Phi$이다.

(4) $Cov(\boldsymbol{x},\boldsymbol{y}) = \Sigma_{xy} = \Sigma_{yx}^T = \left[(I-B)^{-1}\Gamma\Phi\right]^T = \Phi\Gamma^T(I-B^T)^{-1}$

경로분석모형에는 크게 순환모형(recursive model)과 비순환모형(nonrecursive model)이 있는데 순환모형에서는 내생변수 $\boldsymbol{y} = (y_1, \ldots, y_p)^T$의 변수들 사이의 관계가 한쪽으로 지향하는 것이고 비순환모형에서는 서로 양방향성의 관계를 가지게 된다. 이에 대해선 3.5절에서 두 모형의 예를 경로도와 함께 경로분석모형의 구축과 적합 조건을 자세히 설

명하고 있다.

일반적으로 경로분석모형을 적용할 때는 (3.1.1)의 구조방정식모형을 축소하고 외생변수에 대하여 오차항을 더하여 내생변수를 비선형모형(nonlinear model) 형태로 나타낸다. 다시 말해서 (3.1.1)에서 내생변수 y에 대하여 정리하면 축소모형 (3.1.3)을 구하게 된다.

$$y = (I-B)^{-1}\Gamma x + (I-B)^{-1}\zeta = Ax + e \tag{3.1.3}$$

여기서 $A=(I-B)^{-1}\Gamma$는 축소모형의 계수행렬이고 벡터 $e=(I-B)^{-1}\zeta$는 축소모형의 오차항이다. 따라서 (3.1.3)의 모형 형태는 전통적인 조건부 회귀모형에 해당하고 $B=0$이면 5장에서 다루어질 다변량 회귀모형(multivariate regression model)에 해당한다.

일반적으로 경로분석모형 (3.1.1)을 적합하기 위해서 관측변수 $\boldsymbol{x}=(x_1,\dots,x_q)^T$와 $\boldsymbol{y}=(y_1,\dots,y_p)^T$의 결합변수로 크기가 $(p+q)\times 1$인 $\boldsymbol{z}=(\boldsymbol{y}^T,\boldsymbol{x}^T)^T$의 공분산행렬 $Cov(\boldsymbol{z})=\Sigma=\Sigma(\boldsymbol{\theta})$을 고려한다. 여기서 $k=q+p$를 변수의 총 개수로 하면 실제 모형과 관련된 (3.1.2)의 $\Sigma=\Sigma(\boldsymbol{\theta})$에서 모수 벡터 $\boldsymbol{\theta}$를 구성하는 자유모수의 개수 t에 의해서 모형적합을 위한 카이제곱 통계량의 자유도가 음수가 아닌 $df=k(k+1)/2-t\ \geq 0$를 만족해야 한다.

3.1.3 선형방정식

경로분석모형을 위해 내생변수와 외생변수 간의 관계를 보여주는 경로도를 통하여 각 변수들 간에 존재하는 인과관계를 가정하는 선형방정식(linear equation)을 세우게 된다. 이들 방정식은 변수와 모수로 이루어지는데 경로분석모형에서는 가정된 모형이 적합하다는 사실 아래 이들 모수를 추정하는 것이 주된 목적이다. 이들 모수는 변수들 간의 공분산행렬이나 상관행렬을 통하여 추정되며 추정된 모수가 변수들 간의 효과를 제공하게 된다. 그리고 선형방정식에는 [정리 3.1.3]과 같이 크게 구조방정식(structural equation)과 축소방정식(reduced form equation)이 있다.

[정리 3.1.3] 경로분석모형의 선형방정식

구조방정식(structural equation):

경로분석모형내의 각 내생변수마다 그에 해당하는 방정식이 하나씩 있게 되는데

방정식의 우변이 사전변수로 되어 있을 때 이를 구조방정식이라 한다. 그리고 이때 사용되는 모수를 구조형모수(structural form parameters)라 한다.

축소방정식(reduced equation):
각 내생변수마다 해당되는 방정식의 우변이 외생변수로 이루어질 때를 말하며 사용되는 모수를 축소형모수(reduced form parameter)라 한다. 이 모수는 내생변수에 대한 외생변수의 직접효과와 간접효과를 나타내게 된다.

[정리 3.1.3]의 축소방정식에서 언급한 내생변수에 대한 외생변수의 직접효과와 간접효과 이들의 합인 총효과에 대해선 3.2절에서 설명하기로 한다.

[보기 3.1.2] [보기 3.1.1]의 경로도에 따른 경로분석모형의 구조방정식

[그림 3.1.1]의 경로도를 통하여 변수 이름을 활용한 다음의 선형방정식을 고려할 수 있다.

$$\text{모당선호도} = \gamma_{11}\text{부당선호도} + \zeta_1$$
$$\text{자녀당선호도} = \gamma_{21}\text{부당선호도} + \beta_{21}\text{모당선호도} + \zeta_2$$

이를 변수 이름 대신 관측변수 x_1, y_1과 y_2를 사용한 선형방정식은 다음과 같다.

$$y_1 = \gamma_{11}x_1 + \zeta_1 \tag{3.1.4}$$
$$y_2 = \gamma_{21}x_1 + \beta_{21}y_1 + \zeta_2 \tag{3.1.5}$$

이 방정식은 내생변수 y_1과 y_2에 대한 각각의 사전변수로 이루어진 구조방정식이다. 이를 행렬식으로 표현하면 (3.1.6)과 같은 구조방정식을 얻게 된다.

$$\begin{pmatrix} y_1 \\ y_2 \end{pmatrix} = \begin{pmatrix} 0 & 0 \\ \beta_{21} & 0 \end{pmatrix}\begin{pmatrix} y_1 \\ y_2 \end{pmatrix} + \begin{pmatrix} \gamma_{11} \\ \gamma_{21} \end{pmatrix} x_1 + \begin{pmatrix} \zeta_1 \\ \zeta_2 \end{pmatrix} \tag{3.1.6}$$
$$\Leftrightarrow \quad \boldsymbol{y} = B\boldsymbol{y} + \Gamma x_1 + \boldsymbol{\zeta}$$

여기서 B는 부분대각행렬이고 오차항 ζ의 공분산은 대각행렬로 $Cov(\zeta) = \Psi$이다. 또한 외생변수 x_1의 분산 $var(x_1) = \phi_{11}$이 고려된다.

선형방정식에서 사용된 [보기 3.1.1]에서 설명한 모수 γ (내생변수에 대한 외생변수의

직접효과), β(내생변수에 대한 내생변수의 직접효과), 그리고 ζ (내생변수의 오차)를 구조형모수라 한다. 그리고 두 번째 방정식 (3.1.5)에 포함되어 있는 y_1을 첫 번째 방정식 (3.1.4)로 대체하면 (3.1.7)과 같은 같은 축소방정식을 얻게 된다.

$$y_2 = (\gamma_{21} + \beta_{21}\gamma_{11})x_1 + \beta_{21}\zeta_1 + \zeta_2 \tag{3.1.7}$$

3.1.6절에서 다루겠지만 특히 (3.1.7)에서 $\beta_{21}\gamma_{11}$는 외생변수 x_1이 내생변수 y_2에 간접적으로 미치는 간접효과라 하며 외생변수 x_1이 내생변수 y_1에 미치는 직접효과 γ_{21}과 합한 $\gamma_{21} + \beta_{21}\gamma_{11}$를 총효과라 한다. 간접효과를 가져오는 내생변수 y_1은 y_2에 대해서 매개변수 역할을 한다. 축소방정식 (3.1.7)과 관련된 효과와 오차항을 축소형모수라 한다.

3.1.4 모형의 적합도

1.5.2절에서 구조방정식모형을 구현하는 여러 가지 패키지에서 제공하는 모형의 적합도 지수로 X^2, NFI, CFI, GFI, $AGFI$, $RMSR$, $RMSEA$ 등에 대해 소개하였다. 이들 적합도 지수는 경로분석모형의 적합을 평가하는 데 동일하게 적용된다. 따라서 1.5.2절의 주요 적합도 지수 값의 기준을 다시 한 번 더 요약하자면 모형이 적합할 때 이들은 [표 3.1.1]의 판정기준을 가진다.

[표 3.1.1] 몇 가지 모형검정 적합도 지수의 판정기준

- X^2: 작은 값을 가지며 유의확률인 $p-$값은 크다.
- NFI, CFI, GFI, $AGFI$: 1에 가까운 값(> 0.9)을 가진다.
- $RMSEA$: 0(< 0.05)에 가깝다.

특히 X^2 통계량은 표본의 크기와 다변량 정규성에 매우 민감하여 제안한 모형의 적합성판정에 유용하지 못한 경우가 가끔 있고 이를 어느 정도 보정해 주는 GFI와 $AGFI$가 있다. 이와 관련하여 1.5.2절에 자세히 설명하고 있다.

3.1.5 모수의 추정 및 유의성 검정

가정된 모형이 전체적으로 모형 적합도 지수 관점에서 적합하더라도 추정된 모수가 모형에서 유의하지 못하면 새 모형을 제안해야 한다. 일반적으로 모수의 추정은 1.5.1절에서 설명하였지만 최대우도법(ML method), 일반화최소자승법(GLS method)등을 이용한

다. 이들 모수의 추정값에 대한 유의성 검정은 왈드검정(Wald test)에 바탕을 둔 $z-$검정 또는 $t-$검정을 통해서 이루어진다. 왈드검정 통계량의 제곱근과 근사적으로 일치하며 표준정규분포를 따르는 $z-$검정통계량에 대한 일반적인 정의는 (3.1.8)과 같다.

$$z = \frac{\text{모수 추정값}}{\text{표준오차}} \tag{3.1.8}$$

여기서 표준오차(standard errors)는 모수 추정값의 정밀도(precision)를 나타내며 작을수록 좋다. 다만 표본의 크기가 충분히 크다면 근사적으로 (3.1.8)은 표준정규분포를 따르며 $z-$검정 또는 $t-$검정이 거의 근사적으로 동일하다. 그러나 표본의 수가 작다면 정규분포 가정이 필요한 $t-$검정이 적용된다. (3.1.8)의 추정된 모수의 검정통계량 z의 절대값이 큰 경우에는 모형에서 모수가 매우 유의함을 나타낸다. 참고로 LISREL에서 이 검정은 $t-$검정에 의해 이루어지며 유의확률 $p-$값을 제공하지는 않는다. 이런 경우에는 표준정규분포에서 유의수준 5%의 경우 기각값 1.96을 활용한다. 반면에 AMOS에서는 (3.1.8)을 C.R.(critcal ratio)로 제공하며 모수의 추정값은 Estimate로 표준오차는 S.E.으로 $p-$값을 P로 제공한다. R의 lavaan 패키지에서 일반적으로 모수의 추정값은 Estimate, 표준오차는 Std.Err, $z-$검정을 위한 통계량은 $z-$value 그리고 유의확률 $p-$값은 $P(>|z|)$으로 제공된다. (3.1.8)에서 언급한 바와 같이 $z-$value는 Estimate/Std.Err.과 근사적으로 일치한다.

3.1.6 효과의 분할

경로분석모형의 유용성 중에서 중요한 것 하나는 한 변수가 다른 변수에 미치는 총효과, 직접효과, 간접효과를 측정하여 효과의 분할(effects decomposition)을 살펴볼 수 있다. 이들 효과는 [보기 3.1.2]에서 살펴 본 바와 같이 경로분석모형을 구성하는 선형방정식의 모수를 추정하여 얻어진다. 일반적으로 선형방정식 중 내생변수와 사전변수 사이의 구조방정식의 모수는 직접효과를 나타내고 내생변수와 외생변수에 의한 축소방정식의 모수는 직접효과와 간접효과를 나타낸다. 참고로 AMOS에서는 이들 효과를 모두 제공하는 반면에 LISREL에서는 총효과와 간접효과만을 제공한다. R에서 효과 분할을 계산하기 위해서는 [보기 3.1.4]와 같이 모형설정에서 모형계수를 이용하여 총효과와 간접효과 계산을 위한 설정이 필요하므로 전반적으로 선형방정식형태의 모형에 대한 설정과 이해가 요구된다. 일반적으로 총효과에 대한 정의는 다음과 같다.

총효과 = 직접효과 + 간접효과

여기서 직접효과는 매개변수를 거치지 않는 한 변수의 다른 변수에 직접적으로 미치는 효과이다. 간접효과는 두 변수 사이에 존재하는 하나 혹은 그 이상의 매개변수를 거쳐 나타나는 효과이다.

이상에서 살펴본 내생변수와 사전변수 그리고 내생변수와 외생변수 사이에서 일어나는 직접효과, 간접효과 그리고 총효과를 일목요연하게 표로 정리할 필요가 있다. 이를 위해서 다음의 효과 분할표를 제안한다. 상관계수는 참고로 두 변수간의 피어슨의 선형상관을 나타내며 3.1.7절의 상관분해 절차 [정리 3.1.4]를 통해 경로분석모형의 경로계수인 모수를 추정하고 이를 바탕으로 효과를 계산하고 평가하게 된다. 그리고 총효과에서 직접효과와 간접효과가 차지하는 비율을 가지고 그들의 영향력을 평가할 수 있다.

내생변수	사전변수	상관계수	효과의 분할		
			간접효과	직접효과	총효과

3.5절에서 다룰 내용이지만 일반적으로 경로분석모형 $y = By + \Gamma x + \zeta$은 순환모형과 비순환모형이 있는데 순환모형은 내생변수 y들 사이의 관계가 한쪽으로 지향하는 것이고 비순환모형은 양방향성의 관계를 가지는 것이다. 이에 대한 두 모형에 기초한 효과 개념을 통해 내생변수 y에 대한 사전변수 y의 총효과 T_{yy}, 직접효과 D_{yy}, 간접효과 I_{yy}를 대수적으로 계산할 수 있다. 그리고 내생변수 y에 대한 사전변수 x의 총효과 T_{xy}, 직접효과 D_{xy}, 간접효과 I_{xy}에 대한 효과 분할표가 다음과 같다.

내생변수	사전변수	효과의 분할		
		간접효과	직접효과	총효과
y	x	I_{xy}	D_{xy}	T_{xy}
	y	I_{yy}	D_{yy}	T_{yy}

이들 효과에 대한 대수적 계산한 결과는 [표 3.5.2]의 경로분석모형의 효과 분할표를 참고할 수 있다.

[보기 3.1.3] 부모 당선호도와 자녀 당선호도의 lavaan을 활용한 경로분석모형

[보기 1.5.1]에서 언급한 세 변수간의 상관행렬 [자료 1.5.1]을 재인용한 [자료 3.1.1]을 고려하자. 이 상관행렬을 통하여 경로도 [그림 3.1.1]에 나타난 모형의 타당성과 추정된 모수의 유의성 검정이 [표 3.1.2]에 정리되어 있으며 이는 [결과 3.1.1]-(2)로부터 요약되었다.

[자료 3.1.1] 상관행렬

관측변수	x_1	y_1	y_2
x_1 = 부 당선호도	1.00		
y_1 = 모 당선호도	0.71	1.00	
y_2 = 자녀 당선호도	0.57	0.62	1.00

[그림 3.1.2]의 모수 추정값을 경로계수로 가진 경로도는 library(PAmodelPlot)의 함수 PAmodelPaths()에 의해서 제공된다. 이를 위하여 R 패키지 lavaan의 함수 sem()을 활용한 [R-코드 3.1.1]을 이용하였다. 특히, (3.1.4)와 (3.1.5)의 모형은 [보기 1.5.1]의 R-코드 모형 작성 [표 1.5.1]의 다음을 활용한다.

```
# Create model
  party.model='
  Mother~Father
  Child~Father + Mother'
```

[표 3.1.2] 추정된 모수의 유의성 검정의 결과

경로	모수	추정값	S.E	$z-$값	$p-$값
Mother ← Father	γ_{11}	0.710	0.070	10.082	0.000
Child ← Father	γ_{21}	0.262	0.108	2.417	0.016
Child ← Mother	β_{21}	0.434	0.108	4.009	0.000

3.1.5절 모수의 추정 및 유의성 검정 관점에서 [표 3.1.2]의 결과를 살펴보면 모든 검정 통계량 z-값의 유의확률 $p-$값이 귀무가설 H_0 : 모수=0을 유의수준 0.05에서 기각하기에 충분하다. 이번에는 모형의 적합성을 살펴보기로 하자. [결과 3.1.1]-(1)에서 모형에 대

한 적합성검정 통계량으로 1.5.2절에서 언급한 다양한 기준이 제공되는데 GFI와 CFI가 1로 모형이 매우 적합함을 나타내었고 작은 값을 가질수록 좋은 기준이 되는 $RMSEA$도 0으로 모형의 적합성을 보여주고 있다.

3.1.2절에서 경로분석모형의 적합조건에 따르면 [보기 3.1.3]의 경우 한 개의 외생변수 x_1와 두 개의 내생변수 y_1과 y_2의 결합변수 총 개수는 $k = 1 + 2 = 3$이 되어 $k(k+1)/2 = 3(3+1)/2 = 6$이 된다. 실제 모형 (3.1.6)으로부터 (3.1.2)의 $\Sigma = \Sigma(\theta)$에서 모수 벡터 θ를 구성하는 자유모수의 수는

$$B = \begin{pmatrix} 0 & 0 \\ \beta_{21} & 0 \end{pmatrix},\ \Gamma = \begin{pmatrix} \gamma_{11} \\ \gamma_{21} \end{pmatrix},\quad Cov(\zeta) = \Psi = diag(\psi_{11}, \psi_{22}),\ var(x_1) = \phi_{11}$$

로부터 $t = 1 + 2 + 2 + 1 = 6$개가 된다. 따라서 적합도 지수 중 카이제곱 통계량의 자유도는 $df = k(k+1)/2 - t = 6 - 6 = 0$이 되어 모형 적합조건은 만족하나 이 경로분석모형은 포화모형이 된다. 이는 [결과 3.1.1]의 (1) 모형 적합도 지수에 반영되어 df가 0이고 카이제곱 검정통계량 chisq도 0이고 유의확률 pvalue는 구할 수가 없어 NA로 표시되어 있다.

[R-코드 3.1.1] 부모 당선호도와 자녀 당선호도의 경로분석모형(party-PAmodel.R)

```
## PAmodel for Party prefernce of parents and Children
library(lavaan)
# Input data
party=lav_matrix_lower2full(c(
1.00,
0.71, 1.00,
0.57, 0.62, 1.00))

party=data.frame(party, row.names=c("Father", "Mother", "Child"))
names(party)=c("Father", "Mother", "Child")
party=as.matrix(party);party

# Create model
party.model='
Mother~Father
Child~Father + Mother'

# Select fit indices
index=c("chisq", "df", "pvalue", "cfi", "rmsea", "gfi")

# Run PAmodel model
```

```
fit=sem(model=party.model, sample.cov=party, sample.nobs=100, fixed.x=FALSE)
fitMeasures(fit, index)

# Summarization of results
summary(fit, standardized=TRUE)

# Diagram for CFA model
#install.packages("PAmodelPlot")
library(PAmodelPlot)
semPaths(fit, whatLabels="estimate", style="lisrel", nCharNodes=0, edge.label.cex = 0.7)
```

[결과 3.1.1] [R-코드 3.1.1]의 결과

(1) 모형 적합도 지수

```
> fitMeasures(fit, index)
  chisq     df pvalue    cfi  rmsea    gfi
      0      0     NA      1      0      1
```

(2) 모형의 모수 추정

```
> summary(fit, standardized=TRUE)
Regressions:
                   Estimate  Std.Err  z-value  P(>|z|)   Std.lv  Std.all
  Mother ~
    Father            0.710    0.070   10.082    0.000    0.710    0.710
  Child ~
    Father            0.262    0.108    2.417    0.016    0.262    0.262
    Mother            0.434    0.108    4.009    0.000    0.434    0.434

Variances:
                   Estimate  Std.Err  z-value  P(>|z|)   Std.lv  Std.all
   .Mother            0.491    0.069    7.071    0.000    0.491    0.496
   .Child             0.576    0.081    7.071    0.000    0.576    0.582
    Father            0.990    0.140    7.071    0.000    0.990    1.000
```

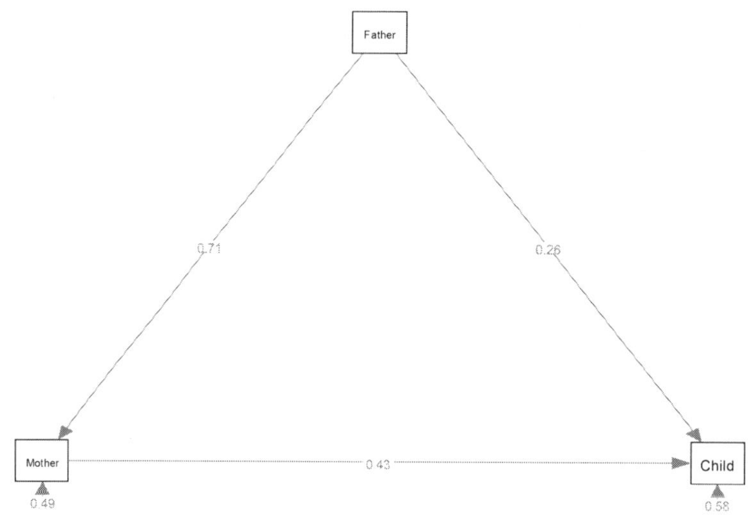

[그림 3.1.2] 부모와 자녀 당선호도의 경로분석모형의 모수 추정값을 경로계수로 가진 경로도

3.1.7 상관분해 절차

[보기 3.1.1] ~ [보기 3.1.3]과 같이 변수들 간의 간단한 구조의 경로도 [그림 3.1.2]를 구성하는 경로분석모형의 경로계수인 모수의 추정값은 선형방정식 (3.1.4)와 (3.1.5)로부터 Wright's Rule로 알려진 상관분해 절차 [정리 3.1.4]을 통해 상관계수에 의해서 다소 복잡한 수리적 계산과정을 통해 구해진다. 구조방정식모형을 추정하는 패키지 lavaan, AMOS와 LISREL, SAS/PROC CALIS가 등장하기 전에는 이러한 수리적 계산과정으로 인하여 복잡한 구조방정식모형을 연구모형으로 세우는 일을 수리적인 부분이 취약한 연구자들에게 매우 힘든 부분이기도 하였다.

[정리 3.1.4]의 상관분해 절차를 이해하기 위하여 [보기 3.1.2]의 (3.1.4)와 (3.1.5)의 두 선형방정식을 활용하기로 하고 여기서 (3.1.8)과 (3.1.9)로 다시 인용하자.

$$y_1 = \gamma_{11} x_1 + \zeta_1 \tag{3.1.8}$$

$$y_2 = \gamma_{21} x_1 + \beta_{21} y_1 + \zeta_2 \tag{3.1.9}$$

특히 (3.1.9)의 축소방정식

$$y_2 = (\gamma_{21} + \beta_{21}\gamma_{11})x_1 + \beta_{21}\zeta_1 + \zeta_2$$

에서 $(\gamma_{21} + \beta_{21}\gamma_{11})$는 외생변수 x_1이 내생변수 y_2에 미치는 총효과를 나타낸다. 이 총효

과는 x_1이 y_2에 미치는 직접효과 γ_{21}과 x_1이 y_1을 거쳐 y_2에 미치는 간접효과 $\beta_{21}\gamma_{11}$으로 구성되어져 있다. 이들 효과의 계산을 위한 모수의 추정값은 상관분해 절차로부터 다음과 같이 계산된다.

$$\gamma_{11} = r_{x_1y_1} = 0.710$$

$$\gamma_{21} = \frac{r_{x_1y_2} - r_{x_1y_1}r_{y_1y_2}}{1 - r^2_{x_1y_1}} = \frac{0.57 - 0.71 \times 0.62}{1 - 0.71^2} = 0.262$$

$$\beta_{21} = \frac{r_{y_1y_2} - r_{x_1y_1}r_{x_1y_2}}{1 - r^2_{x_1y_1}} = \frac{0.62 - 0.71 \times 0.57}{1 - 0.71^2} = 0.434$$

이 결과는 [보기 3.1.3]의 R 패키지 lavaan에 의한 [표 3.1.2] 모수추정의 결과와 동일함을 알 수 있다.

[정리 3.1.4] Wright's Rule: 상관분해 절차(correlation decomposition)

모형에서 모든 변수는 표준화되어 있고 오차항과 각 변수는 상관이 없다는 가정을 고려하자. (3.1.8)의 양변에 x_1을 곱하고 기대값을 취하면

$$E(x_1y_1) = \gamma_{11}E(x_1^2) + E(x_1\zeta_1)$$

이다. 이는 다음을 만족한다.

$$r_{y_1x_1} = \gamma_{11}$$

(3.1.9)의 양변에 x_1과 y_1을 곱하고 기대값을 취하면 다음과 같다.

$$E(x_1y_2) = \gamma_{21}E(x_1^2) + \beta_{21}E(x_1y_1) + E(x_1\zeta_2)$$
$$E(y_1y_2) = \gamma_{21}E(y_1x_1) + \beta_{21}E(y_1^2) + E(y_1\zeta_2)$$

이것의 상관계수는 다음과 같이 계산된다.

$$r_{x_1y_2} = \gamma_{21} + \beta_{21}r_{x_1y_1}$$
$$r_{y_1y_2} = \gamma_{21}r_{x_1y_1} + \beta_{21}$$

이를 상관분해라 한다. 따라서 이들로부터 해인 모수를 구하면 된다.

$$\gamma_{21} = \frac{r_{x_1y_2} - r_{x_1y_1}r_{y_1y_2}}{1 - r^2_{x_1y_1}}$$

$$\beta_{21} = \frac{r_{y_1y_2} - r_{x_1y_1}r_{x_1y_2}}{1 - r^2_{x_1y_1}}$$

[보기 3.1.4] 효과의 분할: 직접효과, 간접효과, 총효과

[보기 3.1.3]에서 [R-코드 3.1.1]의 입력 자료를 활용하여 효과의 분할을 얻기 위해 [R-코드 3.1.2]를 사용하면 된다. [결과 3.1.2]의 맨 아래 Defined Parameters에서 간접효과와 총효과를 얻기 위해서 다음과 같은 코드를 [R-코드 3.1.2]에서 활용하게 된다.

```
## Effects of PAmodel for Party preference of parents and children
# Effects: Total and Indirect
effect<-
   "
   # Structure Model
   Mother~g11*Father
   Child~g21*Father + b21*Mother
   # Indirect Effect
   Ind_Father_Child := g11*b21
   # Total Effect
   Tot_Father_Child := g21 + g11*b21
   "
```

이는 원 경로분석모형 (3.1.8)과 (3.1.9)를 적합하기 위한 [R-코드 3.1.1]의 # Create model에서 정의한 모형에 경로계수로 γ_{11}, γ_{21}, β_{21}에 해당하는 g11, g21, b21를 추가하여 [R-코드 3.1.2]의 # Structure Model에서 모형을 설정하고 있다. 이들 경로계수로 # Indirect Effect와 # Total Effect에서 간접효과와 총효과의 계산에 활용하고 있다. 참고로 [보기 3.1.2]에서 정의한 경로분석모형 (3.1.8)과 (3.1.9)를 변수 이름을 고려하여 다음과 같이 다시 고려하자.

모당선호도(Mother) $= \gamma_{11}$ 부당선호도(Father) $+ \ \zeta_1$

자녀당선호도(Child)$= \gamma_{21}$ 부당선호도(Father) $+ \ \beta_{21}$ 모당선호도(Mother) $+ \ \zeta_2$

따라서 축소방정식

$$y_2 = (\gamma_{21} + \beta_{21}\gamma_{11})x_1 + \beta_{21}\zeta_1 + \zeta_2$$

$\Leftrightarrow$ 자녀당선호도(Child) $= (\gamma_{21} + \beta_{21}\gamma_{11})$ 부당선호도(Farther) $+ \beta_{21}\zeta_1 + \zeta_2$

에 의해서 자녀당선호도에 대한 부당선호도의 간접효과는 $\beta_{21}\gamma_{11}$이고 총효과는 $\gamma_{21} + \beta_{21}\gamma_{11}$이 된다.

[결과 3.1.2]의 맨 아래 Defined Parameters로부터 3.1.6절에서 언급한 효과 분할표를 [표 3.1.3]과 같이 요약 작성할 수 있겠다.

[표 3.1.3] 부모와 자녀의 당선호도에 대한 효과 분할표

내생변수	사전변수	상관계수	효과의 분할		
			간접효과	직접효과	총효과
y_1 = 모 당선호도	x_1 = 부 당선호도	0.71	–	0.71	0.71
y_2 = 자녀 당선호도	x_1 = 부 당선호도	0.57	0.31	0.26	0.57
	y_1 = 모 당선호도	0.62	–	0.43	0.43

특히 자녀의 당선호도에 부의 당선호도가 미치는 간접효과 0.31은 두 직접효과에 의해서 $\beta_{21}\gamma_{11} = 0.43 \times 0.71 = 0.308$부터 0.31로 계산된다. [표 3.1.3] 자녀의 당선호도에는 미치는 영향력은 부의 직접영향인 직접효과 0.26이 총효과 0.57에서 차지하는 비율 45.6%보다 모의 간접영향인 간접효과 0.31이 총효과에서 차지하는 비율 54.4%가 더 높음을 알 수 있다.

[R-코드 3.1.2] 부모 당선호도와 자녀 당선호도의 경로분석모형의 효과 분할 (party-PAmodel-effect.R)

```
## Effects of PAmodel for Party preference of parents and children
library(lavaan)
# Input data
party=lav_matrix_lower2full(c(
```

```
1.00,
0.71, 1.00,
0.57, 0.62, 1.00))

party=data.frame(party, row.names=c("Father", "Mother", "Child"))
names(party)=c("Father", "Mother", "Child")
party=as.matrix(party);party

# Effects: Total and Indirect
effect<-
   "
   # Structure Model
   Mother~g11*Father
   Child~g21*Father + b21*Mother
   # Indirect Effect
   Ind_Father_Child := g11*b21
   # Total Effect
   Tot_Father_Child :=  g21 + g11*b21
   "
effect.fit=sem(effect, sample.cov=party, sample.nobs=100, fixed.x=FALSE)
summary(effect.fit, fit.measures=TRUE, rsquare=TRUE, standardized=TRUE)
```

[결과 3.1.2] [R-코드 3.1.2]의 결과

```
> summary(effect.fit, fit.measures=TRUE, rsquare=TRUE, standardized=TRUE)

Regressions:
                   Estimate  Std.Err  z-value  P(>|z|)   Std.lv  Std.all
  Mother ~
    Father    (g11)   0.710    0.070   10.082    0.000    0.710    0.710
  Child ~
    Father    (g21)   0.262    0.108    2.417    0.016    0.262    0.262
    Mother    (b21)   0.434    0.108    4.009    0.000    0.434    0.434

Variances:
                   Estimate  Std.Err  z-value  P(>|z|)   Std.lv  Std.all
   .Mother            0.491    0.069    7.071    0.000    0.491    0.496
   .Child             0.576    0.081    7.071    0.000    0.576    0.582
    Father            0.990    0.140    7.071    0.000    0.990    1.000

R-Square:
                   Estimate
    Mother            0.504
    Child             0.418
```

```
Defined Parameters:
                   Estimate  Std.Err  z-value  P(>|z|)   Std.lv  Std.all
    Ind_Fathr_Chld    0.308    0.083    3.725    0.000    0.308    0.308
    Tot_Fathr_Chld    0.570    0.082    6.937    0.000    0.570    0.570
```

[보기 3.1.5] 지능과 교육의 연관관계를 위한 경로분석모형

지능과 교육의 연관관계의 정도를 알아보고자 100쌍의 아버지와 아들을 대상으로 교육수준, 직업, IQ 등 5개의 변수로 조사하였다.

1) 자료 및 변수

5개의 관측변수는 다음과 같으며 [자료 3.1.2]는 이들 변수의 상관행렬이다.

x_1=아버지의 교육수준=faedu, x_2=아버지의 직업=faoccup

y_1=아들의 어릴적 IQ=sonchildIQ, y_2=아들의 교육수준=sonedu

y_3=아들의 성인기 IQ=sonadultIQ

[자료 3.1.2] 아버지와 아들의 지능과 교육수준의 상관행렬

관측변수	x_1	x_2	y_1	y_2	y_3
아버지의 교육수준	1.00000				
아버지 직업	0.48913	1.00000			
아들의 어릴적 IQ	0.31849	0.30824	1.00000		
아들의 교육수준	0.40329	0.42578	0.54502	1.00000	
아들의 성인기 IQ	0.29204	0.29640	0.82678	0.62361	1.00000

2) 경로도

x_1(아버지의 교육수준, faedu)과 x_2(아버지의 직업, faoccup)를 외생변수로 내생변수 y_1(아들의 어릴적 IQ, sonchildIQ), y_2(아들의 교육수준, sonedu), y_3(아들의 성인기 IQ, sonadultIQ)에 영향을 고려한 경로분석모형의 경로도가 [그림 3.1.3]에 있다. 이를 통해 [표 3.1.4]의 모형을 설정을 고려할 수 있다.

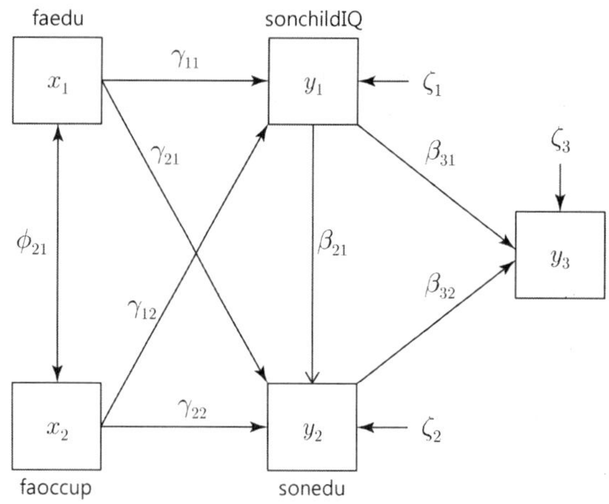

[그림 3.1.3] 아버지와 아들의 지능과 교육수준의 경로분석모형의 추정된 경로계수와 경로도

3) 경로분석모형의 설정

[그림 3.1.3]을 바탕으로 완전모형(full model)인 경로분석모형의 대수적 표현과 [R-코드 3.1.3]에서 모형 설정은 [표 3.1.4]와 같이 코드화 된다.

[표 3.1.4] 완전모형과 R에서 모형 설정

완전모형	R에서 모형 설정

$y_1 = \gamma_{11}x_1 + \gamma_{12}x_2 + \zeta_1$
$y_2 = \gamma_{21}x_1 + \gamma_{22}x_2 + \beta_{21}y_1 + \zeta_2$
$y_3 = \beta_{31}y_1 + \beta_{32}y_2 + \zeta_3$
	# Create model
	iq.model ='
	sonchildIQ ~faedu + faoccup
	sonedu ~faedu + faoccup + sonchildIQ
	sonadultIQ ~sonchildIQ + sonedu'

$$\Leftrightarrow \boldsymbol{y} = \begin{bmatrix} 0 & 0 & 0 \\ \beta_{21} & 0 & 0 \\ \beta_{31} & \beta_{32} & 0 \end{bmatrix} \begin{bmatrix} y_1 \\ y_2 \\ y_3 \end{bmatrix} + \begin{bmatrix} \gamma_{11} & \gamma_{12} \\ \gamma_{21} & \gamma_{22} \\ 0 & 0 \end{bmatrix} \begin{bmatrix} x_1 \\ x_2 \end{bmatrix} + \begin{bmatrix} \zeta_1 \\ \zeta_2 \\ \zeta_3 \end{bmatrix}$$

$$= \boldsymbol{B}\boldsymbol{y} + \boldsymbol{\Gamma}\boldsymbol{x} + \boldsymbol{\zeta}$$

4) 모형의 적합

[R-코드 3.1.3]의 [결과 3.1.3]-(1)의 모형 적합도 지수는 전체적으로 모형이 매우 적합함을 보여 주고 있다. 특히, 외생변수 $\boldsymbol{x} = (x_1, x_2)^T$와 내생변수 $\boldsymbol{y} = (y_1, y_2, y_3)^T$에 의해서 $k=5$이고 $k(k+1)/2 = 15$이다. 모형에서 적합할 자유 모수의 수는 [표 3.1.4]에 따르면 B에서 3개, Γ에서 4개, 오차항의 공분산 Ψ에서 3개, Φ에서 3개로 총 t = 13개로

$df = 15 - 13 = 2$로 역시 양이 되어 모형 적합 조건을 만족한다. 이는 [결과 3.1.3]의 (1) 모형 적합도 지수에서 카이제곱 통계량의 자유도 df가 2에서 확인 가능하다.

그러나 (2)의 모형 모수의 추정에서 유의확률 $p-$값 0.061과 0.076은 유의수준 5%에서 귀무가설 $H_0 : \gamma_{12} = 0$와 $H_0 : \gamma_{21} = 0$을 기각할 수 없다. 이는 아버지 직업수준(x_2, faoccup)이 아들의 어릴적 IQ(y_1, sonchildIQ)에 영향을 미치지 못하며 아버지 교육수준(x_1, aedu)은 아들의 교육수준(y_2, sonedu)에 영향을 미치지 못함을 의미한다. 따라서 [표 3.1.5]와 같은 수정모형을 고려하게 된다. 수정모형은 [R-코드 3.1.3]에서 완전모형 # Create model 대신에 [표 3.1.5]의 모형 설정에 관한 코드를 고려하면 된다. 비록 [결과 3.1.3]-(3)의 모형 적합도 지수는 (1) 완전모형에 비해 조금 떨어지지만 모형의 적합기준을 충분히 만족한다. [표 3.1.5]에 따르면 모형에서 적합할 자유 모수의 수는 B에서 3개, Γ에서 2개, 오차항의 공분산 Ψ에서 3개, Φ에서 3개로 총 $t = 11$개로 $df = 15 - 11 = 4$로 양이 되어 모형 적합 조건을 만족한다. 이는 [결과 3.1.3]의 (3) 수정모형 적합도 지수에서 카이제곱 통계량의 자유도 df가 4에서 알 수 있다. [그림 3.1.4]는 적합된 수정모형의 추정된 경로계수를 가진 경로도를 보여주고 있다.

[표 3.1.5] 수정모형과 R에서 모형 설정

모형	R 코드

$y_1 = \gamma_{11}x_1 + \zeta_1$
$y_2 = \gamma_{22}x_2 + \beta_{21}y_1 + \zeta_2$
$y_3 = \beta_{31}y_1 + \beta_{32}y_2 + \zeta_3$
	# Modified model
	iq.model ='
	sonchildIQ ~faedu
	sonedu ~faoccup + sonchildIQ
	sonadultIQ ~sonchildIQ + sonedu'

$$\Leftrightarrow \boldsymbol{y} = \begin{bmatrix} 0 & 0 & 0 \\ \beta_{21} & 0 & 0 \\ \beta_{31} & \beta_{32} & 0 \end{bmatrix} \begin{bmatrix} y_1 \\ y_2 \\ y_3 \end{bmatrix} + \begin{bmatrix} \gamma_{11} & 0 \\ 0 & \gamma_{22} \\ 0 & 0 \end{bmatrix} \begin{bmatrix} x_1 \\ x_2 \end{bmatrix} + \begin{bmatrix} \zeta_1 \\ \zeta_2 \\ \zeta_3 \end{bmatrix}$$

$$= \boldsymbol{B y} + \boldsymbol{\Gamma x} + \boldsymbol{\zeta}$$

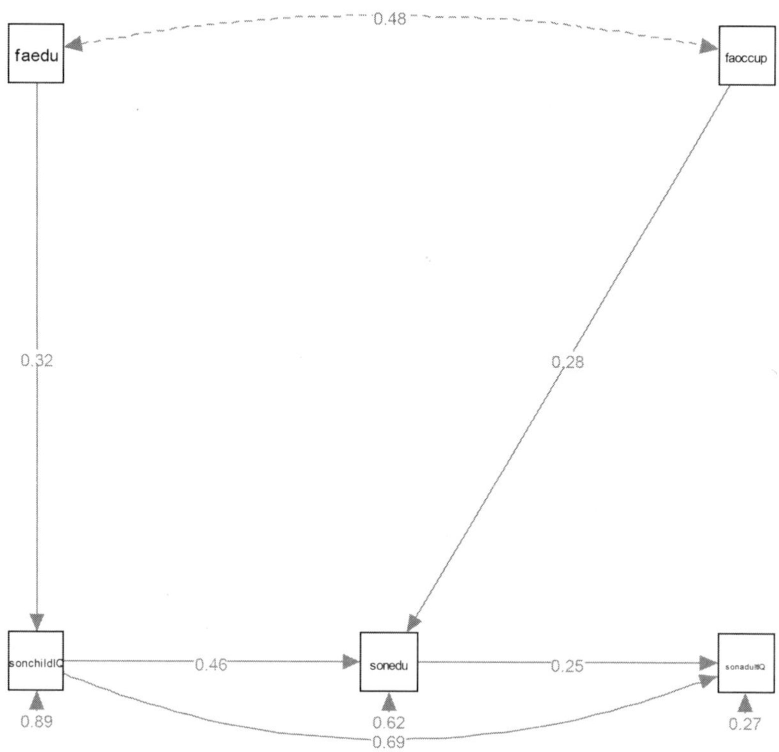

[그림 3.1.4] 수정 경로분석모형의 추정된 경로계수와 경로도

[R-코드 3.1.3] 아버지와 아들의 지능과 교육수준의 경로분석모형(iq-PAmodel.R)

```
## SEM for Education and IQ of Father and Son
library(lavaan)
# Input data
iq=lav_matrix_lower2full(c(
1.00000,
0.48913, 1.00000,
0.31849, 0.30824, 1.00000,
0.40329, 0.42578, 0.54502, 1.00000,
0.29204, 0.29640, 0.82678, 0.62361, 1.00000))

iq=data.frame(iq, row.names=c("faedu", "faoccup", "sonchildIQ", "sonedu", "sonadultIQ"))
names(iq)=c("faedu", "faoccup", "sonchildIQ", "sonedu", "sonadultIQ")
iq=as.matrix(iq);iq

# Create model
iq.model ='
sonchildIQ ~faedu + faoccup
```

```
sonedu ~faedu + faoccup + sonchildIQ
sonadultIQ ~sonchildIQ + sonedu'

# Select fit indices
index=c("chisq", "df", "pvalue", "cfi", "rmsea", "gfi")

# Run SEM model
fit=sem(model=iq.model, sample.cov=iq, sample.nobs=100, std.lv=TRUE)
fitMeasures(fit, index)

# Summarization of results
summary(fit, standardized=TRUE)

# Diagram for CFA model
#install.packages("semPlot")
library(semPlot)
semPaths(fit, whatLabels="estimate", style="lisrel", nCharNodes=0, edge.label.cex = 0.7)

# Create model
iq.model ='
sonchildIQ ~faedu + faoccup
sonedu ~faedu + faoccup + sonchildIQ
sonadultIQ ~sonchildIQ + sonedu'

# Select fit indices
index=c("chisq", "df", "pvalue", "cfi", "rmsea", "gfi")

# Run SEM model
fit=sem(model=iq.model, sample.cov=iq, sample.nobs=100, std.lv=TRUE)
fitMeasures(fit, index)

# Summarization of results
summary(fit, standardized=TRUE)

# Diagram for CFA model
#install.packages("semPlot")
library(semPlot)
semPaths(fit, whatLabels="estimate", style="lisrel", nCharNodes=0, edge.label.cex = 0.7)
```

[결과 3.1.3] [R-코드 3.1.3]의 결과

(1) 모형 적합도 지수

```
> fitMeasures(fit, index)
  chisq     df pvalue    cfi  rmsea    gfi
  0.414  2.000  0.813  1.000  0.000  0.997
```

(2) 모형의 모수 추정

```
> summary(fit, standardized=TRUE)
Regressions:
                   Estimate  Std.Err  z-value  P(>|z|)   Std.lv  Std.all
  sonchildIQ ~
    faedu             0.220    0.107    2.064    0.039    0.220    0.220
    faoccup           0.200    0.107    1.876    0.061    0.200    0.200
  sonedu ~
    faedu             0.162    0.091    1.773    0.076    0.162    0.162
    faoccup           0.215    0.091    2.357    0.018    0.215    0.215
    sonchildIQ        0.427    0.084    5.094    0.000    0.427    0.427
  sonadultIQ ~
    sonchildIQ        0.693    0.062   11.097    0.000    0.693    0.693
    sonedu            0.246    0.062    3.943    0.000    0.246    0.246
```

(3) 수정모형 적합도 지수

```
> fitMeasures(fit, index)
  chisq     df pvalue    cfi  rmsea    gfi
  6.969  4.000  0.138  0.984  0.086  0.956
```

(4) 수정모형의 모수 추정

```
> summary(fit, standardized=TRUE)
Regressions:
                   Estimate  Std.Err  z-value  P(>|z|)   Std.lv  Std.all
  sonchildIQ ~
    faedu             0.318    0.095    3.360    0.001    0.318    0.318
  sonedu ~
    faoccup           0.285    0.080    3.546    0.000    0.285    0.291
    sonchildIQ        0.457    0.080    5.692    0.000    0.457    0.467
  sonadultIQ ~
    sonchildIQ        0.693    0.061   11.370    0.000    0.693    0.699
    sonedu            0.246    0.062    3.959    0.000    0.246    0.243
```

5) 효과의 분할

여기서는 모형이 잘 적합된 수정모형 대신에 완전모형에 대하여 직접효과, 간접효과 총효과의 분할표를 얻고자 한다. 이는 완전모형의 효과 분할표 해석을 통해 모형에 미치는 효과가 미미한 경우를 파악할 수 있으며 실제로 모형의 모수 추정에서 무의미한 경로계수를 제거한 수정모형이 요구되는 이유를 알 수 있다. 이를 위하여 [표 3.1.4]의 완전모형으로부터 다음과 같은 축소모형을 고려 할 수 있다.

$$
\begin{aligned}
y_1 &= \gamma_{11}x_1 + \gamma_{12}x_2 + \zeta_1 \\
y_2 &= \gamma_{21}x_1 + \gamma_{22}x_2 + \beta_{21}(\gamma_{11}x_1 + \gamma_{12}x_2 + \zeta_1) + \zeta_2 \\
&= (\gamma_{21} + \beta_{21}\gamma_{11})x_1 + (\gamma_{22} + \beta_{21}\gamma_{12})x_2 + \beta_{21}\zeta_1 + \zeta_2 \\
y_3 &= \beta_{31}y_1 + \beta_{32}(\gamma_{21}x_1 + \gamma_{22}x_2 + \beta_{21}y_1 + \zeta_2) + \zeta_3 \\
&= (\beta_{31} + \beta_{32}\beta_{21})y_1 + \beta_{32}\gamma_{21}x_1 + \beta_{32}\gamma_{22}x_2 + \beta_{32}\zeta_2 + \zeta_3
\end{aligned}
$$

이를 바탕으로 효과의 분할을 위한 다음과 같은 # Effects: Total and Indirect 이하의 코드를 포함하는 [R-코드 3.1.4]를 참고 바란다. 예를 들자면 모형에서 x_1(faedu, 아버지 교육수준)이 y_2(sonedu, 아들의 교육수준)에 미치는 간접효과는 $\beta_{21}\gamma_{11}$이고 총효과는 $\gamma_{21} + \beta_{21}\gamma_{11}$이 된다. 이는 Ind_faedu_sonedu:=g11*b21와 Tot_faedu_sonedu:=g21+g11*b21에 반영되어 있다. y_3(sunadultIQ, 아들의 성인기 IQ)에 미치는 y_1(sonchildIQ, 아들의 어릴적 IQ)의 간접효과는 $\beta_{32}\beta_{21}$이고 총효과는 $\beta_{31} + \beta_{32}\beta_{21}$이 된다. 이는 Ind_sonchildIQ_sonadultIQ:= b32*b21와 Tot_sonchildIQ_sonadultIQ:= b31+b32*b21에 의해서 각각 반영되고 계산된다. y_3(sunadultIQ, 아들의 성인기 IQ)에 미치는 x_1(faedu, 아버지 교육수준)과 x_2(faoccup, 아버지 직업수준)의 y_2(sonedu, 아들의 교육수준)를 거쳐 미치는 간접효과는 각각 $\beta_{32}\gamma_{21}$와 $\beta_{32}\gamma_{22}$로 Ind_faedu_sonadultIQ:= g21*b32와 Ind_ faoccup_sonadultIQ:= g22*b32에 의해서 이는 각각 계산된다.

```
# Effects: Total and Indirect
effect<-
   "
   # Sructure Model
    sonchildIQ~g11*faedu + g12*faoccup
    sonedu~g21*faedu + g22*faoccup + b21*sonchildIQ
    sonadultIQ~b31*sonchildIQ + b32*sonedu

# Indirect Effect
   Ind_faedu_sonedu := g11*b21
   Ind_faoccup_sonedu := g12*b21
   Ind_sonchildIQ_sonadultIQ := b32*b21
   Ind_faedu_sonadultIQ := g21*b32
   Ind_faoccup_sonadultIQ := g22*b32
```

```
# Total Effect
Tot_faedu_sonedu := g21 + g11*b21
Tot_faoccup_sonedu := g22 + g12*b21
Tot_sonchildIQ_sonadultIQ := b31+ b32*b21
"
```

[R-코드 3.1.4] 아버지와 아들의 지능과 교육수준의 경로분석모형의 효과의 분할 (iq-PAmodel-effects.R)

```
### Effects for PAmodel of Education and IQ of Father and Son
library(lavaan)
# Input data
iq=lav_matrix_lower2full(c(
1.00000,
0.48913, 1.00000,
0.31849, 0.30824, 1.00000,
0.40329, 0.42578, 0.54502, 1.00000,
0.29204, 0.29640, 0.82678, 0.62361, 1.00000))

iq=data.frame(iq, row.names=c("faedu", "faoccup", "sonchildIQ", "sonedu", "sonadultIQ"))
names(iq)=c("faedu", "faoccup", "sonchildIQ", "sonedu", "sonadultIQ")
iq=as.matrix(iq);iq

# Effects: Total and Indirect
effect<-
  "
  # Sructure Model
   sonchildIQ~g11*faedu + g12*faoccup
   sonedu~g21*faedu + g22*faoccup + b21*sonchildIQ
   sonadultIQ~b31*sonchildIQ + b32*sonedu
  # Indirect Effect
  Ind_faedu_sonedu := g11*b21
  Ind_faoccup_sonedu := g12*b21
  Ind_sonchildIQ_sonadultIQ := b32*b21
  Ind_faedu_sonadultIQ := g21*b32
  Ind_faoccup_sonadultIQ := g22*b32
  # Total Effect
  Tot_faedu_sonedu := g21 + g11*b21
  Tot_faoccup_sonedu := g22 + g12*b21
  Tot_sonchildIQ_sonadultIQ := b31+ b32*b21
  "
effect.fit=sem(effect, sample.cov=iq, sample.nobs=100, fixed.x=FALSE)
summary(effect.fit, fit.measures=TRUE, rsquare=TRUE, standardized=TRUE)
```

[결과 3.1.4] [R-코드 3.1.4]의 결과

```
Regressions:
                    Estimate  Std.Err  z-value  P(>|z|)   Std.lv  Std.all
  sonchildIQ ~
    faedu     (g11)    0.220    0.107    2.064    0.039    0.220    0.220
    faoccup   (g12)    0.200    0.107    1.876    0.061    0.200    0.200
  sonedu ~
    faedu     (g21)    0.162    0.091    1.773    0.076    0.162    0.162
    faoccup   (g22)    0.215    0.091    2.357    0.018    0.215    0.215
    snchldIQ (b21)     0.427    0.084    5.094    0.000    0.427    0.427
  sonadultIQ ~
    snchldIQ (b31)     0.693    0.062   11.097    0.000    0.693    0.693
    sonedu    (b32)    0.246    0.062    3.943    0.000    0.246    0.246

Covariances:
                    Estimate  Std.Err  z-value  P(>|z|)   Std.lv  Std.all
  faedu ~~
    faoccup            0.484    0.110    4.394    0.000    0.484    0.489

Variances:
                    Estimate  Std.Err  z-value  P(>|z|)   Std.lv  Std.all
   .sonchildIQ         0.859    0.122    7.071    0.000    0.859    0.868
   .sonedu             0.604    0.085    7.071    0.000    0.604    0.610
   .sonadultIQ         0.271    0.038    7.071    0.000    0.271    0.274
    faedu              0.990    0.140    7.071    0.000    0.990    1.000
    faoccup            0.990    0.140    7.071    0.000    0.990    1.000

R-Square:
                    Estimate
    sonchildIQ         0.132
    sonedu             0.390
    sonadultIQ         0.726

Defined Parameters:
                    Estimate  Std.Err  z-value  P(>|z|)   Std.lv  Std.all
    Ind_faedu_sond     0.094    0.049    1.913    0.056    0.094    0.094
    Ind_faoccp_snd     0.086    0.049    1.761    0.078    0.086    0.086
    Ind_snchlIQ_IQ     0.105    0.034    3.118    0.002    0.105    0.105
    Ind_fd_sndltIQ     0.040    0.025    1.617    0.106    0.040    0.040
    Ind_fccp_sndIQ     0.053    0.026    2.023    0.043    0.053    0.053
    Tot_faedu_sond     0.256    0.101    2.550    0.011    0.256    0.256
    Tot_faoccp_snd     0.300    0.101    2.988    0.003    0.300    0.300
    Tt_snchldIQ_IQ     0.798    0.057   14.062    0.000    0.798    0.798
```

[표 3.1.6] 아버지와 아들의 교육수준과 IQ의 경로분석모형의 효과 분할표

내생변수	사전변수	상관계수	효과의 분할		
			간접효과	직접효과	총효과
y_1 sonchildIQ	x_1 faedu	0.318	–	0.220	0.220
	x_2 faoccup	0.308	–	0.200	0.200
y_2 sonedu	x_1 faedu	0.403	0.094	0.162	0.256
	x_2 faoccup	0.426	0.086	0.215	0.300
	y_1 sonchildIQ	0.545		0.427	0.427
y_3 sonadultIQ	x_1 faedu	0.292	0.040	–	0.040
	x_2 faoccup	0.296	0.053	–	0.053
	y_1 sonchildIQ	0.827	0.105	0.693	0.798
	y_2 sonedu	0.624	–	0.246	0.246

6) 효과 분할의 해석

[결과 3.1.4]의 간접효과와 총효과 결과를 바탕으로 작성된 효과 분할표 [표 3.1.6]으로부터 아들의 성인기 IQ(y_3)에 큰 영향을 주는 것은 아들의 어릴적 IQ(y_1)로 직접효과가 0.693으로 총효과에서 87%를 차지한다. 아들의 교육수준(y_2)은 아들의 성인기 IQ(y_3)와 상관관계는 0.624로 크나 아들의 성인기 IQ(y_3)에 미치는 총효과가 0.246으로 큰 영향을 주지 않는 것으로 나타났다.

아들의 교육수준(y_2)에 미치는 영향으로는 아버지의 교육수준(x_1)과 직업수준(x_2)의 직접효과가 각각 0.162와 0.215로 영향이 적었으며 아들의 어릴적 IQ(y_1)의 직접효과는 0.427로 이들에 비해 상대적으로 높은 영향을 주는 것으로 나타났다. 아들의 어릴적 IQ (y_1)에 대한 아버지의 교육수준(x_1)의 총효과는 0.220이고 아버지의 직업수준(x_2)은 0.200으로 영향력이 적음을 알 수 있다. 결론적으로 아들의 성인기 IQ(y_3)와 아들의 교육수준(y_2)은 아들의 어릴적 IQ(y_1)에 가장 큰 영향을 받고 의외로 아들의 어릴적 IQ(y_1)와 교

육수준(y_2)에 미치는 아버지의 교육수준(x_1)과 직업수준(x_2)의 영향력은 상대적으로 적었다. 실제로 [결과 3.1.3]-(2)의 완전모형의 모수 추정에서 귀무가설 $H_0 : \gamma_{12} = 0$와 $H_0 : \gamma_{21} = 0$을 채택하게 되어 이는 아버지 직업수준(x_2)이 아들의 어릴적 IQ(y_1)에 영향을 미치지 못하며 아버지 교육수준(x_1)은 아들의 교육수준(y_2)에 영향을 미치지 못함을 나타내었다. 끝으로 아버지 교육수준(x_1)과 아버지의 직업수준(x_2)은 아들의 교육수준(y_2)을 거쳐 아들의 성인기 IQ(y_3)에 간접적으로 상대히 낮은 영향을 미치며 실제 상관관계도 0.292와 0.296으로 매우 낮음을 알 수 있다.

3.2 적용 사례

3.2.1 사례 1: 사회적 열망과 성취의 인과관계

Kenny(1979, pp. 47-73)는 남자 대학생 767명의 사회적 열망과 성취에 대한 [그림 3.2.1]의 경로도를 참고로 [자료 3.2.1]에 대한 전형적인 경로분석모형을 고려하고 분석하였다.

1) 자료 및 변수

여기서 고려한 관측변수는 4가지 외생변수 x_1=intelligence(지능), x_2=number of siblings(형제, 자매 수), x_3=father's education(아버지 교육수준), x_4=father's occupation(아버지 직업)과 3가지 내생변수 y_1=grades(성적), y_2=educational expectation(교육적 기대), y_3=occupational aspiration(직업 열망)로 이루어져 있다.

[자료 3.2.1] 사회적 열망과 성취에 대한 상관행렬

관측변수	x_1	x_2	x_3	x_4	y_1	y_2	y_3
x_1 = 지능	1.000						
x_2 = 형제 자매 수	−0.100	1.000					
x_3 = 아버지 교육수준	0.277	−0.152	1.000				
x_4 = 아버지 직업	0.250	−0.108	0.611	1.000			
y_1 = 성적	0.572	−0.105	0.294	0.248	1.000		
y_2 = 교육적 기대	0.489	−0.213	0.446	0.410	0.597	1.000	
y_3 = 직업 열망	0.335	−0.153	0.303	0.331	0.478	0.651	1.000

2) 경로도

지능(x_1)과 형제와 자매 수(x_2), 아버지 교육수준(x_3), 아버지 직업(x_4)은 외생변수로 내생변수 성적(y_1)과 교육적 기대(y_2), 직업에 대한 열망(y_3)에 영향을 미치는 경로분석모형을 고려하게 된다. 이는 경로도 [그림 3.2.1]에 잘 반영되어 있다. 이를 바탕으로 (3.2.1)의 모형의 대수적 관계를 구축할 수 있다.

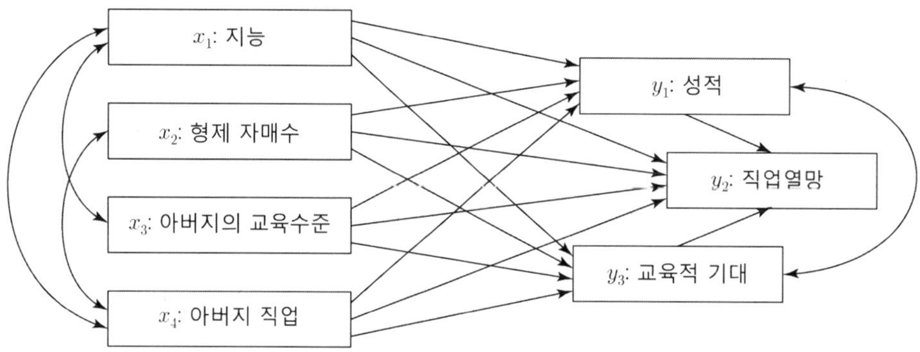

[그림 3.2.1] 사회적 열망과 성취에 대한 경로분석모형의 경로도

3) 경로분석모형의 설정

$$y_1 = \gamma_{11}x_1 + \gamma_{12}x_2 + \gamma_{13}x_3 + \gamma_{14}x_4 + \zeta_1$$
$$y_2 = \beta_{21}y_1 + \gamma_{21}x_1 + \gamma_{22}x_2 + \gamma_{23}x_3 + \gamma_{24}x_4 + \zeta_2$$
$$y_3 = \beta_{31}y_1 + \beta_{32}y_2 + \gamma_{31}x_1 + \gamma_{32}x_2 + \gamma_{33}x_3 + \gamma_{34}x_4 + \zeta_3$$
$$\Leftrightarrow$$
$$\boldsymbol{y} = \begin{bmatrix} 0 & 0 & 0 \\ \beta_{21} & 0 & 0 \\ \beta_{31} & \beta_{32} & 0 \end{bmatrix} \begin{bmatrix} y_1 \\ y_2 \\ y_3 \end{bmatrix} + \begin{bmatrix} \gamma_{11} & \gamma_{12} & \gamma_{13} & \gamma_{14} \\ \gamma_{21} & \gamma_{22} & \gamma_{23} & \gamma_{24} \\ \gamma_{31} & \gamma_{32} & \gamma_{33} & \gamma_{34} \end{bmatrix} \begin{bmatrix} x_1 \\ x_2 \\ x_3 \\ x_4 \end{bmatrix} + \begin{bmatrix} \zeta_1 \\ \zeta_2 \\ \zeta_3 \end{bmatrix} \quad (3.2.1)$$
$$= \boldsymbol{By} + \boldsymbol{\Gamma x} + \boldsymbol{\zeta}$$

(3.2.1)에서 외생변수 $\boldsymbol{x} = (x_1, x_2, x_3, x_4)^T$와 내생변수 $\boldsymbol{y} = (y_1, y_2, y_3)^T$에 의해서 전체 변수의 개수는 $k=7$이고, 따라서 $k(k+1)/2 = 28$이다. 모형에서 적합할 자유 모수

의 총 개수는 (3.2.1)의 대수적 방정식에 따르면 B에서 3개, Γ에서 12개, 오차항의 공분산 Ψ에서 3개, 외생변수들 간의 상관행렬 Φ에서 10개로 총 $t = 28$개로 $df = 28 - 28 = 0$로 모형 적합 조건을 만족한다. 이는 [결과 3.2.1]의 (1) 모형 적합도 지수에서 카이제곱 통계량의 자유도 df가 0임을 말하고 있고 (3.2.1)의 경로분석모형이 포화모형임을 보여주고 있다. 모형 (3.2.1)의 R에서의 적합을 위한 [R-코드 3.2.1]을 참고 바란다.

4) 모형의 적합

[R-코드 3.2.1]의 수행 [결과 3.2.1]-(2) 모형의 모수 추정을 요약하자면 [표 3.2.1]과 같다. 여기서 경로분석모형에서 통계적으로 유의하지 못한 경로계수인 모수의 추정값은 유의확률 $p-$값에서 진하게 표시되어 있다. 실제로 이들을 모형에서 제거한 수정된 경로분석모형에 대한 적합이 추가적으로 요구된다. [그림 3.2.2]의 경로도는 [R-코드 3.2.1]의 # Diagram for PA model 이하의 실행 결과이며 경로계수의 추정값이 기록되어 있다.

[표 3.2.1] 경로분석모형의 경로계수 모수 추정과 검정

모수	추 정 치	$z-$값	$p-$값
β_{21}	0.559	19.260	0.000
β_{31}	0.054	1.035	**0.192**
β_{32}	0.585	13.928	0.000
γ_{11}	0.526	17.217	0.000
γ_{12}	−0.030	−1.014	**0.311**
γ_{13}	0.119	3.174	0.002
γ_{14}	0.041	1.097	**0.273**
γ_{21}	0.079	2.751	0.006
γ_{22}	−0.107	−4.514	0.000
γ_{23}	0.154	5.096	0.000
γ_{24}	0.146	4.892	0.000
γ_{31}	0.002	0.064	**0.949**
γ_{32}	−0.018	−0.627	**0.531**
γ_{33}	−0.037	−1.026	**0.305**
γ_{34}	0.098	2.782	0.005

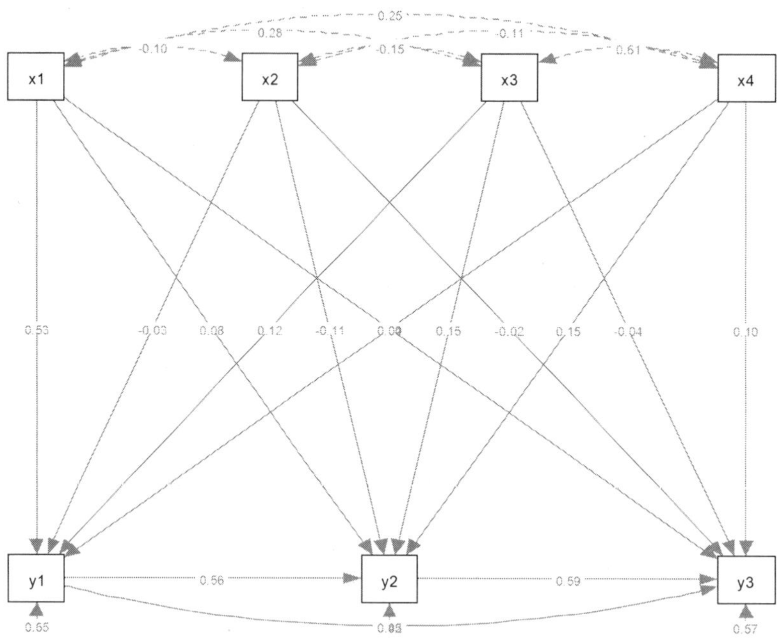

[그림 3.2.2] 경로분석모형의 추정된 경로계수와 경로도

[R-코드 3.2.1] 열망과 성취의 경로분석모형(ambition-PAmodel.R)

```
## PAmodel for Ambition and Attainment Data
library(lavaan)

# Input data
ambition=lav_matrix_lower2full(c(
1.000,
-0.100, 1.000,
0.277, -0.152, 1.000,
0.250, -0.108, 0.611, 1.000,
0.572, -0.105, 0.294, 0.248, 1.000,
0.489, -0.213, 0.446, 0.410, 0.697, 1.000,
0.335, -0.153, 0.303, 0.331, 0.478, 0.651, 1.000))

ambition=data.frame(ambition,
  row.names=c("x1", "x2", "x3", "x4", "y1", "y2", "y3"))
names(ambition)=c("x1", "x2", "x3", "x4", "y1", "y2", "y3")
ambition=as.matrix(ambition);ambition

# Create model
model ='
```

```
y1~x1 + x2 + x3 + x4 # 성적 : grade
y2~y1 + x1 + x2 + x3 + x4 # 직업열망 : occuasp
y3~y1 + y2 + x1 + x2 + x3 + x4 # 교육적 기대 : educexp
'

# Select fit indices
index=c("chisq", "df", "pvalue", "cfi", "rmsea", "gfi")

# Run PAmodel model
fit=sem(model=model, sample.cov=ambition, sample.nobs=767)
fitMeasures(fit, index)

# Summarization of results
summary(fit, standardized=TRUE)

# Diagram for PA model
#install.packages("PAmodelPlot")
library(PAmodelPlot)
semPaths(fit, whatLabels="estimate", style="lisrel", nCharNodes=0, edge.label.cex = 0.7)
```

[결과 3.2.1] [R-코드 3.2.1]의 결과

(1) 모형 적합도 지수

```
> fitMeasures(fit, index)
 chisq      df pvalue    cfi  rmsea    gfi
     0       0     NA      1      0      1
```

(2) 모형의 모수 추정

```
> summary(fit, standardized=TRUE)
Regressions:
                   Estimate  Std.Err  z-value  P(>|z|)   Std.lv  Std.all
  y1 ~
    x1                0.526    0.031   17.217    0.000    0.526    0.526
    x2               -0.030    0.030   -1.014    0.311   -0.030   -0.030
    x3                0.119    0.037    3.174    0.002    0.119    0.119
    x4                0.041    0.037    1.097    0.273    0.041    0.041
  y2 ~
    y1                0.559    0.029   19.260    0.000    0.559    0.559
    x1                0.079    0.029    2.751    0.006    0.079    0.079
    x2               -0.107    0.024   -4.514    0.000   -0.107   -0.107
    x3                0.154    0.030    5.096    0.000    0.154    0.154
    x4                0.146    0.030    4.892    0.000    0.146    0.146
  y3 ~
    y1                0.054    0.041    1.305    0.192    0.054    0.054
```

```
 y2              0.585    0.042   13.928    0.000    0.585    0.585
 x1              0.002    0.034    0.064    0.949    0.002    0.002
 x2             -0.018    0.028   -0.627    0.531   -0.018   -0.018
 x3             -0.037    0.036   -1.026    0.305   -0.037   -0.037
 x4              0.098    0.035    2.782    0.005    0.098    0.098
```

5) 효과의 분할

R의 패키지 lavaan에서 간접효과와 총효과를 포함한 효과의 분할을 위해 (3.2.1)의 구조방정식모형으로부터 (3.2.2)와 (3.2.3)같은 축소모형을 구해야 한다. 먼저 (3.2.1)로부터 편의상 오차항은 생략하고 첫 번째 방정식을 두 번째와 세 번째 방정식에 대입한 다음 두 번째 방정식을 세 번째 방정식에 대입하여 정리하면 (3.2.2)와 (3.2.3)이 된다.

$$y_1 = \gamma_{11}x_1 + \gamma_{12}x_2 + \gamma_{13}x_3 + \gamma_{14}x_4$$

$$\begin{aligned} y_2 &= \beta_{21}(\gamma_{11}x_1 + \gamma_{12}x_2 + \gamma_{13}x_3 + \gamma_{14}x_4) + \gamma_{21}x_1 + \gamma_{22}x_2 + \gamma_{23}x_3 + \gamma_{24}x_{42} \\ &= (\gamma_{21} + \beta_{21}\gamma_{11})x_1 + (\gamma_{22} + \beta_{21}\gamma_{12})x_2 + (\gamma_{23} + \beta_{21}\gamma_{13})x_3 + (\gamma_{24} + \beta_{21}\gamma_{14})x_4 \end{aligned} \tag{3.2.2}$$

$$\begin{aligned} y_3 &= \beta_{31}(\gamma_{11}x_1 + \gamma_{12}x_2 + \gamma_{13}x_3 + \gamma_{14}x_4) \\ &\quad + \beta_{32}[(\gamma_{21} + \beta_{21}\gamma_{11})x_1 + (\gamma_{22} + \beta_{21}\gamma_{12})x_2 + (\gamma_{23} + \beta_{21}\gamma_{13})x_3 + (\gamma_{24} + \beta_{21}\gamma_{14})x_4] \\ &\quad + \gamma_{31}x_1 + \gamma_{32}x_2 + \gamma_{33}x_3 + \gamma_{34}x_4 \\ &= [\gamma_{31} + \beta_{31}\gamma_{11} + \beta_{32}(\gamma_{21} + \beta_{21}\gamma_{11})]x_1 + [\gamma_{32} + \beta_{31}\gamma_{12} + \beta_{32}(\gamma_{22} + \beta_{21}\gamma_{12})]x_2 \\ &\quad + [\gamma_{33} + \beta_{31}\gamma_{13} + \beta_{32}(\gamma_{23} + \beta_{21}\gamma_{13})]x_3 + [\gamma_{34} + \beta_{31}\gamma_{14} + \beta_{32}(\gamma_{24} + \beta_{21}\gamma_{14})]x_4 \end{aligned} \tag{3.2.3}$$

축소모형 (3.2.2)에는 x_1에서 y_2로 미치는 총효과가 $\gamma_{21} + \beta_{21}\gamma_{11}$이고 이는 직접효과 γ_{21}과 간접효과 $\beta_{21}\gamma_{11}$로 이루어졌다. 이번에는 축소모형 (3.2.3)을 보면 x_1에서 y_3로 미치는 총효과가 $\gamma_{31} + \beta_{31}\gamma_{11} + \beta_{32}(\gamma_{21} + \beta_{21}\gamma_{11})$인데, 이는 직접효과 γ_{31}과 간접효과 $\beta_{31}\gamma_{11} + \beta_{32}(\gamma_{21} + \beta_{21}\gamma_{11})$로 이루어진다. 나머지 효과분할에 대한 해석도 동일한 구조를 가진다. 이는 [R-코드 3.2.2]의 # Effects: Total and Indirect 이하에서 다음과 같이 반영되며 [결과 3.2.2]로부터 [표 3.2.3]의 효과 분할표를 고려할 수 있다.

```
effect='
#S model
y1~g11*x1 + g12*x2 + g13*x3 + g14*x4 # 성적 : grade
y2~b21*y1 + g21*x1 + g22*x2 + g23*x3 + g24*x4 # 직업열망 : occuasp
y3~b31*y1 + b32*y2 + g31*x1 + g32*x2 + g33*x3 + g34*x4 # 교육적 기대 : educexp
```

```
# Indirect and Total Effects
# y2 <- x1~x4
I_x1_y2 := b21*g11;T_x1_y2 := g21 + b21*g11
I_x2_y2 := b21*g12;T_x2_y2 := g22 + b21*g12
I_x3_y2 := b21*g13;T_x3_y2 := g23 + b21*g13
I_x4_y2 := b21*g14;T_x4_y2 := g24 + b21*g14
# y3<-x1~x4
I_x1_y3 := b31*g11 + b32*(g21 + b21*g11);T_x1_y3 := g31 + b31*g11 + b32*(g21 + b21*g11)
I_x2_y3 := b31*g12 + b32*(g22 + b21*g12);T_x2_y3 := g32 + b31*g12 + b32*(g22 + b21*g12)
I_x3_y3 := b31*g13 + b32*(g23 + b21*g13);T_x3_y3 := g33 + b31*g13 + b32*(g23 + b21*g13)
I_x4_y3 := b31*g14 + b32*(g24 + b21*g14);T_x4_y3 := g34 + b31*g14 + b32*(g24 + b21*g14)
'
```

6) 효과분할의 해석

[표 3.2.2]에 따르면 성적(grade, y_1)에 미치는 외생변수들 가운데 상대적으로 본인의 지능(intellnc, x_1)인 IQ가 직접적으로 큰 영향을 미치며 실제 상관관계도 높다. 아버지 교육수준(fatheduc, x_3)과 아버지 직업(fathoccu, x_4)도 직접적으로 영향을 미치기는 하나 그 영향력이 높지는 않다.

형제와 자매 수(siblings, x_2)는 음의 영향을 직접적으로 미치고 있다. 교육적 기대(educexp, y_2)에는 외생변수 모두가 간접적으로 영향을 미치며 그 중에서 개인의 지능(intellnc, x_1)과 아버지 교육수준(fatheduc, x_3)의 간접적 영향력이 가장 높으며 이들 간의 양의 상관관계가 제법 높다. 그 다음으로 아버지 직업(fathoccu, x_4)도 영향력이 높다. 오히려 아버지 교육수준(fatheduc, x_3)과 직업(fathoccu, x_4)은 직접 영향이 상대적으로 높은 편이다.

직업에 대한 열망(occuasp, y_3)에는 본인의 지능(intellnc, x_1)의 총효과가 가장 높으며 형제와 자매 수(siblings, x_2)와 아버지 교육수준(fatheduc, x_3)은 직접효과가 음으로 영향을 미치고 있음을 보여준다.

전반적으로 본인의 지능(intellnc, x_1)이 내생변수인 성적(grade, y_1), 교육적 기대(educexp, y_2), 직업에 대한 열망(occuasp, y_3)에 미치는 효과가 제일 크며 아버지 교육수준(fatheduc, x_3)과 아버지 직업(fathoccu, x_4)도 무시할 수 없다는 점이다. 이러한 결과는 사회적 통념과 유사한 경향을 보여준다.

[표 3.2.2] 효과 분할표

내생변수	사전변수	상관계수	효과의 분할		
			간접효과	직접효과	총효과
grade (y_1)	intellnc (x_1)	.572	0.000	0.526	0.526
	siblings (x_2)	−.105	0.000	−0.030	−0.030
	fatheduc (x_3)	.294	0.000	0.119	0.119
	fathoccu (x_4)	.248	0.000	0.041	0.041
educexp (y_2)	intellnc (x_1)	.489	0.294	0.079	0.373
	siblings (x_2)	−.213	−0.017	−0.107	−0.124
	fatheduc (x_3)	.446	0.066	0.154	0.221
	fathoccu (x_4)	.410	0.023	0.146	0.168
occuasp (y_3)	intellnc (x_1)	.335	0.247	0.002	0.249
	siblings (x_2)	−.153	−0.074	−0.018	−0.092
	fatheduc (x_3)	.303	0.136	−0.037	0.099
	fathoccu (x_4)	.331	0.101	0.098	0.198

[R-코드 3.2.2] 열망과 성취의 경로분석모형의 효과분할(ambition-PAmodel-effects.R)

```
## Effects for PA model of Ambition and Attainment Data
library(lavaan)

# Input data
ambition=lav_matrix_lower2full(c(
1.000,
-0.100, 1.000,
0.277, -0.152, 1.000,
0.250, -0.108, 0.611, 1.000,
0.572, -0.105, 0.294, 0.248, 1.000,
0.489, -0.213, 0.446, 0.410, 0.697, 1.000,
0.335, -0.153, 0.303, 0.331, 0.478, 0.651, 1.000))

ambition=data.frame(ambition,
  row.names=c("x1", "x2", "x3", "x4", "y1", "y2", "y3"))
names(ambition)=c("x1", "x2", "x3", "x4", "y1", "y2", "y3")
ambition=as.matrix(ambition);ambition

# Effects: Total and Indirect
```

```
effect='
#S model
y1~g11*x1 + g12*x2 + g13*x3 + g14*x4 # 성적 : grade
y2~b21*y1 + g21*x1 + g22*x2 + g23*x3 + g24*x4 # 직업열망 : occuasp
y3~b31*y1 + b32*y2 + g31*x1 + g32*x2 + g33*x3 + g34*x4 # 교육적 기대 : educexp
# Indirect and Total Effects
# y2 <- x1~x4
I_x1_y2 := b21*g11;T_x1_y2 := g21 + b21*g11
I_x2_y2 := b21*g12;T_x2_y2 := g22 + b21*g12
I_x3_y2 := b21*g13;T_x3_y2 := g23 + b21*g13
I_x4_y2 := b21*g14;T_x4_y2 := g24 + b21*g14
# y3<-x1~x4
I_x1_y3 := b31*g11 + b32*(g21 + b21*g11);T_x1_y3 := g31 + b31*g11 + b32*(g21 + b21*g11)
I_x2_y3 := b31*g12 + b32*(g22 + b21*g12);T_x2_y3 := g32 + b31*g12 + b32*(g22 + b21*g12)
I_x3_y3 := b31*g13 + b32*(g23 + b21*g13);T_x3_y3 := g33 + b31*g13 + b32*(g23 + b21*g13)
I_x4_y3 := b31*g14 + b32*(g24 + b21*g14);T_x4_y3 := g34 + b31*g14 + b32*(g24 + b21*g14)
'
effect.fit=sem(effect, sample.cov=ambition, sample.nobs=767, fixed.x=FALSE)
summary(effect.fit, fit.measures=TRUE, rsquare=TRUE, standardized=TRUE)
```

[결과 3.2.2] [R-코드 3.2.2]의 결과의 일부

```
Regressions:
                   Estimate  Std.Err  z-value  P(>|z|)   Std.lv  Std.all
  y1 ~
    x1       (g11)    0.526    0.031   17.217    0.000    0.526    0.526
    x2       (g12)   -0.030    0.030   -1.014    0.311   -0.030   -0.030
    x3       (g13)    0.119    0.037    3.174    0.002    0.119    0.119
    x4       (g14)    0.041    0.037    1.097    0.273    0.041    0.041
  y2 ~
    y1       (b21)    0.559    0.029   19.260    0.000    0.559    0.559
    x1       (g21)    0.079    0.029    2.751    0.006    0.079    0.079
    x2       (g22)   -0.107    0.024   -4.514    0.000   -0.107   -0.107
    x3       (g23)    0.154    0.030    5.096    0.000    0.154    0.154
    x4       (g24)    0.146    0.030    4.892    0.000    0.146    0.146
  y3 ~
    y1       (b31)    0.054    0.041    1.305    0.192    0.054    0.054
    y2       (b32)    0.585    0.042   13.928    0.000    0.585    0.585
    x1       (g31)    0.002    0.034    0.064    0.949    0.002    0.002
    x2       (g32)   -0.018    0.028   -0.627    0.531   -0.018   -0.018
    x3       (g33)   -0.037    0.036   -1.026    0.305   -0.037   -0.037
    x4       (g34)    0.098    0.035    2.782    0.005    0.098    0.098

Defined Parameters:
                   Estimate  Std.Err  z-value  P(>|z|)   Std.lv  Std.all
    I_x1_y2           0.294    0.023   12.836    0.000    0.294    0.294
```

```
T_x1_y2         0.373   0.030   12.489   0.000    0.373    0.373
I_x2_y2        -0.017   0.017   -1.012   0.311   -0.017   -0.017
T_x2_y2        -0.124   0.029   -4.287   0.000   -0.124   -0.124
I_x3_y2         0.066   0.021    3.132   0.002    0.066    0.066
T_x3_y2         0.221   0.037    6.023   0.000    0.221    0.221
I_x4_y2         0.023   0.021    1.095   0.273    0.023    0.023
T_x4_y2         0.168   0.036    4.646   0.000    0.168    0.168
I_x1_y3         0.247   0.026    9.546   0.000    0.247    0.247
T_x1_y3         0.249   0.034    7.317   0.000    0.249    0.249
I_x2_y3        -0.074   0.018   -4.017   0.000   -0.074   -0.074
T_x2_y3        -0.092   0.033   -2.787   0.005   -0.092   -0.092
I_x3_y3         0.136   0.024    5.671   0.000    0.136    0.136
T_x3_y3         0.099   0.042    2.369   0.018    0.099    0.099
I_x4_y3         0.101   0.023    4.329   0.000    0.101    0.101
T_x4_y3         0.198   0.041    4.816   0.000    0.198    0.198
```

3.2.2 사례 2: 제조업 종사자의 근무 환경 인식의 인과관계

1) 자료 및 변수

[자료 3.2.2]는 어느 제조업 종사자 325명에 대해 근무 환경에 대한 인식을 조사하여 관측변수로 x_1 =환경, x_2 =태도, y_1 =인지도, y_2 =활용도, y_3 =만족도를 고려한 상관행렬이다. 일반적으로 근무 환경과 태도는 환경에 대한 활용도, 근무자의 작업에 대한 인지도 및 만족도에 영향을 미친다고 알려져 있다. 이에 대하여 다음의 절차 2) 경로도와 3) 경로분석모형의 설정을 참고로 [R-코드 3.2.2]을 수행하여 얻어진 [결과 3.2.3]을 참고 바란다.

[자료 3.2.2] 제조업 종사자의 근무환경 인식에 관한 상관행렬

관측변수	x_1	x_2	y_1	y_2	y_3
x_1 = 환경	1.00000				
x_2 = 태도	0.29768	1.00000			
y_1 = 인지도	0.06280	0.22982	1.00000		
y_2 = 활용도	0.25978	0.19911	0.22775	1.00000	
y_3 = 만족도	0.17140	0.27250	0.11377	0.29098	1.00000

2) 경로도

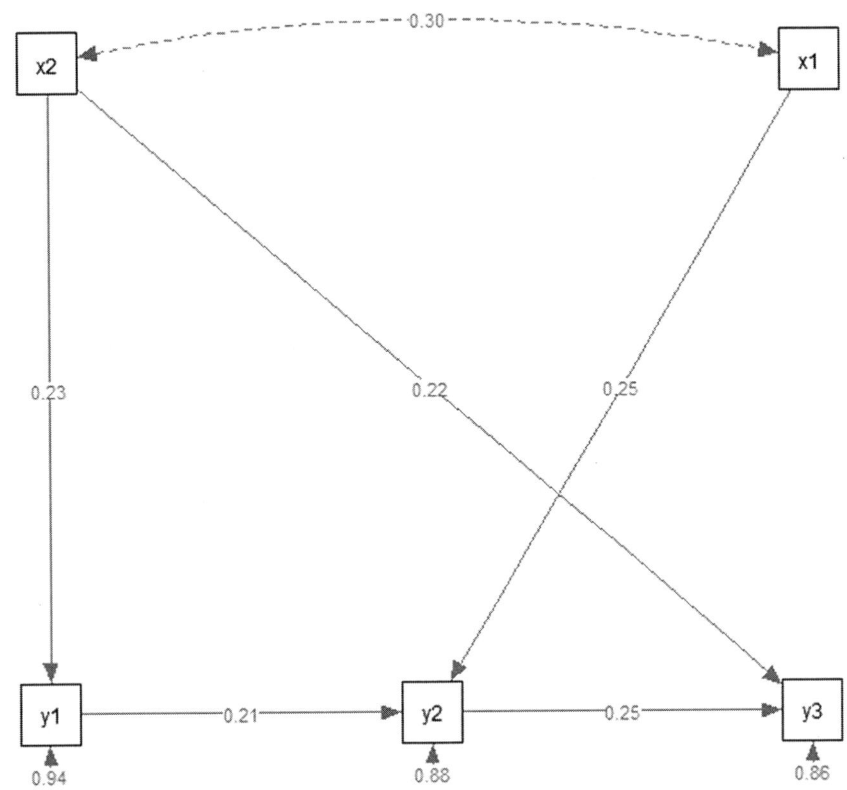

[그림 3.2.3] 경로분석모형의 추정된 경로계수와 경로도

[그림 3.2.3]의 경로도는 [R-코드 3.2.2]의 # Diagram for PA model 이하를 수행하여 추정된 경로계수를 보여주고 있다.

3) 경로분석모형의 설정

[그림 3.2.3]의 경로도를 초기 설정한 것으로 하고 이를 참고로 내생변수로 y_1 (인지도), y_2 (활용도), y_3 (만족도)를 고려하고 각각에 대하여 외생변수로 x_2 (태도), x_1 (환경)과 y_1 (인지도), 그리고 x_2 (태도)와 y_2 (활용도)를 고려한 경로분석모형을 세우면 다음과 같다.

$$
\begin{aligned}
y_1 &= \gamma_{12}x_2 + \zeta_1 \\
y_2 &= \beta_{21}y_1 + \gamma_{21}x_1 + \zeta_2 \\
y_3 &= \beta_{32}y_2 + \gamma_{32}x_2 + \zeta_3 \\
\Leftrightarrow \boldsymbol{y} &= \begin{bmatrix} 0 & 0 & 0 \\ \beta_{21} & 0 & 0 \\ 0 & \beta_{32} & 0 \end{bmatrix} \begin{bmatrix} y_1 \\ y_2 \\ y_3 \end{bmatrix} + \begin{bmatrix} 0 & \gamma_{12} \\ \gamma_{21} & 0 \\ 0 & \gamma_{32} \end{bmatrix} \begin{bmatrix} x_1 \\ x_2 \end{bmatrix} + \begin{bmatrix} \zeta_1 \\ \zeta_2 \\ \zeta_3 \end{bmatrix} \\
&= \boldsymbol{B}\boldsymbol{y} + \boldsymbol{\Gamma}\boldsymbol{x} + \boldsymbol{\zeta}
\end{aligned}
\tag{3.2.4}
$$

(3.2.4)에서 외생변수 $\boldsymbol{x} = (x_1, x_2)^T$와 내생변수 $\boldsymbol{y} = (y_1, y_2, y_3)^T$에 의해서 총 변수의 개수는 $k=5$이고 $k(k+1)/2=15$이다. 모형에서 적합할 자유 모수의 총 개수는 (3.2.4)에 따르면 B에서 2개, Γ에서 3개, 오차항의 공분산 Ψ에서 3개, 외생변수들 간의 상관행렬 Φ에서 3개로 총 $t = 11$개로 $df = 15 - 11 = 4$로 모형 적합 조건을 만족한다. 이는 [결과 3.2.3]의 (1) 모형 적합도 지수에서 카이제곱 통계량의 자유도 df가 4에서 확인 가능하다.

[결과 3.2.3] [R-코드 3.2.3]의 결과

(1) 모형 적합도 지수

```
> fitMeasures(fit, index)
 chisq     df pvalue    cfi  rmsea    gfi
 3.273  4.000  0.513  1.000  0.000  0.993
```

(2) 모형의 모수 추정

```
> summary(fit, standardized=TRUE)
Regressions:
                   Estimate  Std.Err  z-value  P(>|z|)   Std.lv  Std.all
  y1 ~
    x2                0.230    0.054    4.257    0.000    0.230    0.230
  y2 ~
    y1                0.212    0.052    4.052    0.000    0.212    0.212
    x1                0.246    0.052    4.705    0.000    0.246    0.246
  y3 ~
    y2                0.246    0.052    4.737    0.000    0.246    0.248
    x2                0.223    0.052    4.292    0.000    0.223    0.224
```

[R-코드 3.2.3] 환경, 태도, 인지도, 활용도, 만족도의 경로분석모형(sat-PAmodel.R)

```
## PA model of 환경 태도 인지도 활용도 만족도
library(lavaan)

# Input data
sat=lav_matrix_lower2full(c(
1.00000,
0.29768,    1.00000,
0.06280,    0.22982,    1.00000,
0.25978,    0.19911,    0.22775,    1.00000,
0.17140,    0.27250,    0.11377,    0.29098,    1.00000))

sat=data.frame(sat,
  row.names=c("x1", "x2", "y1", "y2", "y3"))
names(ambition)=c("x1", "x2", "y1", "y2", "y3")
sat=as.matrix(sat);sat

# Create model
model ='
y1~ x2 # 인지도
y2~y1 + x1 # 활용도
y3~y2 + x2 # 만족도
'
# Select fit indices
index=c("chisq", "df", "pvalue", "cfi", "rmsea", "gfi")

# Run PA model
fit=sem(model=model, sample.cov=sat, sample.nobs=325)
fitMeasures(fit, index)

# Summarization of results
summary(fit, standardized=TRUE)

# Diagram for PA model
#install.packages("PAmodelPlot")
library(PAmodelPlot)
semPaths(fit, whatLabels="estimate", style="lisrel", nCharNodes=0, edge.label.cex = 0.7)
```

4) 모형의 적합

[결과 3.2.3]의 (1) 모형 적합도 지수에서 자유도 df=4인 카이제곱 검정통계량 $X^2 = 3.272$의 유의확률 0.513과 나머지 적합도 지수로부터 모형이 매우 적합함을 보여주고 있다. 경로분석모형의 경로계수인 모수 추정과 검정을 요약한 것이 [표 3.2.3]에 주어져 있다. 모수의 유의확률 $p-$값이 모두 0.000으로 모형에서의 통계적으로 매우 유의함을 보여 주고 있다.

[표 3.2.3] 구조방정식모형의 경로계수 모수 추정과 검정

모수	추정값	S.E	$z-$값	$p-$값
γ_{12}	0.230	0.054	4.257	0.000
γ_{21}	0.212	0.052	4.052	0.000
γ_{32}	0.246	0.052	4.705	0.000
β_{21}	0.246	0.052	4.737	0.000
β_{32}	0.246	0.052	4.292	0.000

5) 효과의 분할

구조방정식모형 (3.2.4)로부터 편의상 오차항을 제외하고 축소모형을 구하면 (3.2.5)와 (3.2.6)과 같이 된다.

$$y_1 = \gamma_{12}x_2$$

$$y_2 = \beta_{21}\gamma_{12}x_2 + \gamma_{21}x_1 \tag{3.2.5}$$

$$y_3 = (\gamma_{32} + \beta_{32}\beta_{21}\gamma_{12})x_2 + \beta_{32}\gamma_{21}x_1 \tag{3.2.6}$$

(3.2.5)를 살펴보면 x_2(태도)가 y_2(활용도)에 미치는 간접효과는 $\beta_{21}\gamma_{12}$이고 x_1(환경)이 y_2(활용도)에 영향을 미치는 직접효과는 γ_{21}이다. (3.2.6)에서는 x_2(태도)가 y_3(만족도)에 미치는 총효과는 $\gamma_{32} + \beta_{32}\beta_{21}\gamma_{12}$이고 간접효과는 $\beta_{32}\beta_{21}\gamma_{12}$이 된다. x_1(환경)에서 y_3(만족도)로 미치는 간접효과는 $\beta_{32}\gamma_{21}$이 된다. 이를 바탕으로 [R-코드 3.2.4]의 # Effects: Total and Indirect 이하의 간접효과와 총효과를 얻기 위한 다음의 코드를 고려할 수 있다.

```
effect='
#S model
y1~g12*x2 # 인지도
y2~b21*y1 + g21*x1 # 활용도
y3~b32*y2 + g32*x2 # 만족도
```

```
# Indirect and Total Effects
# y2 <- x2
I_x2_y2 := b21*g12
# y3<-x1, x2
I_x1_y3 := b32*g21
I_x2_y3 := b32*b21*g12;T_x2_y3 := g32 + I_x2_y3
'
```

따라서 [결과 3.2.4]로부터 [표 3.2.4]의 효과 분할표를 구성할 수 있다.

[표 3.2.4] 효과 분할표

내생변수	사전변수	상관계수	효과의 분할		
			간접효과	직접효과	총효과
y_1 = 인지도	x_2 = 태도	0.230	–	0.230	0.230
	x_1 = 환경	0.063	–	–	–
y_2 = 활용도	y_1 = 인지도	0.228	–	0.212	0.212
	x_2 = 태도	0.199	0.049	–	0.050
	x_1 = 환경	0.260	–	0.246	0.246
y_3 = 만족도	y_2 = 활용도	0.291	–	0.246	0.250
	y_1 = 인지도	0.114	–	–	0.050
	x_2 = 태도	0.273	0.012	0.223	0.235
	x_1 = 환경	0.171	0.061	–	0.061

6) 효과 분할의 해석

[표 3.2.4]에 따르면 근무 환경에 대한 만족도(y_3)에 대해 본인의 긍정적인 태도(x_2)와 실제 환경에 대한 관심(x_1)이 간접적으로 영향을 미치며, 특히 긍정적인 태도(x_2)는 만족도(y_3)에 미치는 직접효과도 높다. 작업장 내에서 근무 환경의 활용도(y_2)는 근무자의 태도(x_2)에 간접적으로 영향을 받으며 근무자의 작업에 대한 인지도(y_1)도 실제 환경보다는 태도(x_2)에 직접 영향을 받는다. 따라서 근무자의 태도(x_2)가 근무 환경에 대한 인식에 직접 또는 간접적으로 영향을 미치는 중요한 변수이다.

[결과 3.2.4] [R-코드 3.2.4]의 결과의 일부

```
Regressions:
                   Estimate  Std.Err  z-value  P(>|z|)   Std.lv  Std.all
  y1 ~
    x2       (g12)    0.230    0.054    4.257    0.000    0.230    0.230
  y2 ~
    y1       (b21)    0.212    0.052    4.052    0.000    0.212    0.212
    x1       (g21)    0.246    0.052    4.705    0.000    0.246    0.246
  y3 ~
    y2       (b32)    0.246    0.052    4.737    0.000    0.246    0.248
    x2       (g32)    0.223    0.052    4.292    0.000    0.223    0.224
```

```
Defined Parameters:
                   Estimate  Std.Err  z-value  P(>|z|)   Std.lv  Std.all
    I_x2_y2           0.049    0.017    2.935    0.003    0.049    0.049
    I_x1_y3           0.061    0.018    3.338    0.001    0.061    0.061
    I_x2_y3           0.012    0.005    2.495    0.013    0.012    0.012
    T_x2_y3           0.235    0.052    4.531    0.000    0.235    0.236
```

[R-코드 3.2.4] 근무 환경 인식에 관한 경로분석모형의 효과분할(sat-PAmodel-effects.R)

```
## Effects for PA model of 환경 태도 인지도 활용도 만족도
library(lavaan)

# Input data
sat=lav_matrix_lower2full(c(
1.00000,
0.29768,   1.00000,
0.06280,   0.22982,   1.00000,
0.25978,   0.19911,   0.22775,   1.00000,
0.17140,   0.27250,   0.11377,   0.29098,   1.00000))

sat=data.frame(sat,
  row.names=c("x1", "x2", "y1", "y2", "y3"))
names(ambition)=c("x1", "x2", "y1", "y2", "y3")
sat=as.matrix(sat);sat


# Effects: Total and Indirect
effect='
#S model
y1~g12*x2 # 인지도
y2~b21*y1 + g21*x1 # 활용도
y3~b32*y2 + g32*x2 # 만족도
# Indirect and Total Effects
# y2 <- x2
I_x2_y2 := b21*g12
# y3<-x1, x2
I_x1_y3 := b32*g21
I_x2_y3 := b32*b21*g12;T_x2_y3 := g32 + I_x2_y3
'

effect.fit=sem(effect, sample.cov=sat, sample.nobs=325, fixed.x=FALSE)
summary(effect.fit, fit.measures=TRUE, rsquare=TRUE, standardized=TRUE)
```

3.3 경로분석모형의 다중 군집분석

2.4절의 확증적 인자분석모형에서 군집 간의 모형을 비교하는 다중 군집분석을 다루었다. 여기서는 잠재변수가 없는 구조방정식모형인 경로분석모형에서 이를 다루고자 하며 4.5절의 잠재변수가 있는 구조방정식모형에서 사례를 통해 이를 다루고 있으니 참고 바란다. [보기 3.3.1]은 청소년 백인 181명과 흑인 214명을 대상으로 두 군집의 학문성취와 비행의 경로분석모형을 적용한 것이다.

[보기 3.3.1] 백인과 흑인 청소년 두 군집의 학문성취와 비행의 경로분석모형 비교

백인(181명)과 흑인(214명) 청소년 두 군집의 학문성취와 비행의 경로분석모형 비교를 위해 측정된 [자료 3.3.1]이 있다.

1) 자료 및 변수

[자료 3.3.1]은 관측변수로 x_1=사회계층, x_2=동기부여, x_3=언어능력, y_1=학문성취, y_2=비행을 고려한 백인(181명)과 흑인(214명)의 청소년 두 군집의 각각의 상관행렬이다.

[자료 3.3.1] 청소년 두 집단(백인과 흑인)의 학문성취와 비행에 관한 상관행렬

	x_1	x_2	x_3	y_1	y_2		x_1	x_2	x_3	y_1	y_2
x_1	1.00	0.25	0.37	0.27	−0.11	x_1	1.00	0.08	0.28	0.05	−0.11
x_2	0.25	1.00	0.40	0.28	−0.20	x_2	0.08	1.00	0.03	0.21	−0.17
x_3	0.37	0.40	1.00	0.61	−0.31	x_3	0.28	0.03	1.00	0.50	−0.26
y_1	0.27	0.28	0.61	1.00	−0.21	y_1	0.05	0.21	0.50	1.00	−0.33
y_2	−0.11	−0.20	−0.31	−0.21	1.00	y_2	−0.11	−0.17	−0.26	−0.33	1.00
백인 청소년						흑인 청소년					

2) 경로도

[그림 3.3.1]은 내생변수인 학문성취(y_1)와 비행(y_2)에 각각 외생변수인 사회계층(x_1), 동기부여(x_2), 언어능력(x_3)과 내생변수인 학문성취(y_1)로 구성되는 사전변수에 의해 영향을 미치는 경로분석모형의 경로도이다.

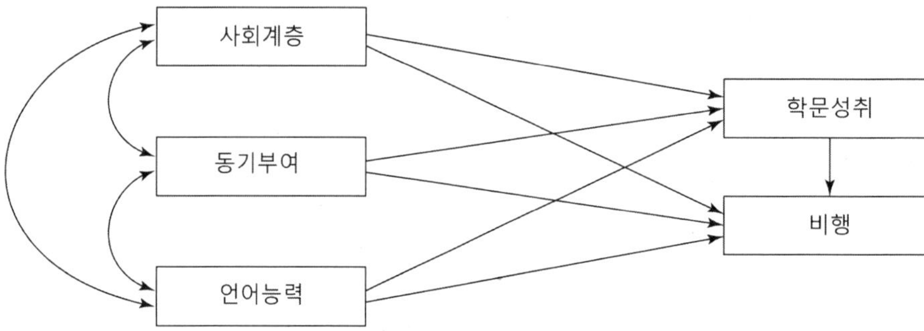

[그림 3.3.1] 청소년 백인과 흑인 두 군집의 학문성취와 비행의 경로도

3) 경로분석모형의 설정

[그림 3.3.1]을 참고한 두 집단에 대한 경로분석모형은 다음과 같다.

학문성취(y_1) = γ_{11}사회계층(x_1) + γ_{12}동기부여(x_2) + γ_{13}언어능력(x_3) + ζ_1

비행(y_2) = β_{21}학문성취(y_1) + γ_{21}사회계층(x_1) + γ_{22}동기부여(x_2) + γ_{23}언어능력(x_3) + ζ_2

이 경로분석모형의 대수적 방정식은 다음과 같다.

$$y_1 = \gamma_{11}x_1 + \gamma_{12}x_2 + \gamma_{13}x_3 + \zeta_1 \tag{3.3.1}$$

$$y_2 = \beta_{21}y_1 + \gamma_{21}x_1 + \gamma_{22}x_2 + \gamma_{23}x_3 + \zeta_2 \tag{3.3.2}$$

4) 모형의 적합

3) 경로분석모형 (3.3.1)과 (3.3.2)의 적합을 위한 [R-코드 3.3.1]의 [결과 3.3.1]을 보며 두 집단의 모형은 (1) 모형의 적합도 지수 기준으로 보면 완벽하나 (2)의 경로계수의 추정치에 대한 검정을 보면 백인 청소년의 경우 (3.3.1)과 (3.3.2)에서 x_3(언어능력)만 $p-$값이 각각 0.000과 0.006으로 유의수준 5%에서 통계적으로 유의하다. 흑인 청소년의 경우 (3.3.1)에서는 x_2(동기부여)와 x_3(언어능력)가 통계적으로 유의하며 (3.3.2)에서는 y_1(학문성취)만 유의하며 각 집단별로 모형에서 유의한 변수를 가지고 수정된 모형을 다음과 같이 재구성하였다.

$y_1 = \gamma_{13}x_3 + \zeta_1$ $y_2 = \gamma_{23}x_3 + \zeta_2$	$y_1 = \gamma_{12}x_2 + \gamma_{13}x_3 + \zeta_1$ $y_2 = \beta_{21}y_1 + \zeta_2$
수정된 백인 청소년 모형	수정된 흑인 청소년 모형

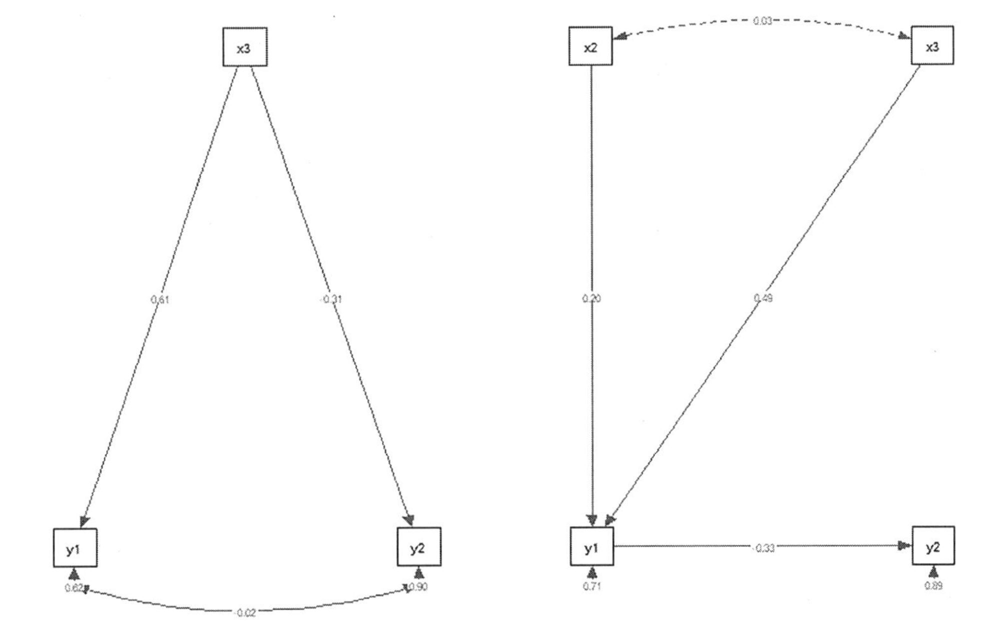

[그림 3.3.2] 청소년 백인과 흑인 두 군집의 학문성취와 비행의 수정된 경로도

먼저 [그림 3.3.1]의 경로분석모형 (3.3.1)과 (3.3.2)의 적합 결과 두 군집의 각각의 유의한 경로계수에 대해 수정된 모형의 적합 결과인 경로계수를 보여주는 경로도가 [그림 3.3.2]이다. 이는 [R-코드 3.3.2]의 # Diagram for PA model 이하를 수행하여 얻게 된다.

[결과 3.3.1] [R-코드 3.3.1]의 결과

(1) 모형 적합도 지수

```
> fitMeasures(white.fit,index)
 chisq      df pvalue    cfi  rmsea    gfi
     0       0     NA      1      0      1
```

```
> fitMeasures(black.fit,index)
 chisq      df pvalue    cfi  rmsea    gfi
     0       0     NA      1      0      1
```

(2) 모형의 모수 추정

```
> summary(white.fit, standardized=TRUE)
Regressions:
                   Estimate  Std.Err  z-value   P(>|z|)   Std.lv   Std.all
  y1 ~
    x1                0.047    0.064    0.737    0.461    0.047    0.047
    x2                0.037    0.065    0.576    0.565    0.037    0.037
    x3                0.578    0.067    8.588    0.000    0.578    0.578
  y2 ~
    y1               -0.029    0.089   -0.329    0.742   -0.029   -0.029
    x1                0.018    0.076    0.232    0.816    0.018    0.018
    x2               -0.091    0.077   -1.180    0.238   -0.091   -0.091
    x3               -0.262    0.096   -2.742    0.006   -0.262   -0.262

> summary(black.fit, standardized=TRUE)
Regressions:
                   Estimate  Std.Err  z-value   P(>|z|)   Std.lv   Std.all
  y1 ~
    x1               -0.113    0.060   -1.899    0.058   -0.113   -0.113
    x2                0.203    0.057    3.543    0.000    0.203    0.203
    x3                0.526    0.060    8.822    0.000    0.526    0.526
  y2 ~
    y1               -0.245    0.076   -3.222    0.001   -0.245   -0.245
    x1               -0.056    0.067   -0.832    0.406   -0.056   -0.056
    x2               -0.111    0.066   -1.687    0.092   -0.111   -0.111
    x3               -0.119    0.077   -1.538    0.124   -0.119   -0.119
```

[R-코드 3.3.1] 청소년 백인과 흑인 두 군집의 학문성취와 비행의 경로분석모형 (whiteblack-2groups-pamodel.R)

```
## PA model for two groups
library(lavaan)
# Input data : white 181, black 214
white=lav_matrix_lower2full(c(
 1.00,
 0.25,  1.00,
 0.37,  0.40,  1.00,
 0.27,  0.28,  0.61,  1.00,
-0.11, -0.20, -0.31, -0.21, 1.00))

black=lav_matrix_lower2full(c(
```

```
 1.00,
 0.08,  1.00,
 0.28,  0.03,  1.00,
 0.05,  0.21,  0.50,  1.00,
-0.11, -0.17, -0.26, -0.33, 1.00))

white=data.frame(white, row.names=c("x1", "x2", "x3", "y1", "y2"))
names(white)=c("x1", "x2", "x3", "y1", "y2")
white=as.matrix(white);white

black=data.frame(black, row.names=c("x1", "x2", "x3", "y1", "y2"))
names(black)=c("x1", "x2", "x3", "y1", "y2")
black=as.matrix(black);black

# Create model: Path analysis
 model='
 y1~x1 + x2 + x3
 y2~y1 + x1 + x2 + x3
 '

# Select fit indices
index=c("chisq", "df", "pvalue", "cfi", "rmsea", "gfi")

# Run PA model
white.fit=sem(model, sample.cov=white, sample.nobs=181, std.lv=FALSE)
fitMeasures(white.fit,index)

black.fit=sem(model, sample.cov=black, sample.nobs=214, std.lv=FALSE)
fitMeasures(black.fit,index)

# Summarization of results
summary(white.fit, standardized=TRUE)
summary(black.fit, standardized=TRUE)
```

[R-코드 3.3.2]는 각 군집별 수정된 모형의 경로도 [그림 3.3.2]을 반영한 것으로 [R-코드 3.3.1]의 자료 입력 부분은 동일하므로 생략되어 있다. [결과 3.3.2]의 (1)을 보면 수정된 모형들도 적합함을 보여주고 있으며 카이제곱 통계량의 자유도가 0으로 두 경로분석 모형이 포화모형이다. (2)의 모형의 모수 추정에서는 두 군집의 적합된 두 모형의 적합 검정통계량의 차를 검정하는 것이다. 이를 위한 $X^2_{black} - X^2_{boy} = 6.050$가 작고 유의확률 $p-$값이 0.0486으로 유의수준 5%에서 두 군집의 적합 모형은 약간의 차이를 보인다고 할 수 있다.

따라서 두 군집에서 학문성취(y_1)와 비행(y_2)은 백인 청소년의 경우 교육적 영향력인

언어능력(x_3)에 양(0.578)과 음(-0.262)의 영향을 각각 많이 받는다. 흑인 청소년의 경우에는 학문성취(y_1)는 언어능력(x_3)과 동기부여(x_2)에 양(0.203, 0.526)의 영향을 받으며 비행(y_2)은 학문적 성취(y_1)에 따라 음(-0.245)의 영향을 받음을 알 수 있다.

[결과 3.3.2] [R-코드 3.3.2]의 결과

(1) 모형 적합도 지수

```
> fitMeasures(white.fit,index)
 chisq     df  pvalue     cfi  rmsea     gfi
     0      0      NA       1      0       1

> fitMeasures(black.fit,index)
 chisq     df pvalue    cfi  rmsea    gfi
 6.050  2.000  0.049  0.959  0.097  0.975
```

(2) 모형의 모수 추정

```
> anova(white.fit, black.fit)
Chi-Squared Difference Test

          Df     AIC     BIC  Chisq Chisq diff Df diff Pr(>Chisq)
white.fit  0  932.65  948.64 0.0000
black.fit  2 1125.22 1142.05 6.0496     6.0496       2    0.04857
```

[R-코드 3.3.2] 청소년 백인과 흑인 두 군집의 학문성취와 비행의 수정 경로분석모형 (whiteblack-2groups-modified-PAmodel.R)

```
## Modified PA model for two groups
library(lavaan)
   --- 생략 ------
# Create model: Path analysis
 white.model='
y1~ x3
y2~ x3
'

black.model='
y1~x2 + x3
y2~y1
'
```

```
# Select fit indices
index=c("chisq", "df", "pvalue", "cfi", "rmsea", "gfi")

# Run PA model
white.fit=sem(white.model, sample.cov=white, sample.nobs=181, std.lv=FALSE)
fitMeasures(white.fit,index)

black.fit=sem(black.model, sample.cov=black, sample.nobs=214, std.lv=FALSE)
fitMeasures(black.fit,index)

# Summarization of results
summary(white.fit, standardized=TRUE)
summary(black.fit, standardized=TRUE)

# Compare two groups PA  models
anova(white.fit, black.fit)

# Diagram for PA  model
#install.packages("PAmodelPlot")
library(PAmodelPlot)
par(mfrow=c(1,2), pty="m")
semPaths(white.fit, whatLabels="estimate", style="lisrel", nCharNodes=0)
semPaths(black.fit, whatLabels="estimate", style="lisrel", nCharNodes=0)
```

[보기 3.3.2]에서는 경로분석모형을 위한 자료가 [보기 3.3.1]과는 다르게 두 군집이 공분산행렬 또는 상관행렬 형태가 아닌 통합적인 원 자료 형태로 이루어져 있는 경우를 다루고자 한다. 일반적으로 공분산행렬의 동질성이 의심스럽거나 자료의 다변량 정규분포가 의심스러울 때 가중치최소제곱(WLS)법에 의한 모형의 경로계수를 추정할 수 있다. 그리고 모형의 경로계수의 동질성도 가정할 수 있다. 일반적으로 다중 군집분석에서 각 군집별 경로분석모형의 경로계수 및 공분산행렬에 대하여 동질성 가정의 여부에 따라 제약모형(constrained model)과 비제약모형(unconstrained model)이 있다. 일반적으로 동질성 가정이 없는 비제약모형이 기본모형으로 원래 세웠던 모형이다. 특히 경로분석모형에서는 적절한 동질성 가정을 세우고 두 모형의 비교를 통하여 변수 간에 미치는 효과를 비교하게 된다.

[보기 3.3.2] 두 군집(업종 A, B)의 고객만족 경로분석모형 비교

1) 자료 및 변수

두 종류의 업종 A(600개)와 업종 B(300개)에 대해 고객만족도에 관한 경로분석모형을

비교하고자 관측변수로 두 업종을 나타내는 group(군집), 1개의 외생변수 x_1=expect(기대수준)과 4개의 내생변수 y_1=quality(인지품질), y_2=value(인지가치), y_3=satisfact(고객만족), y_4=loyalty(충성도)에 의한 측정 자료는 부록: R-코드 및 자료 목록의 파일 loyal.txt에 있다.

2) 경로도

1) 자료 및 변수에서 살펴 본 변수에 의한 상호 영향력을 고려한 업종 A의 고객만족 경로분석모형을 위한 경로도가 [그림 3.3.3]이고 업종 B에 대한 것도 유사하여 생략하였다. 경로도에 따르면 내생변수 quality(인지품질)에 대한 외생변수 expect(기대수준)의 직접 영향을 고려하고 내생변수 value(인지가치)는 사전변수로 외생변수 expect(기대수준)과 내생변수 quality(인지품질)에 직접 영향을 받는다. 내생변수 satisfact(고객만족)는 사전변수로 expect(기대수준)와 quality(인지품질) 그리고 value(인지가치)에 영향을 받는다고 본다. 끝으로 loyalty(충성도)는 사전변수 expect(기대수준)과 quality(인지품질)에 의한 영향을 고려하고 있다. 실제 [그림 3.3.3]은 [R-코드 3.3.3]의 # Diagram for PA model이하의 수행결과를 통해 추정된 경로계수를 확인할 수 있다.

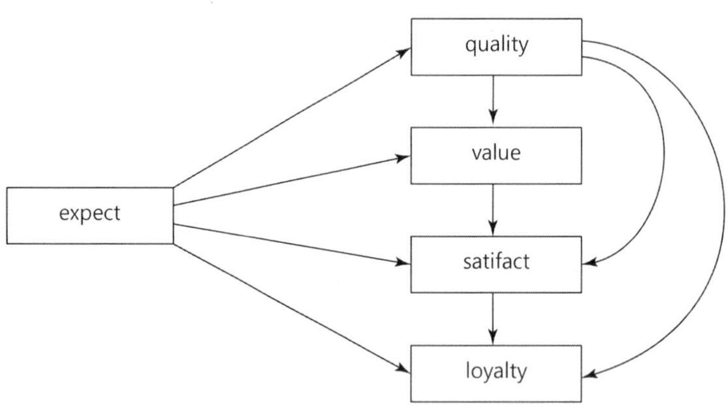

[그림 3.3.3] 업종 A의 고객만족 경로분석모형의 경로도

3) 경로분석모형의 설정

[그림 3.3.3]의 경로도에서 살펴본 바와 같이 참고로 4개의 내생변수 quality(y_1), value(y_2), satisfact(y_3), loyalty(y_4) 각각에 대하여 1개의 외생변수 expect(x_1)와 3가지 내생변수 quality(y_1), value(y_2), satisfact(y_3)로 구성된 사전변수에 의한 경로분석모형을

세우면 (3.3.3)과 같다.

$$\begin{aligned}
\text{quality}(y_1) &= \gamma_{11}\text{expect}(x_1) + \zeta_1 \\
\text{value}(y_2) &= \gamma_{21}\text{expect}(x_1) + \beta_{21}\text{quality}(y_1) + \zeta_2 \\
\text{satisfact}(y_3) &= \gamma_{31}\text{expect}(x_1) + \beta_{31}\text{quality}(y_1) + \beta_{32}\text{value}(y_2) + \zeta_3 \\
\text{loyalty}(y_4) &= \gamma_{41}\text{expect}(x_1) + \beta_{41}\text{quality}(y_1) + \beta_{43}\text{satisfact}(y_3) + \zeta_4 \\
\Leftrightarrow \boldsymbol{y} &= \begin{bmatrix} 0 & 0 & 0 & 0 \\ \beta_{21} & 0 & 0 & 0 \\ \beta_{31} & \beta_{32} & 0 & 0 \\ \beta_{41} & 0 & \beta_{43} & 0 \end{bmatrix} \begin{bmatrix} y_1 \\ y_2 \\ y_3 \\ y_4 \end{bmatrix} + \begin{bmatrix} \gamma_{11} \\ \gamma_{21} \\ \gamma_{31} \\ \gamma_{41} \end{bmatrix} x_1 + \begin{bmatrix} \zeta_1 \\ \zeta_2 \\ \zeta_3 \\ \zeta_4 \end{bmatrix} \qquad (3.3.3) \\
&= \boldsymbol{B}\boldsymbol{y} + \boldsymbol{\Gamma}\boldsymbol{x} + \boldsymbol{\zeta}
\end{aligned}$$

4) 모형의 적합

3) 경로분석모형의 설정 (3.3.3)에 따른 다음과 같은 코드를 반영한 [R-코드 3.3.3]의 수행 [결과 3.3.3]을 제공한다.

```
# Create model: Measurement, Structural
model='
quality~expect
value~expect + quality
satisfact~expect + quality + value
loyalty~expect + quality + satisfact
'
```

[R-코드 3.3.3] 두 군집의 고객충성도 경로분석모형(loyal-2groups-PAmodel.R)

```
## Two Group PA model with latent variables of 고객충성도
library(lavaan)
loyal=read.table("D:/R과함께하는 인과모형분석의 이해와 응용/R-codes/loyal.txt", header=T)
loyal

# Create model: PA model
model='
quality~expect
value~expect + quality
```

```
satisfact~expect + quality + value
loyalty~expect + quality + satisfact
'

# Select fit indices
index=c("chisq", "df", "pvalue", "cfi", "rmsea", "gfi")

# Run PA model
fit=sem(model=model, data=loyal, group="group", estimator="WLS")
fitMeasures(fit, index)

# Summarization of results
summary(fit, standardized=TRUE)

# Diagram for PA model
#install.packages("PAmodelPlot")
library(PAmodelPlot)
semPaths(fit, whatLabels="estimate", style="lisrel", nCharNodes=0, edge.label.cex = 0.7)

# SWCM(구조계수제약모형)비교
## Structural WCM
struct.fit=sem(model=model, data=loyal, group="group", group.equal=c("regressions"),
estimator="WLS")
fitMeasures(struct.fit, index)
summary(struct.fit, standardized=TRUE)
anova(fit, struct.fit)
```

[결과 3.3.3]을 살펴보면 (1)에서 모형 적합도 지수들은 기본모형인 구조모형이 매우 적합함을 나타내고 있다. (2)는 가중최소제곱법 WLS에 의한 경로분석모형의 경로계수의 추정값을 제공하며 모형에서의 유의성 검정을 제공하고 있다. 이에 대한 이유로는 [보기 1.6.1]에 따르면 두 군집의 다변량 정규성이 만족되지 않았고 [보기 1.7.1]에서는 두 군집 간의 공분산행렬의 동질성이 만족되지 않았기 때문이다.

[결과 3.3.3] [R-코드 3.3.3]의 결과 일부

(1) 모형 적합도 지수

```
> fitMeasures(fit, index)
  chisq     df pvalue    cfi  rmsea    gfi
  3.533  2.000  0.171  0.995  0.041  1.000
```

(2) 모형의 모수 추정

```
> summary(fit, standardized=TRUE)
Group 1 [1]:

Regressions:
                   Estimate  Std.Err  z-value  P(>|z|)   Std.lv  Std.all
  quality ~
    expect            0.534    0.057    9.394    0.000    0.534    0.429
  value ~
    expect            0.125    0.046    2.748    0.006    0.125    0.106
    quality           0.454    0.043   10.574    0.000    0.454    0.479
  satisfact ~
    expect           -0.037    0.041   -0.895    0.371   -0.037   -0.030
    quality           0.606    0.043   14.105    0.000    0.606    0.620
    value             0.341    0.034   10.045    0.000    0.341    0.331
  loyalty ~
    expect           -0.272    0.073   -3.727    0.000   -0.272   -0.153
    quality           0.571    0.078    7.312    0.000    0.571    0.399
    satisfact         0.426    0.078    5.489    0.000    0.426    0.291

Group 2 [2]:

Regressions:
                   Estimate  Std.Err  z-value  P(>|z|)   Std.lv  Std.all
  quality ~
    expect            0.580    0.070    8.264    0.000    0.580    0.486
  value ~
    expect            0.072    0.070    1.022    0.307    0.072    0.056
    quality           0.665    0.074    8.988    0.000    0.665    0.619
  satisfact ~
    expect            0.021    0.044    0.482    0.630    0.021    0.018
    quality           0.566    0.054   10.516    0.000    0.566    0.577
    value             0.310    0.046    6.767    0.000    0.310    0.339
  loyalty ~
    expect           -0.183    0.079   -2.306    0.021   -0.183   -0.112
    quality           0.827    0.103    8.018    0.000    0.827    0.600
    satisfact         0.054    0.100    0.541    0.588    0.054    0.039
```

(3) 기본모형과 구조계수 제약모형의 비교

```
> anova(fit, struct.fit)
Chi-Squared Difference Test

           Df AIC BIC   Chisq Chisq diff Df diff Pr(>Chisq)
fit         2          3.5332
struct.fit 11         22.7359     19.203       9    0.02352
```

군집 1(Group 1, 업종 A)에서는 모형 (3.3.3)의 expect(x_1)이 satisfact(y_3)에 미치는 효과를 나타내는 경로계수인 모수에 대한 귀무가설 $H_0 : \gamma_{31} = 0$에 대한 유의확률 $p-$값이 0.371로 유의수준 5%에서 기각하지 못한다. 군집 2(Group 2, 업종 B)에서는 value(y_2)와 expect(x_1)에 대한 경로계수의 $H_0 : \gamma_{21} = 0$, satisfact(y_3)와 expect(x_1)의 경로계수의 $H_0 : \gamma_{31} = 0$, loyalty(y_4)와 satisfact(y_3)의 경로계수의 $H_0 : \beta_{43} = 0$를 각각의 유의확률 $p-$값인 0.307, 0.630과 0.588에 의해서 유의수준 5%에서 기각하지 못한다. 다시 말해서 두 군집 모두 satisfact(y_3)에 expect(x_1)가 미치는 영향력을 고려하지 않아도 되고, 특히 군집 2(업종 B)에서는 value(y_2)와 satisfact(y_3)에 expect(x_1)가 미치는 영향력을 고려하지 않아도 되겠다. 또한 loyalty(y_4)에 미치는 satisfact(y_3)의 영향도 무시해도 되겠다. [결과 3.3.3]-(3)은 제약모형에서 두 군집의 경로분석모형의 경로계수의 동질성을 가정하는 구조계수(structural weights) 제약모형을 통해 기본모형과 비교하고자 한다.

유의확률 $p-$값 0.024는 유의수준 5%에서 두 군집 간의 경로분석모형의 기본모형과 제약모형의 적합도는 다르며 일부 경로계수들이 두 군집 간에 차이가 있음을 의미한다. 이는 조절변수로 업종에 의해 조절효과가 두 군집 간에 경로분석모형에 존재한다.

이를 위해서 [R-코드 3.3.3]에서 # SWCM(구조계수제약모형)비교에서 함수 sem()의 옵션으로 group.equal=c("regressions")을 활용하면 되고 모형의 비교는 함수 anova()에 의해서 이루어진다.

5) 두 군집의 구조모형 경로계수의 비교

[R-코드 3.3.3]은 구조계수 제약모형을 적합한 후 두 군집의 구조모형의 경로계수를 비교하기 위한 [결과 3.3.3]-(2) 모형의 모수 추정을 고려한다. 이로부터 두 군집 간의 모든 추정값(Estimate)과 오차(Std.Err)에 의한 $z-$검정의 검정통계량과 유의확률 $p-$값을 위한 [R-코드 3.3.4]의 활용하면 [결과 3.3.4]로부터 [표 3.3.1]와 같이 정리 가능하다.

[표 3.3.1]의 $z-$검정의 결과 $p-$값의 일부인 0.014, 0.048, 0.003이 유의수준 5%에서 두 군집의 구조모형의 경로계수 간에 통계적으로 유의한 차이가 있음을 보여주고 있다. 이들은 value ← quality, loyalty ← quality, loyalty ← satisfact의 경로계수 비교에 대한 것으로 특히 군집1(업종 A)에서 이들 경로계수 모두 통계적으로 유의하며 군집2(업종 B)에서는 loyalty ← satisfact의 경로계수는 모형에서 통계적으로 의미가 없다. 따라서 업종 A에서는 qulaity(인지품질)와 satisfact(고객만족)이 업종 B에서는 qulaity(인지품질)가 고객 충성도(loyalty)에 양의 영향을 준다고 여겨진다.

[표 3.3.1] 두 군집의 구조모형의 경로계수의 비교 및 검정

관측변수		군집 A 업종		군집 B 업종		z − 검정	
내생	사전	추정치	SE	추정치	SE	z − 값	p − 값
quality	expect	0.534	0.057	0.580	0.070	−0.510	0.610
value	expect	0.125	0.046	0.072	0.070	0.633	0.527
	quality	0.454	0.043	0.665	0.074	−2.465	**0.014**
satisfact	expect	−0.037	0.041	0.021	0.044	−0.964	0.335
	quality	0.606	0.043	0.566	0.054	0.579	0.562
	value	0.341	0.034	0.310	0.046	0.542	0.588
loyalty	expect	−0.272	0.073	−0.183	0.079	−0.827	0.408
	quality	0.571	0.078	0.827	0.103	−1.981	**0.048**
	satisfact	0.426	0.078	0.054	0.100	2.933	**0.003**

[R-코드 3.3.4] 두 군집 간 경로계수의 추정치의 z − 검정(z-test-SWCM.R)

```
## z-test for SWCM
z.test=function(z1, se1, z2, se2){
  zvalue=(z1-z2)/sqrt(se1^2 +se2^2)
}
# 두 군집의 추정치와 표준오차(SE)
data=list(c(0.534, 0.057, 0.580, 0.070),
              c(0.125, 0.046, 0.072, 0.070),
              c(0.454, 0.043, 0.665, 0.074 ),
              c(-0.037, 0.041,  0.021,0.044),
              c(0.606, 0.043, 0.566, 0.054),
              c(0.341, 0.034, 0.310, 0.046),
              c(-0.272, 0.073, -0.183, 0.079),
              c(0.571, 0.078, 0.827, 0.103),
              c(0.426, 0.078, 0.054, 0.100))

z=rep(0,9)
pvalue=rep(0,9)
for (i in 1:9) {
  z[i]=z.test(datai]][1],datai]][2],datai]][3],datai]][4])
  pvalue[i]=2*(1-pnorm(abs(z[i])))

}
# z-검정통계량과 p-값
round(z,3)
round(pvalue,3)
```

[결과 3.3.4] [R-코드 3.3.4]의 결과

```
> round(z,3)
[1] -0.510  0.633 -2.465 -0.964  0.579  0.542 -0.827 -1.981  2.933
> round(pvalue,3)
[1] 0.610 0.527 0.014 0.335 0.562 0.588 0.408 0.048 0.003
```

3.4 붓스트랩 방법의 모형 적합

붓스트랩(bootstrap) 방법은 넓게는 비모수방법(nonparmetric method)이라 할 수 있는데 경로분석모형을 포함한 구조방정식모형에서 이를 활용하는 보기를 소개하려 한다. 붓스트랩 방법은 검정과 추정에 많이 활용되는데 구조방정식모형에서의 실제 적용은 모형의 모수의 추정을 위한 표준오차(standard error)와 유의확률 $p-$값을 구하기 위한 것이다. 이들은 자료를 복원(replacement)추출하고 재표본(re-sample)을 확보하여 다변량 정규분포를 만족하지 못하는 경우나 자료의 크기가 작은 경우 적용 가능한 방법이다. 구조방정식모형에서 붓스트랩 방법은 R의 패키지 lavaan의 함수 sem()에서 옵션으로 se= “bootsrap”과 bootstrap=N을 이용한다. 전자는 표준오차를 구하고 후자에는 재표본 횟수 N을 지정하면 된다. 일반적으로 재표본 횟수는 1000번 정도가 적당하며 이와 함께 구조방정식모형의 모수의 수도 결과 도출에까지 시간이 다소 걸리나 컴퓨터 성능이 좋은 요즈음 크게 문제가 되지 않는다. 다만 입력 자료의 형태가 상관행렬이나 공분산행렬의 형태가 아닌 관측변수에 의한 개체들의 다변량자료 형태이어야 한다.

추가적으로 여기서 적용하지 않으나 Rosseel(2014)에 따르면 함수 sem()이나 함수 cfa()에서 모형 추정을 위한 옵션을 estimator="MLM"/"MLR"을 사용하는 방법도 있다. 이는 모형에서 모수의 추정은 최대우도추정법 ML에 의해서 이루어지나 표준오차가 비정규성에 로버스트(robust)하게 계산되어진다. 디폴트 옵션 estimator="ML"의 경우도 옵션 se="robust", test="Satorra-Bentler"을 고려할 수도 있다. 이들은 다변량 정규성에 민감하지 않은 로버스트한 표준오차와 모형 검정통계량을 제공한다. 실제 옵션 estimator= "WLS"도 다변량 정규성이 의심이 되는 자료에 대하여 분포무관하게 모형을 추정하는 방법으로 충분히 활용 가치가 높다.

[보기 3.4.1] 학교성적에 미치는 인과관계의 경로분석모형의 붓스트랩 방법

1) 자료 및 변수

3.6절의 연습문제 [1]의 [자료 3.6.1](grade.txt)은 학교 성적에 미치는 부모의 사회 경제적 지위, 지능, 성취동기에 대하여 30명의 학생들을 대상으로 측정한 것이다(김석우, 최용석, 2001, 2장). 여기서 사용한 변수는 IQ(x_1)=지능, ses(x_2)=부모의 사회경제적 지위, motivation(y_1)=성취동기, grade(y_2)=성적이다. 이미 1.6절의 [보기 1.6.2]에서 이 자료는 다변량 왜도와 첨도에 의한 다변량 정규성 검정의 결과 다변량 정규성이 만족되었다.

2) 경로도

지능 IQ(x_1)와 성취동기 motivation(y_1)가 성적 grade(y_2)에 직접 영향을 미치며 지능 IQ(x_1)와 부모의 사회경제적 지위 ses(x_2)가 성취동기 motivation(y_1)에 영향을 미치고 이는 간접적으로 성적 grade(y_2)에 영향을 미치는 경향을 [그림 3.4.1]의 경로도가 나타내고 있다.

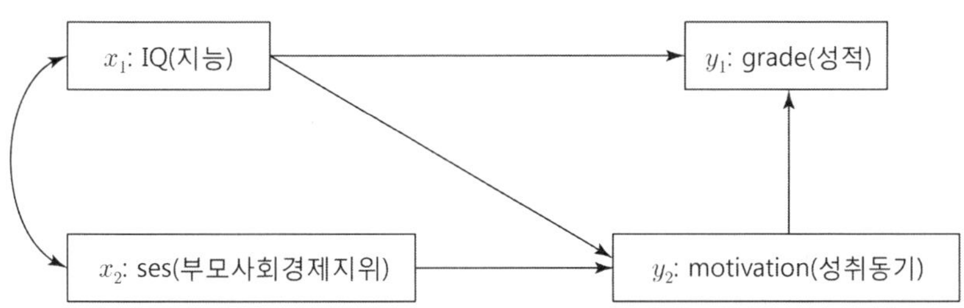

[그림 3.4.1] 학교성적에 미치는 인과관계의 경로분석모형을 위한 경로도

3) 경로분석모형의 설정

[그림 3.4.1]의 경로도에 따라 다음과 같은 경로분석모형을 세울 수 있다.

$$\text{motivation}(y_1) = \gamma_{11}\text{IQ}(x_1) + \gamma_{12}\text{ses}(x_2)$$
$$\text{grade}(y_2) = \gamma_{21}\text{IQ}(x_1) + \beta_{21}\text{motivation}(y_1)$$

이 경로분석모형의 대수적 방정식은 다음과 같다.

$$
\begin{aligned}
y_1 &= \gamma_{11}x_1 + \gamma_{12}x_2 + \zeta_1 \\
y_2 &= \gamma_{21}x_1 + \beta_{21}y_1 + \zeta_2
\end{aligned}
$$

$$
\Leftrightarrow \begin{pmatrix} y_1 \\ y_2 \end{pmatrix} = \begin{pmatrix} 0 & 0 \\ \beta_{21} & 0 \end{pmatrix}\begin{pmatrix} y_1 \\ y_2 \end{pmatrix} + \begin{pmatrix} \gamma_{11} & \gamma_{12} \\ \gamma_{21} & 0 \end{pmatrix}\begin{pmatrix} x_1 \\ x_2 \end{pmatrix} + \begin{pmatrix} \zeta_1 \\ \zeta_2 \end{pmatrix} \tag{3.4.1}
$$

$$
\Leftrightarrow \boldsymbol{y} = B\boldsymbol{y} + \Gamma\boldsymbol{x} + \boldsymbol{\zeta}
$$

4) 모형의 적합

(3.4.1)의 경로분석모형에 붓스트랩 방법을 적용하기 전과 후로 나누어 타당성과 추정된 모수의 유의성 검정의 [결과 3.4.1]을 요약한 [표 3.4.1]을 살펴보자. 이를 위해 [R-코드 3.4.1]을 이용하였고 # Run PA model 이하 두 줄의 코드를 활용하여 먼저 붓스트랩을 적용하지 않은 경로분석모형을 실행하였다. 다음으로 # Run PA model by Bootstrap 이하 두 줄의 코드는 붓스트랩 방법을 적용한 것으로 함수 sem()에서 옵션 se= "bootsrap"과 bootstrap=1000을 사용하였다. 전체적으로 모형의 적합도 지수는 모형이 잘 적합 되었음을 보여준다.

[표 3.4.1] 두 군집의 구조모형의 계수의 비교 및 검정

관측변수		붓스트랩 방법 적용 전			붓스트랩 방법 적용 후		
내생	사전	추정치	SE	p-값	추정치	SE	p-값
motivation	ses	1.472	0.470	0.002	1.472	0.452	0.001
	IQ	0.093	0.077	0.226	0.093	0.080	0.246
grade	IQ	0.816	0.198	0.000	0.816	0.175	0.000
	motivation	1.734	0.402	0.000	1.734	0.375	0.000

[표 3.4.1]에서 붓스트랩 방법을 적용하기 전과 후 추정치의 검정통계량 z-값의 유의확률 p-값이 비슷하다. 실제 원 자료는 [보기 1.6.2]에 따르면 비록 자료의 수가 30명의 학생으로 적지만 다변량 정규성을 만족하므로 붓스트랩 방법을 적용하는 장점을 살리지는 못하나 원 자료의 수가 적거나 다변량 정규성을 만족하지 못하는 경우에는 붓스트랩 방법을 고려하는 것이 바람직하다.

[R-코드 3.4.1] 학교성적에 미치는 인과관계의 경로분석모형의 붓스트랩 방법 (grade-bootstrap-PAmodel.R)

```
## Bootstrap method for PA model of Grade data
library(lavaan)

grade=read.table("D:/R과함께하는 인과모형분석의 이해와 응용/R-codes/grade.txt", header=T)
colnames(grade)=c("grade", "IQ", "ses", "motivation")

# Create model
model='
motivation~ses + IQ
grade~IQ + motivation
'

# Select fit indices
index=c("chisq", "df", "pvalue", "cfi", "rmsea", "gfi")

# Run PA model
fit=sem(model=model, data=grade, fixed.x=FALSE)
fitMeasures(fit, index)

# Run PA model by Bootstrap
fit=sem(model=model, data=grade, fixed.x=FALSE, se="bootstrap", bootstrap=1000)
fitMeasures(fit, index)

# Summarization of results
summary(fit, standardized=TRUE)
```

[결과 3.4.1] [R-코드 3.1.1]의 결과

붓스트랩 방법 적용 전

(1) 모형 적합도 지수

```
> fitMeasures(fit, index)
 chisq     df pvalue    cfi  rmsea    gfi
 1.535  1.000  0.215  0.986  0.133  0.976
```

(2) 모형의 모수 추정

```
Regressions:
                   Estimate  Std.Err  z-value  P(>|z|)   Std.lv  Std.all
  motivation ~
    ses               1.472    0.470    3.131    0.002    1.472    0.488
    IQ                0.093    0.077    1.209    0.226    0.093    0.188
```

```
  grade ~
    IQ                 0.816    0.198    4.123    0.000    0.816    0.480
    motivation         1.734    0.402    4.317    0.000    1.734    0.502
```

붓스트랩 방법 적용 후

(1) 모형 적합도 지수

```
> fitMeasures(fit, index)
  chisq      df pvalue    cfi  rmsea    gfi
  1.535   1.000  0.215  0.986  0.133  0.976
```

(2) 모형의 모수 추정

```
   Standard errors                              Bootstrap
  Number of requested bootstrap draws              1000
  Number of successful bootstrap draws              999

Regressions:
                   Estimate  Std.Err  z-value  P(>|z|)   Std.lv  Std.all
  motivation ~
    ses               1.472    0.464    3.174    0.002    1.472    0.488
    IQ                0.093    0.075    1.233    0.217    0.093    0.188
  grade ~
    IQ                0.816    0.172    4.745    0.000    0.816    0.480
    motivation        1.734    0.388    4.465    0.000    1.734    0.502
```

[보기 3.4.2] 두 군집(업종 A, B)의 고객만족의 경로분석모형의 붓스트랩 방법

[보기 3.3.2]에서 두 업종 A(600개)와 업종 B(300개)에 대해 고객만족도에 관한 자료(loyal.txt)의 경로분석모형의 적합과 비교를 하였다. 관측변수로 두 업종을 나타내는 group(군집), 1개의 외생변수 x_1=expect(기대수준)와 4개의 내생변수 y_1=quality(인지품질), y_2=value(인지가치), y_3=satisfact(고객만족), y_4=loyalty(충성도)를 고려하였다. 다만 여기서 두 업종 간의 고객만족도 자료는 [보기 1.6.1]에서 다변량 정규성을 검토한 [결과 1.6.1]에 따르면 두 업종 모두 다변량 정규성이 만족되지 않았다.

따라서 경로분석모형의 붓스트랩 방법을 적용하여 모형의 적합을 시도하려 한다. (3.3.3)의 동일한 경로분석모형을 가정하고 업종 A에 대하여 붓스트랩 방법 적용 전과 후로 나누어 타당성과 추정된 모수의 유의성 검정을 [표 3.4.2]에 정리하였다. 특히, 업종 B의 경우도 붓스트랩 방법 적용 전 [결과 3.3.3]과 적용 후 [결과 3.4.2]를 비교해 보면 업종 A의 경우와 유사한 경향을 보였다. 이를 위해 [R-코드 3.4.2]을 이용하였고 # Run PA model by Bootstrap 이하 두 줄의 코드는 붓스트랩 방법을 적용한 것으로 함수 sem()에서 옵션 se="bootsrap"과 bootstrap=1000을 사용하였다. 두 업종 간의 비교를 위해 옵션 group="group"을 사용하였다. 전체적으로 모형의 적합도 지수는 모형이 잘 적합되었음을 보여준다.

[표 3.4.2] 업종 A의 구조모형의 계수의 비교 및 검정

관측변수		붓스트랩 방법 적용 전			붓스트랩 방법 적용 후		
내생	사전	추정치	SE	p-값	추정치	SE	p-값
quality	expect	0.534	0.057	0.000	0.532	0.058	0.000
value	expect	0.125	0.046	0.006	0.133	0.045	0.003
	quality	0.454	0.043	0.000	0.453	0.044	0.000
satisfact	expect	−0.037	0.041	0.371	−0.037	0.042	0.376
	quality	0.606	0.043	0.000	0.609	0.043	0.000
	value	0.341	0.034	0.000	0.338	0.034	0.000
loyalty	expect	−0.272	0.073	0.000	−0.273	0.073	0.000
	quality	0.571	0.078	0.000	0.575	0.081	0.000
	satisfact	0.426	0.078	0.000	0.434	0.082	0.000

[표 3.4.2]의 결과를 살펴보면 붓스트랩 방법을 적용하기 전과 적용 후 추정치의 검정통계량 z-값의 유의확률 p-값이 비슷하다. 실제 원 자료는 [보기 1.6.2]에 따르면 다변량 정규성을 만족하지 못하는데도 붓스트랩 방법을 적용했을 때 큰 차이를 보이지 않는 것은 업종 A(600개)와 업종 B(300개)의 원 자료의 수가 크기 때문이라 여겨진다.

[R-코드 3.4.2] 두 군집의 고객충성도 경로분석모형의 붓스트랩 방법 (loyal-2groups-bootstrap-PAmodel.R)

```
## Bootstrap method for Two Group PA model with latent variables of 고객충성도
library(lavaan)
loyal=read.table("D:/R과함께하는 인과모형분석의 이해와 응용/R-codes/loyal.txt", header=T)

# Create model: PA model
model='
quality~expect
value~expect + quality
satisfact~expect + quality + value
loyalty~expect + quality + satisfact
'
```

```
# Select fit indices
index=c("chisq", "df", "pvalue", "cfi", "rmsea", "gfi")

# Run PA model
fit=sem(model=model, data=loyal, group="group", se="bootstrap", bootstrap=1000)
fitMeasures(fit, index)

# Summarization of results
summary(fit, standardized=TRUE)
```

[보기 3.4.2]에서와 같이 다변량 정규성이 만족되지 못해도 붓스트랩 적용 전과 후의 모형의 적합 정도인 적합도 지수와 모형의 적합 결과 큰 차이 없이 유사한 경우가 많다. 그러나 자료의 수가 적거나 다변량 정규성을 만족하지 못하는 경우에는 키이제곱검정에 대한 신뢰를 할 수 없는 상황이라 붓스트랩 방법을 고려하는 것이 바람직하다.

[결과 3.4.2] [R-코드 3.4.2]의 결과

붓스트랩 방법 적용 전

[결과 3.3.3]

붓스트랩 방법 적용 후

(1) 모형 적합도 지수

```
> fitMeasures(fit, index)
  chisq     df pvalue    cfi  rmsea    gfi
  3.558  2.000  0.169  0.999  0.042  1.000
```

(2) 모형의 모수 추정

```
> summary(fit, standardized=TRUE)

   Standard errors                              Bootstrap
  Number of requested bootstrap draws               1000
  Number of successful bootstrap draws              1000

Group 1 [1]:

Regressions:
                   Estimate  Std.Err  z-value  P(>|z|)   Std.lv  Std.all
  quality ~
```

```
    expect           0.532    0.058    9.175    0.000    0.532    0.428
  value ~
    expect           0.133    0.045    2.935    0.003    0.133    0.113
    quality          0.453    0.044   10.207    0.000    0.453    0.476
  satisfact ~
    expect          -0.037    0.042   -0.885    0.376   -0.037   -0.030
    quality          0.609    0.043   14.003    0.000    0.609    0.623
    value            0.338    0.034    9.968    0.000    0.338    0.329
  loyalty ~
    expect          -0.273    0.073   -3.721    0.000   -0.273   -0.154
    quality          0.575    0.081    7.085    0.000    0.575    0.402
    satisfact        0.434    0.082    5.263    0.000    0.434    0.297

Group 2 [2]:

Regressions:
                   Estimate  Std.Err  z-value  P(>|z|)   Std.lv  Std.all
  quality ~
    expect           0.577    0.071    8.167    0.000    0.577    0.481
  value ~
    expect           0.077    0.070    1.101    0.271    0.077    0.060
    quality          0.664    0.074    9.016    0.000    0.664    0.615
  satisfact ~
    expect           0.015    0.046    0.333    0.739    0.015    0.013
    quality          0.576    0.056   10.230    0.000    0.576    0.589
    value            0.297    0.046    6.452    0.000    0.297    0.328
  loyalty ~
    expect          -0.190    0.083   -2.306    0.021   -0.190   -0.116
    quality          0.818    0.102    7.987    0.000    0.818    0.595
    satisfact        0.068    0.101    0.677    0.498    0.068    0.049
```

3.5 순환모형과 비순환모형

일반적으로 Timm(2002, 10.5절)에 따르면 경로분석모형

$$y = By + \Gamma x + \zeta$$

에는 크게 내생변수 y에서 변수들 간의 관계에 의해서 순환모형(recursive model)과 비순환모형(nonrecursive model)이 있다. 모형이 순환하다는 것은 내생변수들 사이의 관계가 한쪽으로 방향으로 지향하는 것이고 비순환모형은 양방향성으로 피드백회로(feedback loops)를 가지는 관계이다. 경로분석모형에서 순환모형은 행렬 B가 항상 하위삼각행렬이고 오차항의 $Cov(\zeta) = \Psi$가 대각행렬이 되면 내생변수 $\boldsymbol{x}$ 간의 상관관계는 $Cov(\boldsymbol{x}) = \Phi$로 대칭행렬이다. 이를 만족하지 않는 경로분석모형을 비순환적이라고 한다.

[그림 3.5.1]에는 순환모형과 비순환모형의 경로도가 주어져 있다. 특히 순환모형에는 오차항 ζ_1과 ζ_2 사이에 상관관계가 없고 비순환모형에는 있다고 가정한다. 이들 두 모형에 대한 구조방정식을 구축하면 [표 3.5.1]과 같다. 앞서 언급했지만 (a) 순환모형에서는 B와 Ψ가 (3.5.1)과 같이 하위삼각행렬과 대각행렬이다.

$$B = \begin{pmatrix} 0 & 0 \\ \beta_{21} & 0 \end{pmatrix}, \ \Psi = \begin{pmatrix} \psi_{11} & 0 \\ 0 & \psi_{22} \end{pmatrix} \tag{3.5.1}$$

(b) 비순환모형에서는 (3.5.2)와 같이 B는 하위삼각행렬이 될 수가 없으며 Φ와 Ψ는 비대각행렬이나 오차항이 서로 상관이 없다면 대각행렬을 만족할 수 있다.

$$B = \begin{pmatrix} 0 & \beta_{12} \\ \beta_{21} & 0 \end{pmatrix}, \ \Psi = \begin{pmatrix} \psi_{11} & \psi_{12} \\ \psi_{21} & \psi_{22} \end{pmatrix} \tag{3.5.2}$$

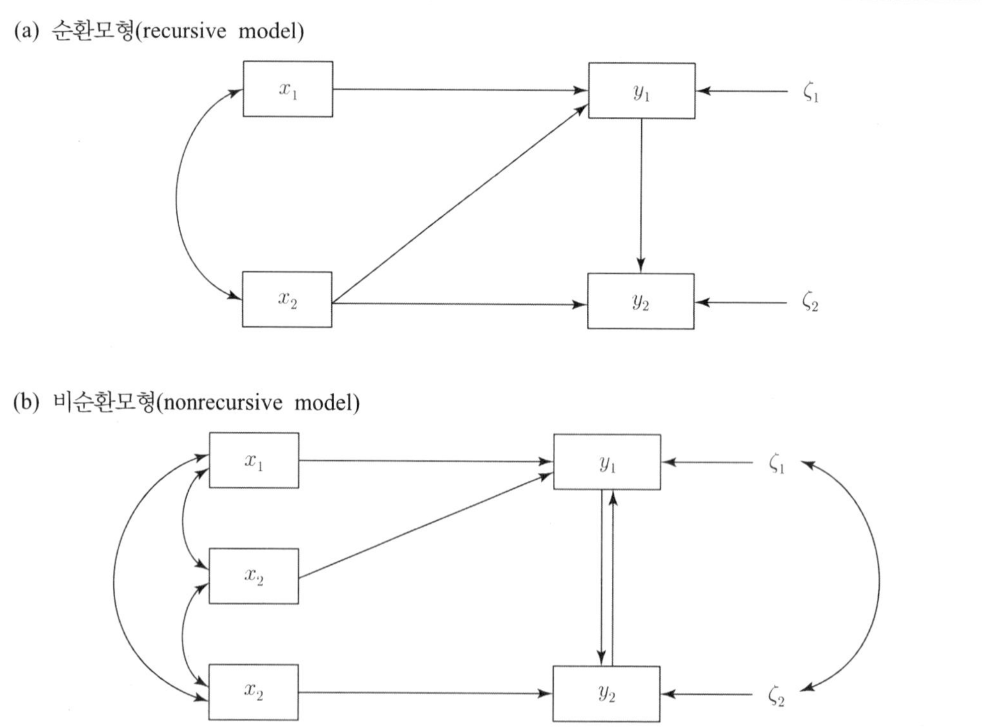

[그림 3.5.1] (a) 순환모형과 (b) 비순환모형의 경로도

3.1.2절에서 경로분석모형 적합 조건 $df = k(k+1)/2 - t \ \geq 0$에 따라서 [표 3.5.1]의 (3.5.3) 순환모형은 관측변수 $\boldsymbol{x} = (x_1, x_2)^T$와 $\boldsymbol{y} = (y_1, y_2)^T$에 의해서 총 변수의 개수는 $k = 2 + 2 = 4$이고 따라서 $k(k+1)/2 = 4(4+1)/2 = 10$이다. 모형에서 적합할 자유 모수의 총 개수는 B에서 1개, Γ에서 3개, Φ에서 3개, Ψ에서는 2개로 총 $t = 9$개로 $df = 10 - 9 = 1$로 양이 되어 모형 적합 조건을 만족한다.

(3.5.4) 비순환모형은 관측변수 $\boldsymbol{x} = (x_1, x_2, x_3)^T$와 $\boldsymbol{y} = (y_1, y_2)^T$에 의해서 총 변수의 개수는 $k = 5$이고 $k(k+1)/2 = 15$이다. 모형에서 적합할 자유 모수의 총 개수는 B에서 2개, Γ에서 3개, Φ에서 6개, Ψ에서는 3개로 총 $t = 14$개로 $df = 15 - 14 = 1$로 역시 양이 되어 모형 적합 조건을 만족한다.

[표 3.5.1] 순환모형과 비순환모형의 대수적 구조방정식

(a) 순환모형

$$\begin{pmatrix} y_1 \\ y_2 \end{pmatrix} = \begin{pmatrix} 0 & 0 \\ \beta_{21} & 0 \end{pmatrix}\begin{pmatrix} y_1 \\ y_2 \end{pmatrix} + \begin{pmatrix} \gamma_{11} & \gamma_{12} \\ 0 & \gamma_{22} \end{pmatrix}\begin{pmatrix} x_1 \\ x_2 \end{pmatrix} + \begin{pmatrix} \zeta_1 \\ \zeta_2 \end{pmatrix} \tag{3.5.3}$$

$$\Phi = \begin{pmatrix} \phi_{11} & \phi_{12} \\ \phi_{21} & \phi_{22} \end{pmatrix}, \quad \Psi = \begin{pmatrix} \psi_{11} & 0 \\ 0 & \psi_{22} \end{pmatrix}$$

(b) 비순환모형

$$\begin{pmatrix} y_1 \\ y_2 \end{pmatrix} = \begin{pmatrix} 0 & \beta_{12} \\ \beta_{21} & 0 \end{pmatrix}\begin{pmatrix} y_1 \\ y_2 \end{pmatrix} + \begin{pmatrix} \gamma_{11} & \gamma_{12} & 0 \\ 0 & 0 & \gamma_{23} \end{pmatrix}\begin{pmatrix} x_1 \\ x_2 \\ x_3 \end{pmatrix} + \begin{pmatrix} \zeta_1 \\ \zeta_2 \end{pmatrix} \tag{3.5.4}$$

$$\Phi = \begin{pmatrix} \phi_{11} & \phi_{12} & \phi_{13} \\ \phi_{21} & \phi_{22} & \phi_{23} \\ \phi_{31} & \phi_{32} & \phi_{33} \end{pmatrix}, \quad \Psi = \begin{pmatrix} \psi_{11} & \psi_{12} \\ \psi_{21} & \psi_{22} \end{pmatrix}$$

다음으로 효과의 분할을 살펴보자, 먼저 [그림 3.5.1]의 (a) 순환모형에서 y_2에 대해 영향을 미치는 x_1과 x_2의 총효과를 계산하기 위해 (3.5.3)에서 y_2에 대한 다음과 같은 축소모형을 고려할 수 있다.

$$\begin{aligned} y_2 &= \beta_{21}(\gamma_{11}x_1 + \gamma_{12}x_2 + \zeta_1) + \gamma_{22}x_2 + \zeta_2 \\ &= \beta_{21}\gamma_{11}x_1 + (\gamma_{22} + \beta_{21}\gamma_{12})x_2 + \beta_{21}\zeta_1 + \zeta_2 \end{aligned}$$

여기서 간접효과 $\gamma_{11} \times \beta_{21}$은 y_2에 미치는 x_1의 총효과가 되며 직접효과는 없다. y_2에 대

한 x_2의 총효과는 직접효과 γ_{22}와 간접효과 $\gamma_{12} \times \beta_{21}$로부터 $\gamma_{22} + \gamma_{12} \times \beta_{21}$이다. 일반적으로 [표 3.5.1]의 두 모형의 대수적 방정식인 $\boldsymbol{y} = B\boldsymbol{y} + \Gamma\boldsymbol{x} + \zeta$로부터 비순환모형의 $\boldsymbol{y}$에서 $\boldsymbol{y}$로 미치는 효과를 살펴보자. 일반적으로 비순환모형 (b)에서는 $\boldsymbol{y}$에서 다른 $\boldsymbol{y}$를 거쳐 $\boldsymbol{y}$로 돌아오는 주기(cycle)가 있다. [그림 3.5.1]에서 y_1에서 y_2의 한 번째 주기의 효과는 $\beta_{21} \times \beta_{12}$가 되며 두 번째 주기는 $\beta_{21}^2 \times \beta_{12}^2$이 된다. 따라서 y_1에서 y_2의 총효과는 다음과 같다.

$$\begin{aligned}\beta_{21} \times \beta_{12} + \beta_{21}^2 \times \beta_{12}^2 + \beta_{21}^3 \times \beta_{12}^3 + \cdots &= \beta_{21} \times \beta_{12} \left[1 + \beta_{21} \times \beta_{12} + \beta_{21}^2 \times \beta_{12}^2 + \cdots\right] \\ &= \frac{\beta_{21} \times \beta_{12}}{1 - \beta_{21} \times \beta_{12}}\end{aligned}$$

여기서 $\beta_{21} \times \beta_{12} < 1$이다.

이를 통하여 일반적으로 $\boldsymbol{y}$에서 $\boldsymbol{y}$로 미치는 총효과 T_{yy}는 (3.5.5)과 같다.

$$T_{yy} = B + B^2 + B^3 + \cdots = D_{yy} + I_{yy} \tag{3.5.5}$$

여기서 $D_{yy} = B$는 직접효과이고 나머지는 간접효과 $I_{yy} = \sum_{k=2}^{\infty} B^k$가 된다.

(3.5.5)는 Harville(1977, p. 429)의 무한급수(infinite series) 수렴 성질에 의해서 (3.5.6)을 만족한다.

$$T_{yy} = B + B^2 + B^3 + \cdots = (I - B)^{-1} - I \tag{3.5.6}$$

순환모형 (3.5.3)에서는 B가 하삼각행렬로 다음과 같은 성질을 만족하게 된다.

$$B^2 = \begin{pmatrix} 0 & 0 \\ \beta_{21} & 0 \end{pmatrix}\begin{pmatrix} 0 & 0 \\ \beta_{21} & 0 \end{pmatrix} = 0$$

(3.5.5)와 (3.5.6)에서 임의의 k에 대하여 $B^{k+1} = 0$가 되고 $B^0 = I$라 하면 총효과는

$$\begin{aligned}T_{yy} &= B + B^2 + \cdots + B^k \\ &= B^0 + B^1 + \cdots + B^k - I \\ &= (I - B)^{-1} - I\end{aligned} \tag{3.5.7}$$

이다. 따라서 $\boldsymbol{y}$에서 $\boldsymbol{y}$로의 간접효과는 (3.5.8)이 된다.

$$I_{yy} = T_{yy} - B = (I - B)^{-1} - I - B \tag{3.5.8}$$

다음으로 순환모형에서 x에서 y로 미치는 효과에 대해 살펴보자. (3.5.5)와 같은 방식으로 총효과 T_{xy}는 (3.5.9)와 같이 나타낼 수 있다.

$$\begin{aligned} T_{xy} &= D_{xy} + I_{xy} \\ &= \Gamma + \Gamma B + \Gamma B^2 + \Gamma B^3 + \cdots \\ &= [I + B + B^2 + \cdots]\Gamma \\ &= (I - B)^{-1}\Gamma \end{aligned} \tag{3.5.9}$$

여기서 $(I - B)^{-1}\Gamma$는 $y = By + \Gamma x + \zeta$의 축소모형 (3.1.3)

$$y = (I - B)^{-1}\Gamma x + (I - B)^{-1}\zeta = Ax + e$$

의 계수행렬과 일치한다. 따라서 (3.5.9)로부터 y에서 x의 간접효과 I_{xy}는 (3.5.10)이 된다.

$$I_{xy} = T_{xy} - \Gamma = (I - B)^{-1}\Gamma - \Gamma \tag{3.5.10}$$

지금까지 경로분석모형에서 살펴 본 직접효과, 간접효과 그리고 총효과를 정리하면 [표 3.5.2]와 같으며 이는 3.1.6절에서 언급한 순환모형과 비순환모형에 대한 효과 분할표의 대수적 계산 결과이다.

[표 3.5.2] 경로분석모형의 효과 분할표

내생변수	사전변수	효과의 분할		
		간접효과	직접효과	총효과
y	x	$(I - B)^{-1}\Gamma - \Gamma$	Γ	$(I - B)^{-1}\Gamma$
	y	$(I - B)^{-1} - I - B$	B	$(I - B)^{-1} - I$

비순환모형에서 $(I - B)^{-1}$가 존재하기 위한 필요 충분 조건은 B의 최대 고유값이 1보다 작아야 한다는 것이다. 특히, 무한급수(infinite series)의 수렴을 위한 충분조건으로 $\|B\| = \sqrt{tr(B^T B)} < 1$이거나 $B^T B$의 최대 고유값이 1보다 작아야 한다.

지금까지 구조방정식모형의 분석에서 매우 중요한 경로분석모형의 수리적인 접근을 자세하고 전형적인 예제를 통하여 연구 모형설정과 경로분석모형의 적합성, 효과 분할표 작성과 해석 등을 살펴보았다. 또한 원 자료의 수가 적거나 다변량 정규성 가정을 만족하지 않을 때 재표본에 의한 붓스트랩 방법을 적용하는 것이 필요하다. 더 나아가 경로분석모형보다 더 복잡한 잠재변수를 가진 구조방정식모형을 고려할 수 있다. 이런 모형에서는 일반적으로 관측되어지는 변수들이 관측될 수 없는 공통된 요인(잠재변수)를 가진다고 생각하여 잠재변수들 간의 인과관계 및 관측변수와 잠재변수간의 인과관계를 밝히는 것으로 4장에서 살펴보려고 한다.

3.6 연습문제

[1] 학교 성적에 미치는 부모의 사회 경제적 지위, 지능 그리고 성취동기에 대하여 30명의 학생들을 대상으로 측정한 [자료 3.6.1](grade.txt)을 고려하자(김석우, 최용석, 2001, 2장). 이미 이 자료를 활용하여 붓스트랩 방법을 적용한 [보기 3.4.1]을 참고 바란다.

[자료 3.6.1] 학교 성적에 미치는 인과관계(grade.txt)

성적	지능	사회경제적 지위	성취동기
57	90	2	12
77	90	3	10
64	91	2	14
78	94	4	12
64	97	5	18
80	93	5	23
92	100	6	20
70	103	4	10
97	105	3	19
82	115	3	12
88	120	3	14
98	112	6	20
75	96	5	13
45	86	4	9
70	84	5	16
76	91	5	16
74	93	4	13
77	99	3	9
55	89	4	10
85	94	5	15
65	96	4	7
89	102	6	20
70	100	4	11
98	103	7	21
85	110	5	22
80	109	6	13
95	104	7	18
43	87	3	9
86	92	2	16
51	94	2	14

(1) 학교 성적은 부모의 사회 경제적 지위, 지능 그리고 성취동기에 의해 직접영향을 받으며 성취동기는 부모의 사회 경제적 지위와 지능에 영향을 받을 것으로 생각된다. 이에 대한 경로도를 구성하라.

(2) (1)에 대한 경로분석모형을 대수적으로 세우고 적합하라.

(3) 모형의 적합 조건을 검토하라

(4) 효과 분할표를 작성하고 특히 부모의 사회경제적 지위가 성적에 미치는 효과를 해석하라.

[2] 다음은 173명의 섬유공장 근로자의 노조에 대한 태도에 관한 상관행렬이다. 사용된 변수로 2개의 외생변수 x_1=경력과 x_2=나이 그리고 3개의 내생변수 y_1=경력관리자존중, y_2=노동운동지지, y_3=조합에 대한 정시가 사용되었다(김석우, 최용석, 2001, 2장).

(1) 근로자의 경력은 조합에 대한 정서에 영향을 미치며 나이는 경력관리자존중과 노동운동지지에 영향을 미친다. 특히 경력관리자존중과 노동운동지지는 결국 조합에 대한 정서에 영향을 미치게 될 것이고 경력관리자존중은 노동운동지지에 영향을 미칠 것으로 여겨진다. 이에 대한 경로도를 구성하라.

(2) (1)에 대한 경로분석모형을 대수적으로 세우고 적합하라.

(3) 모형의 적합 조건을 검토하라

(4) 효과 분할표를 작성하고 해석하라.

섬유노동자 태도	관측변수				
	y_1	y_2	y_3	x_1	x_2
y_1 = 경력관리자존중	1.000				
y_2 = 노동운동지지	0.161	1.000			
y_3 = 조합에 대한 정서	0.408	0.348	1.000		
x_1 = 경력	0.373	0.269	0.411	1.000	
x_2 = 나이	0.254	0.143	0.276	0.705	1.000

[3] 다음은 432명이 실제 수입과 직업의 위신에 의해서 주관적으로 판단하는 수입과 직업에 대한 위신과 사회적 지위에 어떤 영향을 미치는지를 보기 위한 공분산행렬이다. 여기서 2개의 외생변수 x_1=수입과 x_2=직업위신 그리고 3개의 내생변수 y_1=주관적수입, y_2=주관적직업위신, y_3=주관적사회적지위가 사용되었다(Timm, 2002, 10장).

(1) 실제 수입과 직업위신이 주관적 수입, 위신 그리고 사회적지위에 영향을 미친다고 한다. 이에 대한 경로도를 구성하라.

(2) (1)에 대한 경로분석모형을 대수적으로 나타내고 이를 적합하라.

(3) 모형의 적합 조건을 검토하라

(4) 효과 분할표를 작성하고 해석하라.

(5) 공분산행렬로부터 상관행렬을 구하고 이에 대한 경로분석모형을 적합하라.

(6) (2)와 (5)의 결과를 비교하라.

수입, 직업, 지위	관측변수				
	y_1	y_2	y_3	x_1	x_2
y_1 = 주관적수입	0.499				
y_2 = 주관적직업위신	0.166	0.410			
y_3 = 주관적사회적지위	0.226	0.173	0.393		
x_1 = 수입	0.564	0.259	0.382	4.831	
x_2 = 직업위신	2.366	3.840	3.082	13.656	452.711

[4] 다음은 78개 대도시 노동 단체의 특징과 산업파업활동에 관한 공분산행렬이다. 여기서 4개의 외생변수 x_1=대도시노조집중지수, x_2=고용집중지수, x_3=대도시고용총계, x_4=대도시조합화정도 그리고 3개의 내생변수 y_1=최근작업중단빈도, y_2=관련근로자수, y_3=개인손실일수가 사용되었다(Timm, 2002, 10장).

(1) 경로도 [그림 3.6.1]을 해석하고 이를 바탕으로 경로분석모형을 세워라.

(2) (1)에 대한 경로분석모형을 적합하라.

(3) 모형의 적합 조건을 검토하라

(4) 효과 분할표를 작성하고 해석하라.

(5) 공분산행렬로부터 상관행렬을 구하고 이에 대한 경로분석모형을 적합하라.

(6) (2)와 (5)의 결과를 비교하라.

산업 파업 활동	관측변수						
	y_1	y_2	y_3	x_1	x_2	x_3	x_4
y_1 = 최근작업중단빈도	0.0077						
y_2 = 관련근로자수	0.0006	0.0004					
y_3 = 개인손실일수	0.0524	0.0051	1.0650				
x_1 = 대도시노조집중지수	0.0066	0.0015	0.0661	0.0376			
x_2 = 고용집중지수	0.0546	0.0120	0.8231	0.1372	1.8090		
x_3 = 대도시고용총계	0.0847	0.0160	1.1316	0.1720	2.0252	2.4964	
x_4 = 대도시조합화정도	0.1036	0.0196	1.3258	0.1848	1.9697	2.5679	2.9894

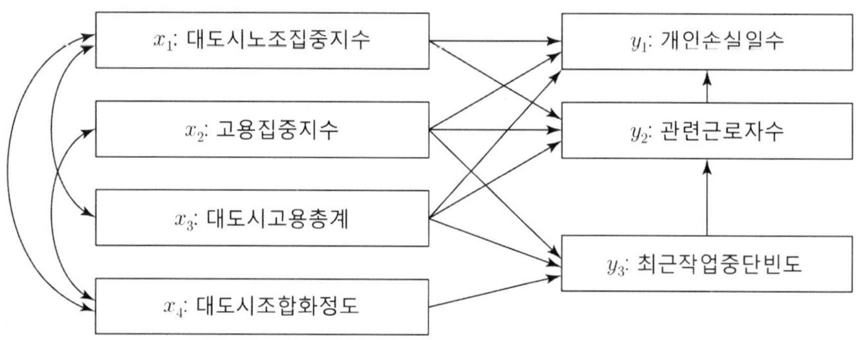

[그림 3.6.1] 산업 파업 활동의 경로분석모형을 위한 경로도

[5] 다음은 초등학교 6학년부터 중학교 3학년 209명의 여학생의 학업성취능력과 외모에 대한 상관행렬이다. 여기서 사용된 관측변수로 외생변수 x_1=평점, x_2=키, x_3=몸무게, x_4=외모등급 그리고 2개의 내생변수 y_1=학업성적, y_2=외모가 사용되었다(허준, 최인규, 2000, 3장).

(1) 외생변수 중 키, 몸무게, 외모등급은 내생변수 외모에 영향을 미치고 평점은 학업성적에 영향을 미치게 된다. 두 내생변수는 서로 영향을 미치고 외생변수들 간에 서로 영향을 주는 것으로 생각된다. 이에 대한 경로도를 그려보라.

(2) (1)의 경로분석모형을 적합하라.

(3) 모형의 적합 조건을 검토하라

(4) 효과 분할표를 작성하고 해석하라.

학업성취와 외모	관측변수					
	y_1	y_2	x_1	x_2	x_3	x_4
y_1 = 학업성적	1.00					
y_2 = 외모	0.50	1.00				
x_1 = 평점	0.49	0.32	1.00			
x_2 = 키	0.10	0.03	0.18	1.00		
x_3 = 몸무게	0.04	0.16	0.10	0.34	1.00	
x_4 = 외모등급	0.09	0.43	015	0.16	0.27	1.00

[6] 다음은 미세먼지와 초미세먼지에 대한 불안정도, 스트레스 인지율과 삶의 불만족에 관한 상관행렬이다. 여기서 3개의 내생변수 y_1=미세먼지 불안정도, y_2=스트레스 인지율, y_3=삶의 불만족도 그리고 10개의 외생변수 x_1=PM10 환경기준 초과율(일), x_2=PM10 환경기준 초과율(년), x_3=연평균 PM10 농도, x_4=PM2.5 환경기준 초과율(일), x_5=PM2.5 환경기준 초과율(년), x_6=연평균 PM2.5 농도, x_7=PM10 주의보 및 경보 발령일 수(연), x_8=PM2.5 주의보 및 경보 발령일 수(연), x_9=1인당 자동차 등록대수, x_{10}=규칙적인 운동의 실천률을 측정하였다. 특히, 먼지의 직경에 따라 2.5마이크로미터 이하를 PM10(미세먼지)으로 10마이크로미터 이하를 PM2.5(초미세먼지)로 구분한다(박경환 외, 2020).

(1) y_1=미세먼지 불안정도, y_2=스트레스 인지율, y_3=삶의 불만족도에 각각에 10개의 외생변수 모두가 미치는 경로도를 그려보라.
(2) (1)에 대한 경로분석모형을 세우고 적합하라.
(3) (2)의 경로분석모형의 경로계수인 모수 추정에 대한 검정을 실시하라.
(4) 수정된 경로분석모형을 위한 경로도를 그려라.
(5) (4)의 모형을 세우고 적합하라.
(6) (5)의 결과를 통해 효과 분할표를 작성하고 해석하라.

변수	y_1	y_2	y_3	x_1	x_2	x_3	x_4	x_5	x_6	x_7	x_8	x_9	x_{10}
y_1	1.0000												
y_2	0.4711	1.0000											
y_3	0.3270	0.3472	1.0000										
x_1	0.2281	0.2048	0.0584	1.0000									
x_2	0.6999	0.2097	0.2973	0.2987	1.0000								
x_3	0.7261	0.2875	0.2498	0.2134	0.9205	1.0000							
x_4	−0.3071	−0.3232	−0.0755	−0.1051	−0.0149	0.0159	1.0000						
x_5	0.1508	−0.2528	−0.0497	0.2049	0.4184	0.4925	0.5063	1.0000					
x_6	0.3236	−0.2022	0.0892	0.3377	0.7448	0.7627	0.4183	0.7921	1.0000				
x_7	0.0165	−0.0540	−0.0555	0.0622	0.2809	0.0909	0.1379	0.4694	0.1910	1.0000			
x_8	−0.1487	−0.0357	−0.0338	0.1757	0.1228	0.0080	0.3435	0.4662	0.2480	0.7692	1.0000		
x_9	−0.3620	0.0026	−0.1302	−0.4395	−0.3053	−0.3832	0.2230	−0.3134	−0.3589	−0.0454	0.0347	1.0000	
x_{10}	−0.0433	−0.1912	−0.2485	−0.4955	−0.0430	0.0009	−0.2252	−0.2235	−0.1396	−0.0399	−0.2086	−0.3590	1.0000

[7] 다음은 시카고 74개 지역사회의 인구 밀도와 관련된 상관행렬이다(Duncan, 1966). 여기서 4개의 내생변수 y_1 = 인구/거주단위, y_2 = 거주단위/구조, y_3 = 구조/지역, y_4 = 인구밀도와 2개의 외생변수 x_1 = 도심거리, x_2 = 도시 성장률이 고려되었다.

관측변수	y_1	y_2	y_3	y_4	x_1	x_2
y_1 = 인구/거주단위	1.000					
y_2 = 거주단위/구조	−0.625	1.000				
y_3 = 구조/지역	−0.315	0.305	1.000			
y_4 = 인구밀도	−0.419	0.636	0.923			
x_1 = 도심거리	0.296	−0.594	−0.517	−0.663	1.000	
x_2 = 도시 성장률	0.099	−0.466	−0.226	−0.390	0.549	1.000

(1) y_4(인구밀도)에 영향을 미치는 내생변수 $y_1 \sim y_3$의 경로도를 그리고 경로분석모형을 세워라.

(2) (1)에 대한 경로분석모형을 적합하라.

(3) (2)의 결과로부터 효과 분할표를 작성하고 해석하라.

(4) (1)의 경로도에 외생변수 x_1(도심거리)과 x_2(도시 성장률)가 $y_1 \sim y_3$에 모두 미치는 경로도를 그려라.

(5) (4)의 경로분석모형을 세우고 적합하라.

(6) (5)의 결과를 통해 효과 분할표를 작성하고 해석하라.

[7] 다음은 시카고 비 농촌 출신 백인남자의 사회 유동성의 연구를 위해 설문조사를 통해 측정된 자료의 상관행렬이다(Duncan, 1966). 이는 코호트 연구로 외생변수로 x_1 =아버지 직업수준과 x_2=응답자의 교육성취와 4개의 내생변수는 1940년과 1950년 응답자의 직업수준을 측정한 y_1=25-34세, y_2=35-44세, y_3=45-54세, y_4=55-64세가 고려되었다.

관측변수	y_1	y_2	y_3	y_4	x_1	x_2
y_1 = 25~34세	1.000					
y_2 = 35~44세	0.552	1.000				
y_3 = 45~54세	0.455	0.772	1.000			
y_4 = 55~64세	0.443	0.690	0.866	1.000		
x_1 = 아버지 직업수준	0.320	0.265	0.224	0.265	1.000	
x_2 = 응답자 교육성취	0.502	0.346	0.331	0.418	0.365	1.000

(1) 외생변수 x_1(아버지 직업수준)과 x_2(응답자의 교육성취)가 최초 직업수준 y_1 (25-34세)에 영향을 미치고 순차적으로 y_1(25-34세)이 y_2(35-44세)에, y_2(35-44세)는 y_3 (45-54세)에, y_3 (45-54세)는 y_4(55-64세) 영향을 미치는 경로도를 그려라.

(2) (1)에 대한 경로분석모형을 세우고 적합하라.

(3) (2)의 결과로부터 효과 분할표를 작성하고 해석하라.

(4) 외생변수 x_1(아버지지 직업수준)과 x_2(응답자의 교육성취)가 40대 중 이하 y_1 (25-34세)과 y_2(35-44세)와 이상 y_3(45-54세)와 y_4(55-64세)에 미치는 영향을 나누어 이들 각각에 대한 경로분석모형을 적합하고 비교하라.

제 4 장

잠재변수가 있는 구조방정식모형
Structural Equation Model with Latent Variables

4.1 잠재변수

3장의 경로분석모형은 잠재변수가 없는 구조방정식모형으로 일반적으로 관측되어지는 변수들 간의 인과모형에 관한 것이다. 4장에서는 잠재변수가 있는 구조방정식모형을 다루고 있다. 4.3절에서 자세히 설명하겠지만 이런 모형에는 크게 관측변수에 대한 잠재변수의 측정모형과 잠재변수만의 구조모형이 있다. 이들에 대해서 1.3절의 (1.3.1), (1.3.2), (1.3.3)에서 개별적으로 설명한 바가 있다. 특히 측정모형은 두 종류의 관측변수 Y형과 X형에 대해 각각 확증적 인자분석모형을 고려한 것으로 생각할 수 있다. 특히, 관측변수 Y형은 잠재변수 η(eta)와 모형을 구성하고 X형은 잠재변수 ξ(xi)와 모형을 구성한다. 따라서 이들 각각을 보면 2장의 확증적 인자분석모형이 된다. 특히, 설문지를 통한 통계조사에서 문항들은 관측변수 Y형과 X형을 구성하며 이들은 상관관계가 높은 유사한 성격에 따라 잠재변수로 묶이게 된다. 이는 확증적 인자모형분석과 같이 공통 인자벡터 역할을 한다고 볼 수 있다. 잠재변수는 일반적으로 관측변수 Y형과 X형에 대한 정보가 전혀 없는 상황이라면 주성분분석이나 인자분석을 통해 주성분이나 인자를 활용하여 잠재변수를 유도하기도 한다. 그러나 경험이 많은 조사자는 이를 염두에 두고 설문지 문항을 구성하거나 관측변수에 대한 성질을 잘 파악하여 잠재변수를 구성하기도 한다. 이런 이유로 경우에 따라 잠재변수를 관측되지 않는 변수(unobserved variable)라고도 한다. 측정모형에서 사용된 잠재변수 간에도 대개 ξ는 외생변수 역할을 하는 외생 잠재변수이며 η는 내생변수 역할을 하는 내생 잠재변수가 된다.

일반적인 구조방정식모형의 측정모형과 구조모형의 경로도와 경로계수의 예는 1.3절 [그림 1.3.1]에서 통해 간략히 설명한바 있다. 이들에 대하여 4.2절에서 자세히 살펴보고 실제로 이들에 의한 잠재변수가 있는 구조방정식모형의 구축에 대해 4.3절에서 설명하기로 하자.

4.2 잠재변수가 있는 경로도

3장의 경로분석모형에서 Y형과 X형 관측변수들만의 인과관계를 그림으로 나타낸 경로도를 설명하였다. 이 절에서는 관측변수 대신 잠재변수 η와 ξ를 고려한 구조방정식모형의 경로도 그리는 방법과 이를 토대로 모형을 구축을 한다.

일반적으로 두 잠재변수의 성향을 살펴보면 먼저 $\boldsymbol{\xi}$는 $\boldsymbol{\eta}$에 대해 외생 잠재변수이며 관측형 외생변수 X에 대해서도 외생 잠재변수가 된다. η는 $\boldsymbol{\xi}$에 대해 내생 잠재변수가 되며 관측형 내생변수 Y에 대해서 외생 잠재변수가 된다. 참고로 이들 잠재변수의 개수, 관측변수와 잠재변수와 함께 구조방정식모형에서 변수표기를 요약하자면 [표 4.2.1]처럼 나타낸다. 이들에 대해선 이미 1장의 [표 1.3.1]에서 언급하였다. [표 4.2.1]의 변수 표기를 참고로 만약에 관측변수 X형의 변수 x_i와 x_j, 관측변수 Y형의 변수 y_k와 y_j, 잠재변수 $\boldsymbol{\xi}$형의 변수 ξ_k와 ξ_l 그리고 잠재변수 $\boldsymbol{\eta}$형의 변수 η_g와 η_h가 있다면 그리고 이들에 대한 오차변수를 고려한 [그림 4.2.1]의 경로도를 살펴보자.

잠재변수가 있는 다양한 경로도는 Dillon과 Goldstein(1984, pp. 433-437)과 Jöreskog와 Sörbom(1989, pp. 5-9)에 잘 나와 있다.

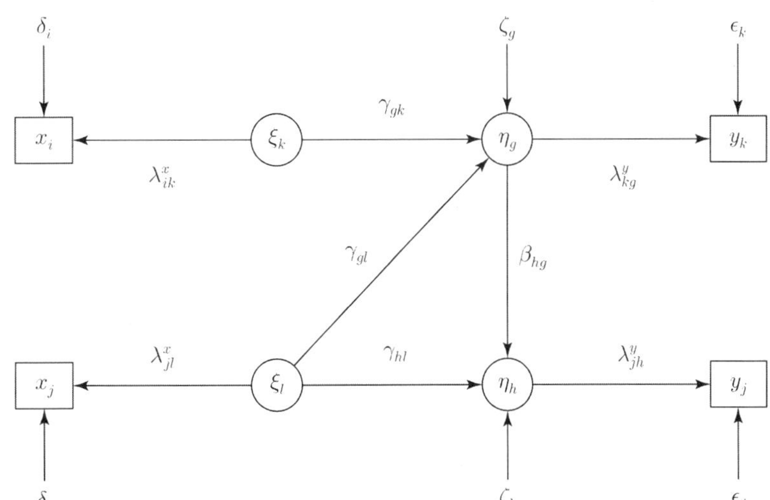

[그림 4.2.1] 잠재변수 $\boldsymbol{\xi}$와 $\boldsymbol{\eta}$가 있는 구조방정식모형을 위한 경로도

[표 4.2.1] 잠재변수가 있는 구조방정식모형에서의 변수 표기

변수의 종류	변수의 개수	변수 표현	오차변수
관측변수 Y형	p	$\boldsymbol{y} = (y_1, ..., y_p)^T$	$\boldsymbol{\epsilon} = (\epsilon_1, ..., \epsilon_p)^T$
관측변수 X형	q	$\boldsymbol{x} = (x_1, ..., x_q)^T$	$\boldsymbol{\delta} = (\delta_1, ..., \delta_q)^T$
잠재변수 ξ형	n	$\boldsymbol{\xi} = (\xi_1, ..., \xi_n)^T$	–
잠재변수 η형	m	$\boldsymbol{\eta} = (\eta_1, ..., \eta_m)^T$	$\boldsymbol{\zeta} = (\zeta_1, ..., \zeta_m)^T$

4.3 잠재변수가 있는 구조방정식모형의 구축

잠재변수가 있는 구조방정식모형의 구축은 1.3절에서 언급한 측정모형과 구조모형에 의해서 이루어진다. 먼저 [표 4.2.1]의 관측변수 X형에 의한 $\boldsymbol{x} = (x_1, \dots, x_q)^T$, 오차변수 $\boldsymbol{\delta} = (\delta_1, \dots, \delta_q)^T$, 잠재변수 $\boldsymbol{\xi} = (\xi_1, \dots, \xi_n)^T$에 의해서 (4.3.1)과 같이 구축된다.

$$\boldsymbol{x} = \Lambda_x \boldsymbol{\xi} + \boldsymbol{\delta} \tag{4.3.1}$$

여기서 $\boldsymbol{\delta} \sim N_q(0, \Theta_\delta)$이다. 이번에는 관측변수 Y형에 의한 $\boldsymbol{y} = (y_1, \dots, y_p)^T$, 오차변수 $\boldsymbol{\epsilon} = (\epsilon_1, \dots, \epsilon_p)^T$, 잠재변수 $\boldsymbol{\eta} = (\eta_1, \dots, \eta_m)^T$에 의해서 (4.3.2)와 같이 구축된다.

$$\boldsymbol{y} = \Lambda_y \boldsymbol{\eta} + \boldsymbol{\epsilon} \tag{4.3.2}$$

여기서 $\boldsymbol{\epsilon} \sim N_p(0, \Theta_\epsilon)$이다. (4.3.1)과 (4.3.2)는 2장의 확증적 인자분석모형을 두 종류의 관측변수에 대해 고려한 것이 되며 $\boldsymbol{\epsilon}$, $\boldsymbol{\delta}$, $\boldsymbol{\eta}$, $\boldsymbol{\xi}$는 상호독립이다.

끝으로 (4.3.1)과 (4.3.2)의 측정모형의 두 잠재변수 $\boldsymbol{\xi} = (\xi_1, \dots, \xi_n)^T$와 $\boldsymbol{\eta} = (\eta_1, \dots, \eta_m)^T$에 대해 오차변수 $\boldsymbol{\zeta} = (\zeta_1, \dots, \zeta_m)^T$를 고려하면 이들 간의 구조방정식모형인 구조모형 (4.3.3)이 구축된다.

$$\boldsymbol{\eta} = B\boldsymbol{\eta} + \Gamma\boldsymbol{\xi} + \boldsymbol{\zeta} \tag{4.3.3}$$

여기서 $\boldsymbol{\xi} \sim N_n(0, \Phi)$, $\boldsymbol{\zeta} \sim N_m(0, \Psi)$ 그리고 $\boldsymbol{\zeta}$와 $\boldsymbol{\xi}$는 서로독립이며 $(I - B) > 0$이다.

(4.3.3)에서 잠재변수 $\boldsymbol{\eta} = (\eta_1, \dots, \eta_m)^T$와 $\boldsymbol{\xi} = (\xi_1, \dots, \xi_n)^T$의 결합변수로 $(m+n) \times 1$인 $\boldsymbol{w} = (\boldsymbol{\eta}^T, \boldsymbol{\xi}^T)^T$를 고려하면 이것의 공분산행렬은 (4.3.4)로 정의된다.

$$Cov(\boldsymbol{w}) = \Sigma = \begin{pmatrix} \Sigma_{\eta\eta} & \Sigma_{\eta\xi} \\ \Sigma_{\xi\eta} & \Sigma_{\xi\xi} \end{pmatrix} = \begin{pmatrix} E(\boldsymbol{\eta}\boldsymbol{\eta}^T) & E(\boldsymbol{\eta}\boldsymbol{\xi}^T) \\ E(\boldsymbol{\xi}\boldsymbol{\eta}^T) & E(\boldsymbol{\xi}\boldsymbol{\xi}^T) \end{pmatrix} \tag{4.3.4}$$

(4.3.4)를 구성하는 부행렬 $\Sigma_{\eta\eta}$, $\Sigma_{\eta\xi}$, $\Sigma_{\xi\eta}$, $\Sigma_{\xi\xi}$은 1장의 (1.4.5) ~ (1.4.8)의 부행렬들과 (4.3.5) ~ (4.3.8)의 관계를 맺으며 이들로부터 계산되어진다.

$$
\begin{aligned}
Cov(\boldsymbol{y}) = \Sigma_{yy} &= E[(\Lambda_y \boldsymbol{\eta} + \boldsymbol{\epsilon})(\Lambda_y \boldsymbol{\eta} + \boldsymbol{\epsilon})^T] \\
&= \Lambda_y \Sigma_{\eta\eta} \Lambda_y^T + \Theta_\epsilon \\
&= \Lambda_y (I-B)^{-1} (\Gamma \Phi \Gamma^T + \Psi)(I-B^T)^{-1} \Lambda_y^T + \Theta_\epsilon
\end{aligned}
\tag{4.3.5}
$$

$$
Cov(\boldsymbol{x}) = \Sigma_{xx} = \Lambda_x \Sigma_{\xi\xi} \Lambda_x^T + \Theta_\delta = \Lambda_x \Phi \Lambda_x^T + \Theta_\delta \tag{4.3.6}
$$

$$
Cov(\boldsymbol{y}, \boldsymbol{x}) = \Sigma_{yx} = \Lambda_y \Sigma_{\eta\xi} \Lambda_x^T = \Lambda_y (I-B)^{-1} \Gamma \Phi \Lambda_x^T \tag{4.3.7}
$$

$$
Cov(\boldsymbol{x}, \boldsymbol{y}) = \Sigma_{xy} = \Lambda_x \Sigma_{\xi\eta} \Lambda_y^T = \Lambda_x \Phi \Gamma^T (I-B^T)^{-1} \Lambda_y^T \tag{4.3.8}
$$

따라서 (4.3.1) ~ (4.3.3)에 의한 잠재변수가 있는 구조방정식모형의 공분산행렬 $\Sigma(\boldsymbol{\theta})$는 (4.3.5) ~ (4.3.8)의 부행렬 $\Sigma_{\eta\eta}$, $\Sigma_{\eta\xi}$, $\Sigma_{\xi\eta}$, $\Sigma_{\xi\xi}$로 이루어진다. 다시 말해서 이는 1.4절의 구조방정식모형에서 이미 반응변수 $\boldsymbol{x} = (x_1, ..., x_q)^T$와 $\boldsymbol{y} = (y_1, ..., y_p)^T$에 결합변수로 크기가 $(p+q)\times 1$인 $\boldsymbol{z} = (\boldsymbol{y}^T, \boldsymbol{x}^T)^T$를 고려하여 계산된 (1.4.1)의 공분산행렬 $Cov(\boldsymbol{z}) = \Sigma$에 포함되어 있다.

일반적으로 설문지에 의한 통계조사에서 설문지 문항에 해당하는 (4.3.1)과 (4.3.2)의 $\boldsymbol{x} = (x_1, ..., x_q)^T$와 $\boldsymbol{y} = (y_1, ..., y_p)^T$는 잠재변수 $\boldsymbol{\xi} = (\xi_1, ..., \xi_n)^T$와 $\boldsymbol{\eta} = (\eta_1, ..., \eta_m)^T$를 구성하는 개별 잠재변수와의 관계를 구조적으로 형성하는 모형으로 이루어진다. 특히 $\boldsymbol{x}$와 $\boldsymbol{y}$는 각각의 잠재변수에 대하여 내생변수가 되며 잠재변수는 외생변수가 된다. 특히 잠재변수 $\boldsymbol{\xi}$는 잠재변수 $\boldsymbol{\eta}$에 대해 외생변수가 되는 것이다. 더군다나 잠재변수 $\boldsymbol{\eta}$의 일부도 잠재변수 $\boldsymbol{\eta}$의 일부에 대해 외생변수가 되는 복잡한 구조의 구조방정식모형이 된다.

[보기 4.3.1] 경로도 [그림 4.2.1]의 잠재변수가 있는 구조방정식모형의 구축

[그림 4.2.1]의 경로도를 바탕으로 잠재변수가 있는 구조방정식모형을 구축하여 보자. 일반적으로 잠재변수가 있는 구조방정식모형은 측정모형과 구조모형으로 나누어지므로 다음과 같이 세워진다. 여기서 관측변수는 $\boldsymbol{x} = (x_i, x_j)^T$ 와 $\boldsymbol{y} = (y_k, y_j)^T$ 이고 잠재변수는 $\boldsymbol{\xi} = (\xi_k, \xi_l)^T$ 와 $\boldsymbol{\eta} = (\eta_g, \eta_h)^T$ 이다.

측정모형(measurement model)

$$\begin{aligned} x_i &= \lambda^x_{ik}\xi_k + \delta_i \\ x_j &= \lambda^x_{jk}\xi_l + \delta_j \end{aligned} \Leftrightarrow \begin{pmatrix} x_i \\ x_j \end{pmatrix} = \begin{pmatrix} \lambda^x_{ik} & 0 \\ \lambda^x_{jl} & 0 \end{pmatrix}\begin{pmatrix} \xi_k \\ \xi_l \end{pmatrix} + \begin{pmatrix} \delta_i \\ \delta_j \end{pmatrix}$$

$$\Leftrightarrow \boldsymbol{x} = \Lambda_x \boldsymbol{\xi} + \boldsymbol{\delta}$$

$$\begin{aligned} y_k &= \lambda^y_{kg}\eta_g + \epsilon_k \\ y_j &= \lambda^y_{jh}\eta_h + \epsilon_j \end{aligned} \Leftrightarrow \begin{pmatrix} y_k \\ y_j \end{pmatrix} = \begin{pmatrix} \lambda^y_{kg} & 0 \\ \lambda^y_{jh} & 0 \end{pmatrix}\begin{pmatrix} \eta_g \\ \eta_h \end{pmatrix} + \begin{pmatrix} \epsilon_k \\ \epsilon_j \end{pmatrix}$$

$$\Leftrightarrow \boldsymbol{y} = \Lambda_y \boldsymbol{\eta} + \boldsymbol{\epsilon}$$

구조모형(structure model)

$$\begin{aligned} \eta_g &= \gamma_{gk}\xi_k + \gamma_{gl}\xi_l + \zeta_g \\ \eta_h &= \beta_{hg}\eta_g + \gamma_{hl}\xi_l + \zeta_h \end{aligned} \Leftrightarrow \begin{pmatrix} \eta_h \\ \eta_h \end{pmatrix} = \begin{pmatrix} 0 & 0 \\ \beta_{hg} & 0 \end{pmatrix}\begin{pmatrix} \eta_g \\ \eta_h \end{pmatrix} + \begin{pmatrix} \gamma_{gk} & \gamma_{gl} \\ \gamma_{hl} & 0 \end{pmatrix}\begin{pmatrix} \xi_k \\ \xi_l \end{pmatrix} + \begin{pmatrix} \zeta_1 \\ \zeta_2 \end{pmatrix}$$

$$\Leftrightarrow \eta = B\eta + \Gamma\xi + \zeta$$

[보기 4.3.1]과 같은 잠재변수가 있는 구조방정식모형의 구축에서 실제 잠재변수 간의 구조모형의 해석에 관심을 두게 되며 이들 간에 미치는 효과를 평가하게 된다. 4.4절의 적용 사례를 3가지를 통해 측정모형과 구조모형으로 구성된 잠재변수가 있는 구조방정식모형을 이해하고 이들 모형을 적합하기 위한 R-코드 모형 작성 등 R 패키지 lavaan의 함수 sem의 활용을 살펴보자.

4.4 적용 사례

4.4.1절에는 교장의 수업지도성 행위가 학교효과성에 미치는 영향(백지선, 1994)과 관련된 이론적 모형으로 제시하고, 그 모형을 구성하는 변수들 간의 인과관계에 관한 구조방정식모형을 살펴 보려한다. 4.4.2절에서는 가족변수와 자아정체감 성취 수준이 진로결정수준에 어떠한 경로를 통하여 영향을 미치는 지에 대한 사례(김미현, 최용석, 2007)를

살펴보려 한다. 4.4.3절에서는 해병대 복무 만족도에 영향을 미치는 요인으로 보급의 만족도, 보급물량의 적절성, 보급의 적시성 및 신뢰성, 군수품의 경제적 운용에 관한 사례(김우현, 최용석, 2012)를 보고자 한다. 이들 세 사례 모두 설문조사를 기반에 두고 있으며 설문지 문항을 관측변수로 하는 측정모형을 고려하고 잠재변수에 대한 구조모형을 고려한 전형적인 잠재변수를 가진 구조방정식모형에 관한 연구이다. 이들 사례는 이미 통계 관련 상담보고서나 저널에서 발간된 소고로 여기서는 전체적으로 잠재변수가 있는 구조방정식모형의 관점에서 재편집하였다.

4.4.1 사례 1: 교장의 수업지도성 행위가 학교효과성에 미치는 영향 연구

1) 자료 및 설문지구성

이 사례는 통계상담에서 이루어진 백지선(1994)에서 교장의 수업지도성 행위가 학교효과성에 미치는 영향과정을 이론적 모형으로 제시하고, 그 모형을 구성하는 변인들 간의 인과관계를 구조방정식모형을 통하여 알아본 결과를 R의 lavaan 패키지를 활용하여 재구성한 것이다.

조사는 부산시내 인문계 고등학교 53개를 무작위로 추출하여 각 학교에 설문지 20부씩을 분배하여 회수하는 방법으로 교사 1000명을 대상으로 하였다. 본 조사에서 학교효과성은 학교 교육활동의 모든 성과를 포함하는 측정지표를 포함시켜 평가해야 하나, 학생들의 지적영역에서의 교육성과를 측정한 대학수학능력시험 전국모의고사 학교별 점수만을 그것의 지표로 삼았다. 사용되어진 설문지의 구성은 다음과 같고 이들 각 문항은 5점 척도로 이루어져 있으며 참고로 설문지는 4장의 맨 마지막 부록에 넣어둔다.

[구성 1] 교사가 지각한 교장의 수업지도성 행위를 파악하기 위한 50개 문항:

결코 볼 수 없다−1점, 좀처럼 볼 수 없다−2점, 때때로 볼 수 있다−3점, 자주 볼 수 있다−4점, 거의 항상 볼 수 있다−5점.

[구성 2] 교사 자신이 지각한 교사의 수업지도 행위에 관한 15개 문항:

전혀 그렇지 않다−1점, 좀처럼 그렇지 않다−2점, 때때로 그렇게 한다−3점, 자주 그렇게 한다−4점, 거의 항상 그렇게 한다−5점.

2) 자료 및 변수

설문지 [구성 1]로부터 교장의 수업지도성 행위를 구체적으로 기술하기 위하여 탐색적 인자분석을 이용하여 50개의 문항을 5개의 구체적 행위로 구분하였다. 설문지 [구성 2]로부터 교사의 수업지도 행위에 대한 15문항은 3가지 구체적인 행위로 생각하여 [표 4.4.1]과 같이 정리하였다. 엄밀하게 말해서 [표 4.1.1]의 관측변수는 이들을 구성하는 설문지 문항에 의해서 구성되는 외생 잠재변수에 대한 내생변수이다. 이들 관측변수로 이루어지는 3가지 잠재변수로 ξ_1=교장의 수업지도성 행위, η_1=교사의 수업지도 행위, η_2=학교 효과성를 고려하기로 하자. 실제 ξ_1은 외생 잠재변수이고 이것에 의해 영향을 받는 η_1과 η_2는 내생 잠재변수이다.

변수들의 측정단위가 다르므로 구조방정식모형에 사용된 11개 관측변수간의 상관행렬은 [자료 4.4.1]을 고려하자. 여기서 특별히 y_1=수업내용과 지식, y_2=수업의 기술적 측면, y_3=수업의 열성도와 y_4=언어영역 점수, y_5=수리탐구영역 점수, y_6=영어 점수간의 상관계수 값이 크지가 않다.

[표 4.4.1] 교사의 수업지도 행위와 교장의 수업지도성 행위 변수의 재구성 및 요약

잠재변수	관측변수
ξ_1 = 교장 수업지도성 행위	x_1 = 학교목표의 구안
	x_2 = 수업조직
	x_3 = 수업개선
	x_4 = 수업지원
	x_5 = 학업성취의 확인
η_1 = 교사 수업지도 행위	y_1 = 수업내용과 지식
	y_2 = 수업의 기술적 측면
	y_3 = 수업의 열성도
η_2 = 학교 효과성	y_4 = 언어영역 점수
	y_5 = 수리탐구영역 점수
	y_6 = 영어 점수

[자료 4.4.1] 교사의 수업지도 행위와 교장의 수업지도성 행위 자료의 상관행렬

	y_1	y_2	y_3	y_4	y_5	y_6	x_1	x_2	x_3	x_4	x_5
y_1	1.000										
y_2	0.675	1.000									
y_3	0.721	0.633	1.000								
y_4	−0.011	0.018	−0.023	1.000							
y_5	−0.021	0.010	−0.036	0.474	1.000						
y_6	0.015	0.016	0.005	0.662	0.732	1.000					
x_1	0.377	0.416	0.341	0.112	0.132	0.152	1.000				
x_2	0.464	0.467	0.421	0.115	0.110	0.159	0.762	1.000			
x_3	0.426	0.444	0.400	0.104	0.085	0.133	0.778	0.828	1.000		
x_4	0.432	0.424	0.440	0.117	0.100	0.154	0.746	0.816	0.825	1.000	
x_5	0.365	0.391	0.410	0.175	0.075	0.113	0.581	0.688	0.701	0.733	1.000

3) 경로도

교장의 수업지도성 행위가 교사의 수업지도 행위라는 중간과정을 통해 학교효과성에 미치는 영향을 알아보기 위하여 [그림 4.4.1]과 같은 경로도를 제안한다. 특히, 외생 잠재변수 ξ_1(교장 수업지도성 행위)에 미치는 관측변수로 x_1(학교목표의 구안), x_2(수업조직), x_3(수업개선), x_4(수업지원), x_5(학업성취의 확인)를 고려한다. 내생 잠재변수 η_1(교사 수업지도 행위)에 미치는 관측변수로 y_1(수업내용과 지식), y_2(수업의 기술적 측면), y_3(수업의 열성도)를 고려하며 잠재변수 η_2(학교 효과성)에는 y_4(언어영역 점수), y_5(수리탐구영역 점수), y_6(영어 점수)가 관측변수가 된다. 이들 잠재변수들 사이에 ξ_1(교장 수업지도성 행위)은 η_1(교사 수업지도 행위)과 η_2(학교 효과성)에 각각 직접 영향을 미치며 η_1(교사 수업지도 행위)는 η_2(학교 효과성)에 영향을 미친다고 본다. 이를 바탕으로 한 구조방정식모형은 4) 잠재변수가 있는 구조방정식모형의 설정에 주어져 있다.

실제 경로도 [그림 4.4.1]은 [R-코드 4.4.1]의 # Diagram for SEM with latent variables 이하 library(semPlot)의 함수 semPaths()에 의해서 적합된 경로계수를 확인할 수 있는데 여기서는 생략한다.

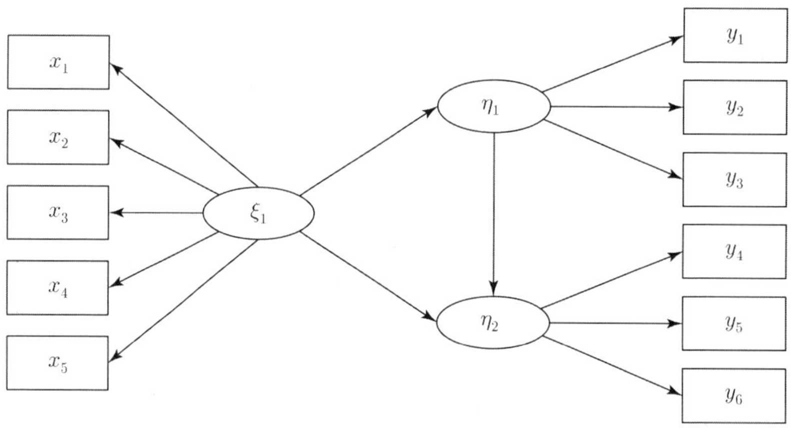

[그림 4.4.1] 수업지도성 행위에 관한 잠재변수가 있는 SEM의 경로도

4) 잠재변수가 있는 구조방정식모형의 설정

[표 4.4.1]의 관측변수를 통해 얻어지는 잠재변수의 구조모형을 위한 경로도 [그림 4.4.1]을 바탕으로 다음과 같은 측정모형과 구조모형을 세워보자.

측정모형(measurement model)

$$\left.\begin{aligned} x_1 &= \lambda^x_{11}\xi_1 + \delta_1 \\ x_2 &= \lambda^x_{21}\xi_1 + \delta_2 \\ &\vdots \\ x_5 &= \lambda^x_{51}\xi_1 + \delta_5 \end{aligned}\right. \Leftrightarrow \boldsymbol{x} = \Lambda_x \boldsymbol{\xi} + \boldsymbol{\delta}$$

$$\left.\begin{aligned} y_1 &= \lambda^y_{11}\eta_1 + \epsilon_1 \\ y_2 &= \lambda^y_{21}\eta_1 + \epsilon_2 \\ y_3 &= \lambda^y_{31}\eta_1 + \epsilon_3 \\ y_4 &= \lambda^y_{42}\eta_2 + \epsilon_4 \\ y_5 &= \lambda^y_{52}\eta_2 + \epsilon_5 \\ y_6 &= \lambda^y_{62}\eta_2 + \epsilon_6 \end{aligned}\right. \Leftrightarrow \boldsymbol{y} = \Lambda_y \boldsymbol{\eta} + \boldsymbol{\epsilon}$$

구조모형(structure model)

$$\begin{aligned}\eta_1 &= \gamma_{11}\xi_1 + \zeta_1 \\ \eta_2 &= \gamma_{21}\xi_1 + \beta_{21}\eta_1 + \zeta_2\end{aligned} \Leftrightarrow \begin{pmatrix}\eta_1\\ \eta_2\end{pmatrix} = \begin{pmatrix}0 & 0\\ \beta_{21} & 0\end{pmatrix}\begin{pmatrix}\eta_1\\ \eta_2\end{pmatrix} + \begin{pmatrix}\gamma_{11}\\ \gamma_{21}\end{pmatrix}\xi_1 + \begin{pmatrix}\zeta_1\\ \zeta_2\end{pmatrix}$$

$$\Leftrightarrow \eta = B\eta + \Gamma\xi + \zeta$$

측정모형과 구조모형의 대수적 구성을 살펴보자. 측정모형 $x = \Lambda_x\xi + \delta$에서 $\xi = \xi_1$로 교장의 수업지도성 행위를 나타내는 잠재변수이고 $x = (x_1, \ldots, x_5)^T$는 관측변수 $x_1 \sim x_5$로 이루어진 크기가 5×1인 벡터이다. 측정모형 $y = \Lambda_y\eta + \epsilon$에서는 $\eta = (\eta_1,\ \eta_2)^T$로 η_1과 η_2는 각각 교사의 수업지도 행위와 학교 효과성을 나타내는 잠재변수이고 $y = (y_1, \ldots, y_6)^T$는 관측변수 $y_1,\ y_2,\ y_3$와 $y_4,\ y_5,\ y_6$로 이루어진 크기가 6×1벡터이다.

두 측정모형에서 Λ_x와 Λ_y는 계수행렬(coefficient matrix)로 다음과 같다.

$$\Lambda_x = \begin{pmatrix}1.0\\ \lambda_{21}^x\\ \lambda_{31}^x\\ \lambda_{41}^x\\ \lambda_{51}^x\end{pmatrix},\quad \Lambda_y = \begin{pmatrix}1.0 & 0\\ \lambda_{21}^y & 0\\ \lambda_{31}^y & 0\\ 0 & 1.0\\ 0 & \lambda_{52}^y\\ 0 & \lambda_{62}^y\end{pmatrix}$$

여기서 계수행렬의 원소를 1.0이라고 둔 것은 제안된 모형에서는 관심이 없는 변수들에 관련된 추정할 모수의 개수를 줄이기 위해서이다. 즉, Λ_y와 Λ_x보다는 구조모형에서 Γ와 B에 더 많은 관심이 있으며 이 방법은 R 패키지 lavaan의 함수 sem에서 자동으로 진행된다.

다음으로 구조모형 $\eta = B\eta + \Gamma\xi + \zeta$의 Γ와 B는 다음과 같다.

$$B = \begin{pmatrix}0 & 0\\ \beta_{21} & 0\end{pmatrix},\quad \Gamma = \begin{pmatrix}\gamma_{11}\\ \gamma_{21}\end{pmatrix}$$

여기서 B를 부분대각행렬이고 원소 β_{21}은 잠재변수 η_1이 η_2에 미치는 직접적인 영향을 나타내다. Γ의 γ_{11}은 ξ_1이 η_1에, γ_{21}은 ξ_1이 η_2에 미치는 직접적인 영향을 나타낸다.

구조방정식모형에서 주된 관심 대상은 잠재변수들 간의 인과관계이므로 이를 2가지 귀무가설화하면 다음과 같다.

H_{01}: 교장의 수업지도성 행위는 교사의 수업지도 행위를 거쳐 학교 효과성에 간접적으로 영향을 미친다,

H_{02}: 교장의 수업지도성 행위는 학교효과성에 직접적인 영향을 미친다.

5) 모형의 적합

구조방정식모형을 위한 R 패키지 lavaan에서 제공하는 모형에 대한 몇 가지 중요한 적합도 통계량으로는 X^2, GFI, CFI, $RMSEA$ 외에 다양한 적합도 지수가 있음을 이미 설명한바 있다. 여기에서는 4) 잠재변수가 있는 구조방정식모형의 설정에서 이들 4가지 통계량을 살펴보면 X^2-통계량의 유의확률인 $p-$값$=0.000$은 제안한 모형을 기각하고 나머지 통계량들은 제시한 모형을 채택하는 것으로 나타난다. 즉, GFI와 CFI는 모두 0.90 이상의 값을 나타내며 $RMSEA$ 값은 0.057로 0에 가까워 제안한 모형은 어느 정도 타당하다고 판단된다.

더불어 모형구조식의 경로계수인 모수는 [R-코드 4.4.1]에 의해서 얻어진 [결과 4.4.1]의 (2)에서 찾아볼 수 있으며 그 결과를 [표 4.4.2]에 정리하여 두었다. 특히 [표 4.4.2]에서는 각 모수들에 대한 추정치와 모수의 유의성검정을 위한 검정통계량 $z-$값과 유의확률 $p-$값을 제공하고 있다. 이들 검정통계량은 유의수준 5%에서 모두 유의함을 보여준다.

[표 4.4.2] 구조방정식모형의 모수들의 추정과 유의성 검정

모수	추정치	표준오차	$z-$값	$p-$값
λ_{21}^x	1.091	0.029	37.132	0.000
λ_{31}^x	1.102	0.029	37.795	0.000
λ_{41}^x	1.092	0.029	37.189	0.000
λ_{51}^x	0.925	0.032	28.593	0.000
λ_{21}^y	0.902	0.033	27.349	0.000
λ_{31}^y	0.949	0.033	28.825	0.000
λ_{52}^y	1.106	0.051	21.483	0.000
λ_{62}^y	1.525	0.074	20.584	0.000
γ_{11}	0.599	0.035	17.166	0.000
γ_{21}	0.183	0.034	5.415	0.000
β_{21}	−0.089	0.032	−2.732	0.006

[R-코드 4.4.1] 교사의 수업지도 행위와 교장의 수업지도성 행위의 SEM(teacher-latent-sem.R)

```
## SEM with latent variables of Teacher Data
library(lavaan)

# Input data
teacher=lav_matrix_lower2full(c(
1.000,
 0.675, 1.000,
 0.721, 0.633,  1.000,
-0.011, 0.018, -0.023, 1.000,
-0.021, 0.010, -0.036, 0.474, 1.000,
 0.015, 0.016,  0.005, 0.662, 0.732, 1.000,
 0.377, 0.416,  0.341, 0.112, 0.132, 0.152, 1.000,
 0.464, 0.467,  0.421, 0.115, 0.110, 0.159, 0.762, 1.000,
 0.426, 0.444,  0.400, 0.104, 0.085, 0.133, 0.778, 0.828, 1.000,
 0.432, 0.424,  0.440, 0.117, 0.100, 0.154, 0.746, 0.816, 0.825, 1.000,
 0.365, 0.391,  0.410, 0.175, 0.075, 0.113, 0.581, 0.688, 0.701, 0.733, 1.000))

teacher=data.frame(teacher,
row.names=c("y1", "y2", "y3", "y4", "y5", "y6",
            "x1", "x2", "x3", "x4", "x5"))
names(teacher)=c("y1", "y2", "y3", "y4", "y5", "y6",
            "x1", "x2", "x3", "x4", "x5")
teacher=as.matrix(teacher);teacher

# Create model: Measurement, Structural
teacher.model='
# M model
ksi1=~x1 + x2 + x3 + x4 + x5
eta1=~y1 + y2 + y3
eta2=~y4 + y5 + y6
#S model
eta1~ksi1
eta2~ksi1 + eta1
'

# Select fit indices
index=c("chisq", "df", "pvalue", "cfi", "rmsea", "gfi")

# Run SEM with latent variables
fit=sem(model=teacher.model, sample.cov=teacher, sample.nobs=1000)
fitMeasures(fit, index)

# Summarization of results
summary(fit, standardized=TRUE)

# Diagram for SEM with latent variables
#install.packages("semPlot")
```

```
library(semPlot)
semPaths(fit, whatLabels="estimate", style="lisrel", nCharNodes=0, edge.label.cex = 0.7)
```

[결과 4.4.1] [R-코드 4.4.1]의 결과

(1) 모형 적합도 지수

```
> fitMeasures(fit, index)
  chisq       df   pvalue     cfi    rmsea     gfi
175.794   41.000    0.000   0.982    0.057   0.968
```

(2) 모형의 모수 추정

```
> summary(fit, standardized=TRUE)
Latent Variables:
                   Estimate  Std.Err  z-value  P(>|z|)   Std.lv  Std.all
  ksi1 =~
    x1                1.000                                0.830    0.830
    x2                1.091    0.029   37.132    0.000    0.905    0.906
    x3                1.102    0.029   37.795    0.000    0.915    0.915
    x4                1.092    0.029   37.189    0.000    0.906    0.907
    x5                0.925    0.032   28.593    0.000    0.768    0.768
  eta1 =~
    y1                1.000                                0.867    0.867
    y2                0.902    0.033   27.349    0.000    0.781    0.782
    y3                0.949    0.033   28.825    0.000    0.822    0.822
  eta2 =~
    y4                1.000                                0.659    0.659
    y5                1.106    0.051   21.483    0.000    0.728    0.729
    y6                1.525    0.074   20.584    0.000    1.004    1.005

Regressions:
                   Estimate  Std.Err  z-value  P(>|z|)   Std.lv  Std.all
  eta1 ~
    ksi1              0.599    0.035   17.166    0.000    0.573    0.573
  eta2 ~
    ksi1              0.183    0.034    5.415    0.000    0.230    0.230
    eta1             -0.089    0.032   -2.732    0.006   -0.117   -0.117

Variances:
                   Estimate  Std.Err  z-value  P(>|z|)   Std.lv  Std.all
   .x1                0.311    0.016   19.618    0.000    0.311    0.311
   .x2                0.179    0.011   16.596    0.000    0.179    0.180
   .x3                0.162    0.010   15.844    0.000    0.162    0.162
   .x4                0.178    0.011   16.536    0.000    0.178    0.178
```

```
 .x5          0.410    0.020   20.595    0.000    0.410    0.410
 .y1          0.248    0.021   12.079    0.000    0.248    0.248
 .y2          0.388    0.023   17.040    0.000    0.388    0.389
 .y3          0.323    0.021   15.061    0.000    0.323    0.324
 .y4          0.565    0.029   19.539    0.000    0.565    0.566
 .y5          0.469    0.027   17.281    0.000    0.469    0.469
 .y6         -0.010    0.033   -0.293    0.770   -0.010   -0.010
  ksi1        0.688    0.043   15.959    0.000    1.000    1.000
 .eta1        0.504    0.033   15.052    0.000    0.671    0.671
 .eta2        0.418    0.038   11.040    0.000    0.964    0.964
```

6) 효과의 분할

4) 잠재변수가 있는 구조방정식모형의 설정에서 교장의 수업지도성 행위는 교사의 수업지도 행위를 거쳐 학교 효과성에 간접적 영향과 직접적 영향을 미친다는 두 가설 H_{01}와 H_{02}을 고려하였다. 이를 바탕으로 잠재변수간의 인과관계를 설명할 효과의 분할은 [결과 4.4.2]를 참고하여 작성한 [표 4.4.3]과 같다. 이를 위해서는 [R-코드 4.4.3]을 참고 바란다. 특히, [그림 4.4.1]을 참고로 한 구조방정식모형에서 잠재변수에 관련된 구조모형

$$\eta \ = \ B\eta \ + \ \Gamma\xi \ + \ \zeta \tag{4.4.1}$$

에서 $\boldsymbol{\eta} = (\eta_1, \ \eta_2)^T$의 η_1과 η_2는 각각 교사의 수업지도 행위와 학교 효과성을 나타내며 $\boldsymbol{\xi} = \xi_1$로 교장의 수업지도성 행위를 나타낸다. B의 β_{21}은 잠재변수 η_1이 η_2에 미치는 직접적인 영향을 나타내며 Γ의 γ_{11}은 ξ_1이 η_1에 미치는 직접 영향을 나타내며 γ_{21}은 ξ_1이 η_2에 미치는 직접적인 영향을 나타낸다. 따라서 (4.4.1)을 대수적으로 자세히 풀어 살펴보면 다음을 만족한다.

$$\begin{pmatrix}\eta_1\\ \eta_2\end{pmatrix} = \begin{pmatrix}0 & 0\\ \beta_{21} & 0\end{pmatrix}\begin{pmatrix}\eta_1\\ \eta_2\end{pmatrix} + \begin{pmatrix}\gamma_{11}\\ \gamma_{21}\end{pmatrix}\xi_1 + \begin{pmatrix}\zeta_1\\ \zeta_2\end{pmatrix}$$

$$\begin{aligned}\Leftrightarrow \ \eta_1 &= \gamma_{11}\xi_1 + \zeta_1\\ \eta_2 &= \gamma_{21}\xi_1 + \beta_{21}\eta_1 + \zeta_2\end{aligned} \tag{4.4.2}$$

(4.4.2)으로부터 축소모형 (4.4.3)을 얻게 된다.

$$\begin{aligned}\eta_2 &= \gamma_{21}\xi_1 + \beta_{21}(\gamma_{11}\xi_1 + \zeta_1) + \zeta_2\\ &= (\gamma_{21} + \beta_{21}\gamma_{11})\xi_1 + \beta_{21}\zeta_1 + \zeta_2\end{aligned} \tag{4.4.3}$$

이를 바탕으로 [R-코드 4.4.3]의 효과의 분할을 위한 다음과 같은 # Effects: Total and Indirect 이하의 코드를 고려하게 된다. 특히 음영 부분은 잠재변수에 관한 최종 축소모형 (4.4.3)은 코드와 관련하여 Tot_ksi1_eta2:=g21 + g11*b21는 ξ_1이 η_2에 미치는 총효과 $\gamma_{21}+\beta_{21}\gamma_{11}$를 반영한다. 총효과는 직접효과는 γ_{21}와 간접효과 $\beta_{21}\gamma_{11}$로 구성된다. Ind_ksi1_eta2:=g11*b21는 간접효과를 반영한다.

```
# Effects: Total and Indirect
effect='
# M model
ksi1=~x1 + x2 + x3 + x4 + x5
eta1=~y1 + y2 + y3
eta2=~y4 + y5 + y6
# S model
eta1~g11*ksi1
eta2~g21*ksi1 + b21*eta1
```

```
# Indirect Effect
  Ind_ksi1_eta2 := g11*b21
# Total Effect
  Tot_ksi1_eta2 := g21 + g11*b21
'
```

[표 4.4.3] 잠재변수들의 효과 분할표

내생 잠재변수	사전 잠재변수	상관계수	효과의 분할		
			간접효과	직접효과	총효과
교사의 수업지도 행위 η_1	교장의 수업지도성 행위 ξ_1	0.57	–	0.599	0.599
학교 효과성 η_2	교장의 수업지도성 행위 ξ_1	0.166	−0.053	0.183	0.129
	교사의 수업지도 행위 η_1	0.017	–	−0.089	−0.089

7) 효과 분할의 해석

[표 4.4.3]의 효과 분할표를 살펴보면 교장의 수업지도성 행위는 교사의 수업지도 행위에 총효과 0.599로 가장 많은 영향을 미치고 있다. 또한 교장의 수업지도성 행위가 학교

효과성에 미치는 직접효과는 0.183이고 간접효과는 −0.053으로 직접효과와 간접효과를 합하여 0.129가 된다. 그러나 교사의 수업지도 행위가 학교 효과성에 미치는 효과는 −0.089로 음의 영향을 미친다. 이것은 [표 4.4.1]의 상관행렬에서 교사의 수업지도 행위 관련 관측변수 y_1, y_2, y_3와 학교 효과성 관측변수 y_4, y_5, y_6 사이의 상관계수 값이 작거나 음의 값을 가지는 것 때문이라고 생각된다.

[결과 4.4.2] [R-코드 4.4.2]의 결과 일부

```
> summary(effect.fit, fit.measures=TRUE, rsquare=TRUE, standardized=TRUE)
Regressions:
                   Estimate  Std.Err  z-value  P(>|z|)   Std.lv  Std.all
  eta1 ~
    ksi1     (g11)    0.599    0.035   17.166    0.000    0.573    0.573
  eta2 ~
    ksi1     (g21)    0.183    0.034    5.415    0.000    0.230    0.230
    eta1     (b21)   -0.089    0.032   -2.732    0.006   -0.117   -0.117

Defined Parameters:
                   Estimate  Std.Err  z-value  P(>|z|)   Std.lv  Std.all
    Ind_ksi1_eta2    -0.053    0.020   -2.699    0.007   -0.067   -0.067
    Tot_ksi1_eta2     0.129    0.026    4.930    0.000    0.163    0.163
```

[R-코드 4.4.2] 교사의 수업지도 행위와 교장의 수업지도성 행위의 구조방정식모형의 효과분할(teacher-latent-sem-effects.R)

```
## Effects for SEM with latent variables of Teacher Data
library(lavaan)

# Input data
teacher=lav_matrix_lower2full(c(
1.000,
 0.675, 1.000,
 0.721, 0.633,  1.000,
-0.011, 0.018, -0.023, 1.000,
-0.021, 0.010, -0.036, 0.474, 1.000,
 0.015, 0.016,  0.005, 0.662, 0.732, 1.000,
 0.377, 0.416,  0.341, 0.112, 0.132, 0.152, 1.000,
 0.464, 0.467,  0.421, 0.115, 0.110, 0.159, 0.762, 1.000,
 0.426, 0.444,  0.400, 0.104, 0.085, 0.133, 0.778, 0.828, 1.000,
 0.432, 0.424,  0.440, 0.117, 0.100, 0.154, 0.746, 0.816, 0.825, 1.000,
 0.365, 0.391,  0.410, 0.175, 0.075, 0.113, 0.581, 0.688, 0.701, 0.733, 1.000))
```

```
teacher=data.frame(teacher,
row.names=c("y1", "y2", "y3", "y4", "y5", "y6",
                    "x1", "x2", "x3", "x4", "x5"))
names(teacher)=c("y1", "y2", "y3", "y4", "y5", "y6",
                    "x1", "x2", "x3", "x4", "x5")
teacher=as.matrix(teacher);teacher

# Effects: Total and Indirect
effect='
# M model
ksi1=~x1 + x2 + x3 + x4 + x5
eta1=~y1 + y2 + y3
eta2=~y4 + y5 + y6
#S model
eta1~g11*ksi1
eta2~g21*ksi1 + b21*eta1
# Indirect Effect
  Ind_ksi1_eta2 := g11*b21
# Total Effect
  Tot_ksi1_eta2 := g21 + g11*b21
'
effect.fit=sem(effect, sample.cov=teacher, sample.nobs=1000, fixed.x=FALSE)
summary(effect.fit, fit.measures=TRUE, rsquare=TRUE, standardized=TRUE)
```

4.4.2 사례 2: 진로 결정 수준에 영향을 미치는 가족변수와 개인변수에 관한 연구

1) 연구내용

개인변수인 자아정체감 수준(정체감 성취와 정체감 혼란)에 따라 가족변수인 부모에 대한 심리적 독립과 애착이 진로결정수준에 미치는 영향이 어떠한지를 살펴보려 한다. 이들은 설문조사를 통해 잠재변수로 구성되며 이들에 의한 구조방정식모형을 통하여 부모와의 관계가 정체감 발달단계에 따라 진로결정에 미치는 영향을 알아보려 한다. 연구 대상은 부산 시내에 소재한 남녀공학 3개교와 남학교 3개교 여학교 3개교를 표집하여 1개교에 1개의 학급을 표집하였다. 총 360명을 대상으로 2006년 7월 동안 [표 4.4.5]의 잠재변수인 진로 결정 수준 검사, 부모애착 검사, 심리적 독립 검사, 자아정체감 검사관련 설문지를 배포한 결과 최종적으로 316부가 회수되었으며, 회수된 설문지 가운데 무응답이 많은 15부가 제외된 301(95.25%)부가 선정되었다. 총 표집 인원 301명 중 남학생이 159명(52.8%)이고 여학생은 142명(47.2%)로 [표 4.4.4]와 같다.

[표 4.4.4] 연구대상의 구성

구분	학교수	학생수(%)		
		남학생	여학생	계
남·녀공학교	3	75(24.9)	69(22.9)	144(47.8)
남학교	3	84(27.9)	–	84(27.9)
여학교	3	–	73(24.3)	73(24.3)
계	9	159(52.8)	142(47.2)	301(100)

2) 자료 및 변수

설문지를 위한 4가지 검사와 관련하여 [표 4.4.5]의 문항 수를 바탕으로 진로결정수준은 4점 척도, 부모와의 애착은 5점 척도 부모와의 심리적 독립은 5점 척도 자아정체감은 4점 척도로 하여 이루어졌다. 특히, [표 4.4.5]에 따르면 부산지역 중학생들은 진로결정수준은 높은 편이며, 아버지와의 애착(40.98)보다 어머니(42.67)와 더 많은 애착을 경험하고 있으며, 어머니와 아버지로부터 심리적으로 독립은 비슷하며, 정체감 발달 수준에 있어서 성취(12.91)가 혼란(10.07)보다 더 많이 경험하는 것으로 나타났다.

[표 4.4.5] 진로결정수준, 가족변수 및 개인변수의 평균과 표준편차

잠재변수	문항수	평균	표준편차	최소값	최대값
진로결정수준	12	32.54	6.66	13	48
모와의 애착	13	42.67	10.59	11	59
부와의 애착	13	40.98	10.57	11	59
모와의 심리적 독립	17	54.62	9.38	28	82
부와의 심리적 독립	17	54.98	9.20	30	81
정체감 성취	5	12.91	2.72	6	20
정체감 혼란	5	10.07	2.73	5	19

3) 경로도

본 사례에서 고려할 구조방정식모형을 위한 경로도를 [그림 4.4.2]에서 보여주고 있다. 여기서 가족 잠재변수로 부모와의 애착과 심리적 독립이 있으며, 개인 잠재변수로는 자아정체감이 있다. 따라서 검토할 연구모형으로 첫째, 부모와의 애착은 자아정체감을 통해 직접과 간접으로 진로결정수준에 영향을 주며 둘째, 부모와의 심리적 독립은 자아정체감을 통해 진로결정수준에 영향을 준다는 것이다.

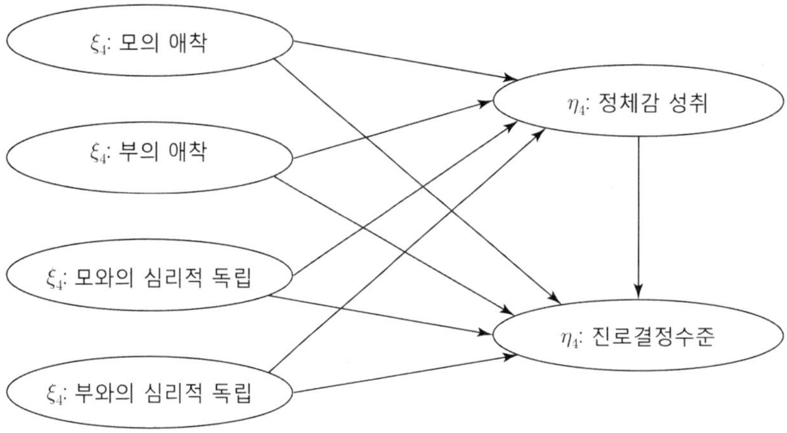

[그림 4.4.2] 중학생의 진로결정수준에 대한 경로도

4) 잠재변수가 있는 구조방정식모형의 설정

실제로 [그림 4.4.2]는 [표 4.4.6]의 측정모형을 통해 얻어지는 잠재변수들만의 구조모형을 위한 경로도이다. 특히, [표 4.4.6]의 6가지 잠재변수를 형성하는 설문지 문항과 관련된 관측변수를 각각 요약하고 있다. 이를 바탕으로 측정모형 (4.4.5)와 (4.4.6)과 구조모형 (4.4.7)을 세워보자.

[표 4.4.6] 문항의 관측변수와 잠재변수의 관계

잠재변수	문항수	관측변수	측정모형
η_1 = 정체감 성취	5	$y_{11} \sim y_{15}$	$\boldsymbol{y} = \Lambda_y \boldsymbol{\eta} + \boldsymbol{\epsilon}$
η_2 = 진로결정수준	12	$y_{21} \sim y_{212}$	
ξ_1 = 모와의 애착	13	$x_{11} \sim x_{113}$	$\boldsymbol{x} = \Lambda_x \boldsymbol{\xi} + \boldsymbol{\delta}$
ξ_2 = 부와의 애착	13	$x_{21} \sim x_{213}$	
ξ_3 = 모와의 심리적 독립	17	$x_{31} \sim x_{317}$	
ξ_4 = 부와의 심리적 독립	17	$x_{41} \sim x_{417}$	

측정모형(measurement model)

$$
\left.
\begin{array}{l}
x_{11} = \lambda^x_{11,1}\xi_1 + \delta_{11} \\
x_{12} = \lambda^x_{12,1}\xi_1 + \delta_{12} \\
\quad\vdots \\
x_{113} = \lambda^x_{113,1}\xi_1 + \delta_{113} \\
\hline
\quad\vdots \\
\hline
x_{41} = \lambda^x_{41,4}\xi_4 + \delta_{41} \\
x_{42} = \lambda^x_{42,4}\xi_4 + \delta_{42} \\
\quad\vdots \\
x_{417} = \lambda^x_{417,4}\xi_4 + \delta_{417}
\end{array}
\right.
\Leftrightarrow \boldsymbol{x} = \Lambda_x \boldsymbol{\xi} + \boldsymbol{\delta} \qquad (4.4.5)
$$

$$
\left.
\begin{array}{l}
y_{11} = \lambda^y_{11,1}\eta_1 + \epsilon_{11} \\
y_{12} = \lambda^y_{12,1}\eta_1 + \epsilon_{12} \\
\quad\vdots \\
y_{15} = \lambda^y_{15,1}\eta_1 + \epsilon_{15} \\
\hline
y_{21} = \lambda^y_{21,2}\eta_2 + \epsilon_{21} \\
y_{22} = \lambda^y_{22,2}\eta_2 + \epsilon_{22} \\
\quad\vdots \\
y_{212} = \lambda^y_{212,2}\eta_2 + \epsilon_{212}
\end{array}
\right.
\Leftrightarrow \boldsymbol{y} = \Lambda_y \boldsymbol{\eta} + \boldsymbol{\epsilon} \qquad (4.4.6)
$$

구조모형(structure model)

$$
\begin{pmatrix} \eta_1 \\ \eta_2 \end{pmatrix} = \begin{pmatrix} 0 & 0 \\ \beta_{21} & 0 \end{pmatrix} \begin{pmatrix} \eta_1 \\ \eta_2 \end{pmatrix} + \begin{pmatrix} \gamma_{11} & \gamma_{12} & \gamma_{13} & \gamma_{14} \\ \gamma_{21} & \gamma_{22} & \gamma_{23} & \gamma_{24} \end{pmatrix} \begin{pmatrix} \xi_1 \\ \xi_2 \\ \xi_3 \\ \xi_4 \end{pmatrix} + \begin{pmatrix} \zeta_1 \\ \zeta_2 \end{pmatrix}
$$

$$
\Leftrightarrow \boldsymbol{\eta} = B\boldsymbol{\eta} + \Gamma\boldsymbol{\xi} + \boldsymbol{\zeta} \qquad (4.4.7)
$$

여기서 측정모형 (4.4.5)에서 외생 잠재변수 ξ_1(정체감 성취)에 의해 설명되어지는 설문지 13개 문항 $x_{11} \sim x_{113}$에 대한 것과 잠재변수 ξ_4(부와의 심리적 독립)에 의해 설명되는 설문지 문항 17개 $x_{41} \sim x_{417}$에 대한 확증적 인자분석모형처럼 구축되어 있다. ξ_2(부와의 애착)과 ξ_3(모와의 심리적 독립)에 대한 것은 생략하였다. 내생 잠재변수 η_1(정체감 성취), η_2(진로결정수준)에 대해서는 같은 원리로 측정모형 (4.4.6)을 세울 수 있다. 구조모형 (4.4.7)은 [그림 4.4.2]의 경로도에서 잠재변수 간의 인과관계를 보여주는 모형이다.

5) 효과의 분할

내생 잠재변수 η_1(정체감 성취)과 η_2(진로결정수준)에 대한 구조방정식모형을 적합하고 효과 분할표 [표 4.4.7]을 제공하고 있다.

[표 4.4.7] 정체감 성취 중학생의 진로결정수준에 대한 효과 분할표

내생 잠재변수	사전 잠재변수	상관계수	효과의 분할		
			직접효과	간접효과	총효과
진로결정수준	모와의 애착	0.31	0.16	0.03	0.19
	부와의 애착	0.28	0.06	0.01	0.07
	모와의 심리적 독립	0.26	0.28	–	0.28
	부와의 심리적 독립	0.21	−0.11	−0.01	−0.12
	자아정체감 성취	0.21	0.17	–	0.17
자아정체감 성취	모와의 애착	0.20	0.16	–	0.16
	부와의 애착	0.18	0.08	–	0.08
	모와의 심리적 독립	−0.01	−0.02	–	−0.02
	부와의 심리적 독립	−0.02	−0.09	–	−0.09

6) 효과 분할의 해석

[표 4.4.7]에 의하면, 자아정체감 성취와 중학생의 진로결정수준에 영향을 미치는 가족 잠재변수의 효과의 해석을 크기 순서로 비교해 보기로 하자. 먼저 진로결정수준에 미치는 직접효과는 모와의 심리적 독립(0.28), 자아정체감 성취(0.17), 모와의 애착(0.16), 부와의 애착(0.06) 그리고 부와의 심리적 독립(−0.11)순이다. 간접효과는 모와의 애착(0.03), 부와의 애착(0.01)순이며 총효과는 모와의 심리적 독립(0.28), 모와의 애착(0.19), 부와의 애착(0.07), 부와의 심리적 독립(−0.12) 순이다.

따라서 모의 애착은 자아정체감 성취와 진로결정수준에 미치는 직접적 영향력이 높다, 그러나 모와의 심리적 독립을 통하여 자아정체감 성취가 높은 학생들은 자신의 진로결정수준이 높다.

4.4.3 사례 3: 해병대 복무 만족도에 미치는 요인 연구

1) 연구내용

김우현과 최용석(2012)은 해병대 복무 만족도에 영향을 미치는 요인으로 보급의 만족도, 보급물량의 적절성, 보급의 적시성 및 신뢰성, 군수품의 경제적 운용을 고려하려 한다. 이러한 요인들을 잠재변수로 하면서 군수분야의 모든 영역을 다 포함할 수 있도록 다양화하고 그 요인들이 어떻게 상호 영향을 미치고 설명이 되는지 잠재변수가 있는 구조방정식모형을 통하여 분석하고자 하였다.

2) 자료 및 변수

본 사례에서는 [표 4.4.8]과 같이 해병대 병사를 대상으로 설문조사를 통해 군수품(보급물자)을 피 지원부대에 지원함에 있어 보급의 제요소 중 어떤 분야가 실질적인 소비자인 각개병사에 있어 가장 중요하게 생각하는지를 알아보았다. 설문조사에서 군 특성상 간부들의 상급자의 사전 교육 등과 같이 조사에 영향을 미칠 수 있는 요인을 배제하기 위해 설문인원 선정을 단일부대에 한정하지 않고 지역별 부대별 균등하게 추출하며, 별도의 장소에서 실시하였다. 2010년 6월 중 총 22개 부대의 210명을 대상으로 설문조사를 실시한 결과 210부 모두 다 회수되었으나 무응답, 신뢰성 부족 등의 설문지 46부를 제외한 최종 154부가 선정되었다.

[표 4.4.8] 연구대상의 구성

구분	부대수	인원 현황				
		전투병과 (일병 이하)	전투병과 (상병 이상)	기행병과 (일병 이하)	기행병과 (상병 이상)	합계
접적부대	5	16	19	–	–	35
후방부대	12	21	33	–	–	54
	15	–	–	29	36	65
합계	32	37	52	29	36	154

3) 경로도

실제로 [그림 4.4.3]은 [표 4.4.9]의 측정모형을 통해 얻어지는 잠재변수들만의 구조모형을 위한 경로도이다. [표 4.4.9]에는 잠재변수를 형성하는 설문지 문항과 관련된 관측변수를 요약하고 있다. 이를 바탕으로 측정모형과 구조모형으로 구성되는 구조방정식모형을 세워보자.

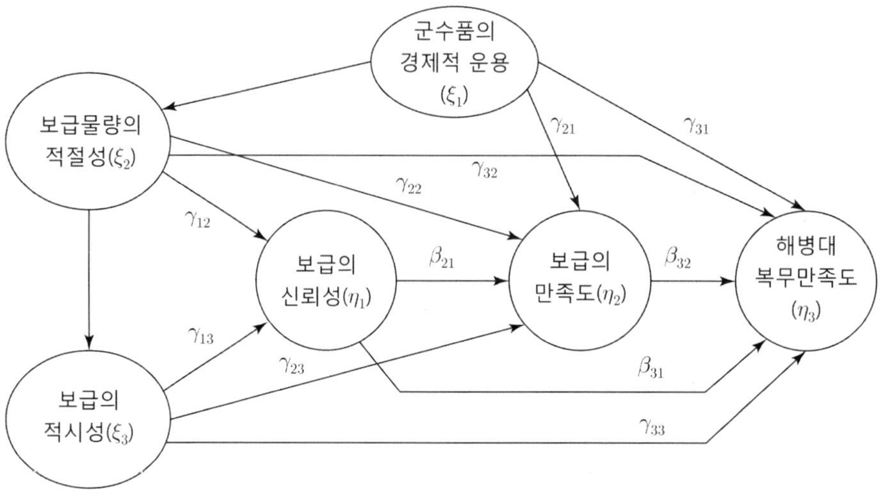

[그림 4.4.3] 접적지역부대 해병대 복무 만족도에 대한 경로도

[표 4.4.9] 설문지 문항의 관측변수와 잠재변수의 구성

잠재변수	문항수	관측변수	측정모형
η_1 = 보급의 신뢰성	10	$y_{11} \sim y_{110}$	
η_2 = 보급의 만족도	10	$y_{21} \sim y_{210}$	$y = \Lambda_y \eta + \epsilon$
η_3 = 복무의 만족도	10	$y_{31} \sim y_{310}$	
ξ_1 = 보급의 적시성	10	$x_{11} \sim x_{110}$	
ξ_2 = 보급물량의 적절성	10	$x_{21} \sim x_{210}$	$x = \Lambda_x \xi + \delta$
ξ_3 = 군수품의 경제적운용	9	$x_{31} \sim x_{319}$	

4) 잠재변수가 있는 구조방정식모형의 설정

측정모형(measurement model)

$$
\begin{aligned}
x_{11} &= \lambda^x_{11,1}\xi_1 + \delta_{11} \\
&\vdots \\
x_{110} &= \lambda^x_{110,1}\xi_1 + \delta_{110} \\
&\vdots \\
x_{31} &= \lambda^x_{31,3}\xi_3 + \delta_{31} \\
&\vdots \\
x_{319} &= \lambda^x_{319,3}\xi_3 + \delta_{319}
\end{aligned}
\quad \Leftrightarrow \quad x = \Lambda_x \xi + \delta \tag{4.4.8}
$$

$$
\begin{aligned}
y_{11} &= \lambda^y_{11,1}\eta_1 + \epsilon_{11} \\
&\vdots \\
y_{110} &= \lambda^y_{10,1}\eta_1 + \epsilon_{110} \\
&\vdots \\
y_{31} &= \lambda^y_{31,3}\eta_3 + \epsilon_{31} \\
&\vdots \\
y_{310} &= \lambda^y_{310,3}\eta_3 + \epsilon_{310}
\end{aligned}
\quad \Leftrightarrow \quad y = \Lambda_y \eta + \epsilon \tag{4.4.9}
$$

구조모형(structure model)

$$
\begin{pmatrix} \eta_1 \\ \eta_2 \\ \eta_3 \end{pmatrix} = \begin{pmatrix} 0 & 0 & 0 \\ \beta_{21} & 0 & 0 \\ \beta_{31} & \beta_{32} & 0 \end{pmatrix} \begin{pmatrix} \eta_1 \\ \eta_2 \end{pmatrix} + \begin{pmatrix} 0 & \gamma_{12} & \gamma_{13} \\ \gamma_{21} & \gamma_{22} & \gamma_{23} \\ \gamma_{31} & \gamma_{32} & \gamma_{33} \end{pmatrix} \begin{pmatrix} \xi_1 \\ \xi_2 \\ \xi_3 \end{pmatrix} + \begin{pmatrix} \zeta_1 \\ \zeta_2 \\ \zeta_2 \end{pmatrix}
$$

$$
\Leftrightarrow \eta = B\eta + \Gamma\xi + \zeta \tag{4.4.10}
$$

여기서 측정모형 (4.4.8)에서 외생 잠재변수 ξ_1(보급의 적시성)에 의해 설명되어지는 설문지 10개 문항 $x_{11} \sim x_{110}$에 대한 것과 ξ_2(보급물량의 적절성)에 의한 설문지 10개 문항 $x_{21} \sim x_{210}$, 잠재변수 ξ_3(군수품의 경제적운용)에 의해 설명되는 설문지 문항 9개 $x_{31} \sim x_{319}$에 대한 확증적 인자분석모형처럼 구축되어 있다. 따라서 $\boldsymbol{x}$와 δ는 크기가

39×1이고 Λ_x는 39×3이며 ξ는 3×1이다. 내생 잠재변수 η_1(보급의 신뢰성), η_2(보급의 만족도), η_3(복무의 만족도)에 대해서는 같은 원리로 측정모형 (4.4.9)를 세울 수 있다. 여기서 y와 ϵ는 크기가 30×1이고 Λ_y는 30×3이며 η는 3×1이다. 구조모형 (4.4.10)은 [그림 4.5.2]의 경로도에서 잠재변수 간의 인과관계를 보여주는 모형으로 특히 B와 Γ는 둘 다 크기가 3×3이다.

5) 효과 분할의 해석

[표 4.4.10] 접적지역부대 복무만족도에 대한 효과 분할표

내생 잠재변수	사전 잠재변수	상관계수	효과의 분할		
			직접효과	간접효과	총효과
보급의 신뢰성	보급물량의 적절성	0.36	0.26	0.23	0.49
	보급의 적시성	0.70	0.44	–	0.44
보급의 만족도	군수품의 경제적 운용	0.49	−0.10	0.41	0.31
	보급물량의 적절성	0.39	0.34	0.37	0.70
	보급의 적시성	0.60	0.34	0.20	0.54
	보급의 신뢰성	0.74	0.46	–	0.46
군 복무 만족도	군수품의 경제적 운용	0.46	−0.29	0.39	0.10
	보급물량의 적절성	0.14	0.29	0.45	0.74
	보급의 적시성	0.63	0.48	0.20	0.68
	보급의 신뢰성	0.68	0.42	–	0.42
	보급의 만족도	0.55	−0.29	0.39	0.10

[표 4.4.10]은 접적지역부대 복무만족도에 대한 효과 분할표이다. 군 생활에서 궁극적으로 병사들의 군복무 만족도가 매우 중요한 사안으로 이에 대한 여러 가지 요인의 영향력을 살펴보기로 하자. 군복무 만족도와의 상관관계는 보급의 신뢰성(0.68), 보급의 적시성(0.63), 보급의 만족도(0.55), 군수품의 경제적운용(0.46), 보급물량 적절성(0.14) 순이다. 군복무 만족도에 미치는 총효과는 보급물량의 적절성(0.74), 보급의 적시성(0.68), 보급의 신뢰성(0.42), 군수품의 경제적운용(0.10)과 보급의 만족도(0.10)순이다. 이는 기본적으로 개인이 필요로 하는 물품의 양적 충족이 우선되어야 한다는 점을 보여주고 있다. 즉, 물자의 품질개선이나 신속한 지원이 보장된다 하더라도 소요로 하는 수량이 부족하면 타 요인들은 의미가 없다. 특히 보급의 신뢰성(0.68)과 적시성(0.63)의 경우 설문조사 대상자가 접적지역부대에 근무하는 전투병과 인원이라는 점에서 주목할 필요가 있다. 적과

대치하고 있는 접적지역부대의 경우 생존성 보장을 위해 필요로 하는 물자는 적시에 지원되어야 한다.

다음으로 군복무 만족도에 미치는 직접효과는 보급의 적시성(0.48), 보급의 만족도(0.42), 보급물량의 적절성(0.29), 보급의 신뢰성(0.02), 군수품의 경제적 운용(−0.29) 순이다. 이런 경향은 복무 만족도에 미치는 총효과가 제일 작은 군수품의 경제적 운용(0.10)은 직접효과도 −0.29로 제일 낮아 음의 영향을 주는데 이는 아무리 지급받은 수량에 충족한다고 해도 재활용품을 지급하거나 지급물량이 줄어든다면 부정적인 결과가 초래됨을 의미한다. 그러나 군수품의 경제적 운용의 간접효과(0.39)는 보급물량이 적절하고 보급에 신뢰가 가며 보급에 대한 만족도가 어느 정도 보장된다면 이 요인도 전혀 무의미한 것이 아님을 보여준다.

끝으로 복무 만족도에 미치는 간접효과는 보급물량의 적절성(0.45)이 타 원인에 비해 가장 높다. 일반적으로 접적지역부대라면 적시성과 신뢰성에 우선순위를 둔다고 생각하겠으나 충분한 물량의 보급이 적시성과 신뢰성, 보급의 만족도가 간접적으로 영향을 주기를 바라는 것이다.

4.5 잠재변수가 있는 구조방정식모형의 다중 군집분석

2.4절에서 남녀 간의 읽기능력과 수리능력의 확증적 인자분석모형과 3.3절에서는 백인과 흑인 청소년의 학문적 성취와 비행과 두 업종 간의 고객만족도의 경로분석모형의 다중 군집분석을 다루었다. 여기서는 잠재변수가 있는 구조방정식모형의 다중 군집분석을 다룬다. 이 경우를 이해하기 위해 강현철(2019, 5장과 7장)을 참고로 외생 잠재변수를 기대수준과 내생 잠재변수 인지품질, 인지가치 그리고 고객만족에 대한 구조방정식모형에 대해 [보기 4.5.1]에서 살펴보자.

4.5.1 사례를 통한 이해

[보기 4.5.1] 고객만족 구조방정식모형에 두 업종 간의 다중 군집분석

두 업종(A, B)의 고객만족의 구조방정식모형을 위해 [표 4.5.1]과 같이 잠재변수와 관

측변수를 고려하자. 이는 [보기 1.5.3]의 [표 1.5.4]에서 언급된 것이며 개괄적으로 모형은 살펴보았고 [보기 3.3.2]에서 관측변수로 고객의 충성도(loyalty)가 추가된 잠재변수가 없는 구조방정식모형으로 경로분석모형을 살펴본 바가 있다. 여기에서는 외생과 내생 두 종류 잠재변수를 고려하여 두 군집 간의 구조방정식모형을 비교하고자 한다.

1) 자료 및 변수

[표 4.5.1] 관측변수와 잠재변수

잠재변수	관측변수
Expect 기대수준 ξ_1	x11(품질기대), x12(요구기대), x13(문제기대)
Quality 인지품질 η_1	x21(품질평가), x22(요구평가), x23(문제평가)
Value 인지가치 η_2	x31(가격가치), x32(품질가치)
Satisfact 고객만족 η_3	x41(전반적 만족), x42(기대대비 만족), x43(이상대비 만족)

고객만족도 조사 항목은 다음과 같이 크게 4종류로 관측변수로 기대수준(Expect), 인지품질(Quality), 인지가치(Value), 고객만족(Satisfact)을 평가한다. 이들은 구조방정식모형에서 기대수준(Expect)은 외생 잠재변수 ξ_1으로 나머지는 이것의 영향을 받는 내생 잠재변수로 $\eta_1=$인지품질(Quality), $\eta_2=$인지가치(Value), $\eta_3=$고객만족(Satisfact)를 형성한다. 특히, 원 자료(satis.txt)에서 관측변수는 항목별로 x11, x12, x13, x21, x22, x23, x31, x32, x41, x42, x43, Group을 사용하고 있으며 Group의 값이 1은 업종 A와 2는 업종 B를 나타낸다.

2) 경로도

[그림 4.5.1]은 1) 자료 및 변수에서 요약한 변수들에 의해 구성되는 잠재변수들에 관한 업종 B의 경로도이다. 이는 [R-코드 4.5.1]의 # Diagram for SEM with latent variables 이하 두 줄의 코드의 실행 결과이다. 이는 [그림 1.5.4]의 경로도를 바탕으로 세운 모형의 적합 결과인 추정된 경로계수를 반영한 것이다. 업종 A에 대한 경로도는 동일한 경로를 보여 생략하였다. 특히, 외생 잠재변수 Expect(기대수준)은 내생 잠재변수 Quality(인지품질), Value(인지가치), Satisfact(고객만족)에 직접 영향을 미치고 있다. 내

생 잠재변수 Value(인지가치)에는 Quality(인지품질)가 영향을 미치며 Satisfact(고객만족)에는 두 내생 잠재변수 Quality(인지품질), Value(인지가치)와 함께 외생 잠재변수 Expect(기대수준)이 영향을 미친다고 여겨진다.

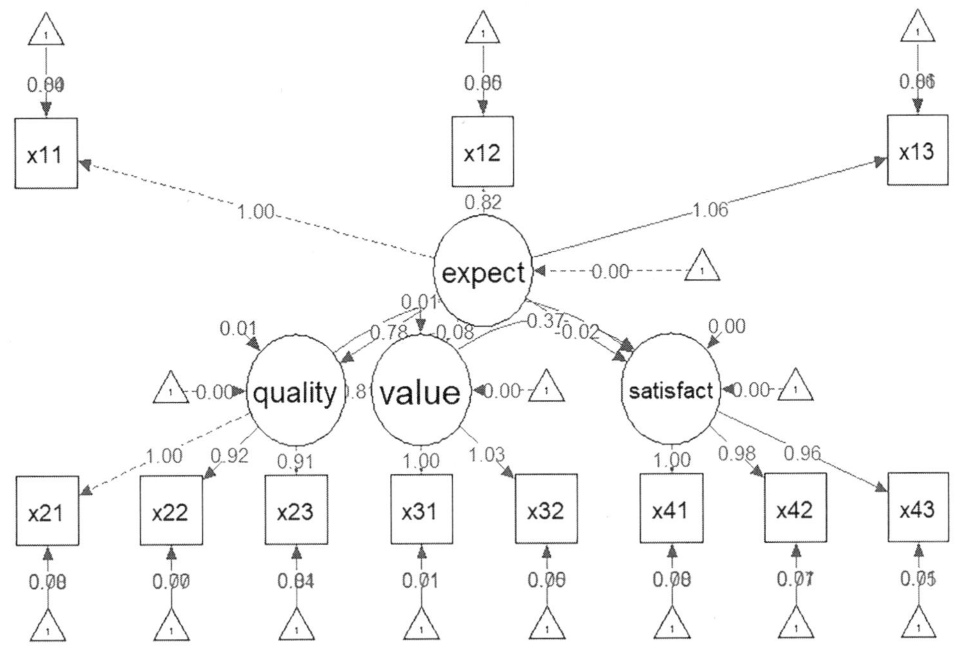

[그림 4.5.1] 고객만족 구조방정식모형의 적합 후 경로도

3) 잠재변수가 있는 구조방정식모형의 설정

측정모형(measurement model)

$$
\begin{aligned}
x_{11} &= \lambda_{11,1}\xi_1 + \delta_1 \\
x_{12} &= \lambda_{12,1}\xi_1 + \delta_2 \\
x_{13} &= \lambda_{13,1}\xi_1 + \delta_3
\end{aligned}
\Leftrightarrow
\begin{pmatrix} x_{11} \\ x_{12} \\ x_{13} \end{pmatrix} = \begin{pmatrix} \lambda_{11,1} \\ \lambda_{12,1} \\ \lambda_{13,1} \end{pmatrix} \xi_1 + \begin{pmatrix} \delta_1 \\ \delta_2 \\ \delta_3 \end{pmatrix}
$$

$$
\Leftrightarrow x = \Lambda_x \xi + \delta \qquad (4.5.1)
$$

$$
\begin{aligned}
x_{21} &= \lambda_{21,1}\eta_1 + \epsilon_1 \\
x_{22} &= \lambda_{22,1}\eta_1 + \epsilon_2 \\
x_{23} &= \lambda_{23,1}\eta_1 + \epsilon_3 \\
x_{31} &= \lambda_{31,2}\eta_2 + \epsilon_4 \\
x_{32} &= \lambda_{32,2}\eta_2 + \epsilon_5 \\
x_{41} &= \lambda_{41,3}\eta_3 + \epsilon_7 \\
x_{42} &= \lambda_{42,3}\eta_3 + \epsilon_8 \\
x_{43} &= \lambda_{43,3}\eta_3 + \epsilon_9
\end{aligned}
\Leftrightarrow
\begin{pmatrix} y_1 \\ y_2 \\ y_3 \\ y_4 \\ y_5 \\ y_6 \\ y_7 \\ y_8 \end{pmatrix}
=
\begin{pmatrix} x_{21} \\ x_{22} \\ x_{23} \\ x_{31} \\ x_{32} \\ x_{41} \\ x_{42} \\ x_{43} \end{pmatrix}
=
\begin{pmatrix} \lambda_{21,1} & 0 & 0 \\ \lambda_{22,1} & 0 & 0 \\ \lambda_{23,1} & 0 & 0 \\ 0 & \lambda_{31,2} & 0 \\ 0 & \lambda_{31,2} & 0 \\ 0 & 0 & \lambda_{41,3} \\ 0 & 0 & \lambda_{42,3} \\ 0 & 0 & \lambda_{43,3} \end{pmatrix}
\begin{pmatrix} \eta_1 \\ \eta_2 \\ \eta_3 \end{pmatrix}
+
\begin{pmatrix} \epsilon_1 \\ \epsilon_2 \\ \epsilon_3 \\ \epsilon_4 \\ \epsilon_5 \\ \epsilon_6 \\ \epsilon_7 \\ \epsilon_8 \end{pmatrix}
$$

$$\Leftrightarrow y = \Lambda_y \eta + \epsilon \qquad (4.5.2)$$

구조모형(structure model)

$$
\begin{aligned}
\text{quality}(\eta_1) &= \gamma_{11}\text{expect}(\xi_1) \\
\text{value}(\eta_2) &= \gamma_{21}\text{expect}(\xi_1) + \beta_{21}\text{quality}(\eta_1) \\
\text{satisfact}(\eta_3) &= \gamma_{31}\text{expect}(\xi_1) + \beta_{31}\text{quality}(\eta_1) + \beta_{32}\text{value}(\eta_2)
\end{aligned}
$$

$$
\Leftrightarrow \begin{pmatrix} \eta_1 \\ \eta_2 \\ \eta_3 \end{pmatrix}
=
\begin{pmatrix} 0 & 0 & 0 \\ \beta_{21} & 0 & 0 \\ \beta_{31} & \beta_{32} & 0 \end{pmatrix}
\begin{pmatrix} \eta_1 \\ \eta_2 \\ \eta_3 \end{pmatrix}
+
\begin{pmatrix} \gamma_{11} \\ \gamma_{21} \\ \gamma_{31} \end{pmatrix} \xi_1
+
\begin{pmatrix} \zeta_1 \\ \zeta_2 \\ \zeta_3 \end{pmatrix}
$$

$$\Leftrightarrow \eta = B\eta + \Gamma\xi + \zeta \qquad (4.5.3)$$

측정모형 (4.5.1)은 외생 잠재변수 ξ_1(Expect 기대수준)에 의해 설명되어지는 관측변수 x11(품질기대), x12(요구기대), x13(문제기대)에 대한 것이다. 내생 잠재변수 η_1(Quality 인지품질), η_2(Value 인지가치), η_3(Satisfact 고객만족)에 대해서 [표 4.5.1]의 관측변수 x21(품질평가) ~ x43(이상대비 만족)에 대한 측정모형 (4.5.2)를 세울 수 있다. 구조모형 (4.5.3)은 [그림 4.5.1]의 경로도에서 측정모형의 잠재변수 간의 인과관계를 보여주고 있다.

4) 모형의 적합

[R-코드 4.5.1]에서 (4.5.1) ~ (4.5.3)의 잠재변수가 있는 구조방정식모형의 설정에 따른 코드는 다음과 같다. 특히, 측정모형 (4.5.1)과 (4.5.2)는 잠재변수에 대해 선형결합형식으

로 [보기 1.5.3]의 R-코드 모형 작성 [표 1.5.5]에서 이미 설명한 다음과 같은 코드를 작성한다.

```
# Create model: Measurement, Structural
model='
# M model
expect=~x11 + x12 + x13
quality=~x21 + x22 + x23
value=~x31 + x32
satisfact=~x41 + x42 + x43
# S model
quality~expect
value~expect + quality
satisfact~expect + quality + value
'
```

[R-코드 4.5.1]에는 4가지 단계로 구성되어 있다. [Step 1] 두 군집의 SEM 적합은 앞서 언급한 R-코드 모형에 대한 적합의 [결과 4.5.1]을 제공한다. [Step 2] MWCM(측정계수 제약모형) 비교는 군집 간의 잠재변수에 대한 적재 값들이 동일하다는 제약모형을 적합한 [결과 4.5.2]를 제공한다. [Step 3] SWCM(구조계수제약모형) 비교는 두 군집의 인자적재 값과 경로계수들이 모두 동일하다는 가정을 한 측정계수 제약모형의 적합 결과와 [Step 4] MWCM과 SWCM 비교는 측정계수 제약모형과 구조계수 제약모형을 비교하는 결과를 [결과 4.5.3]의 (2)와 (3)에서 제공한다.

먼저 [결과 4.5.1]에서 구조모형의 적합 결과 (1)의 모형 적합도 지수를 보면 카이제곱 검정의 결과 $p-$값이 0.000으로 현재 구축한 측정모형 (4.5.1)과 (4.5.2)와 구조모형 (4.5.3)이 적합하지 못함을 나타낸다. CFI와 $RMSEA$도 다소 이들의 모형 적합의 기준 0.9 이상과 0.05 이하에 다소 떨어진다. 그러나 GFI 0.997은 0.9 이상으로 모형이 적합함을 나타내고 있다.

(2) 모형의 모수 추정에서 외생 잠재변수 expect(기대수준)가 내생 잠재변수 value(인지가치)와 satisfact(고객만족)에 미치는 영향에 대한 유의성 검정 결과 $p-$값이 각각 0.469와 0.563으로 유의하지 못함을 보여준다. 실제 4.5.3절에서 살펴보겠지만 [표 4.5.4]의 효과 분할표에 따르면 이들 간의 상관계수는 0.025와 0.005로 매우 낮으며 직접효과도 0.025와 0.006으로 상대적으로 낮음을 보여준다.

[R-코드 4.5.1] 잠재변수가 있는 두 군집의 고객만족의 구조방정식모형 (sati-2groups-latent-sem.R)

```
## Two Group SEM with latent variables of 고객만족도
library(lavaan)
satis=read.table("D:/R과함께하는 인과모형분석의 이해와 응용/R-codes/satis.txt", header=T)

# Create model: Measurement, Structural
model='
# M model
expect=~x11 + x12 + x13
quality=~x21 + x22 + x23
value=~x31 + x32
satisfact=~x41 + x42 + x43
# S model
quality~expect
value~expect + quality
satisfact~expect + quality + value
'

#[Step 1] 두 군집의 SEM 적합
# Select fit indices
index=c("chisq", "df", "pvalue", "cfi", "rmsea", "gfi")

# Run SEM with latent variables
fit=sem(model=model, data=satis, group="Group", estimator="WLS")
fitMeasures(fit, index)

# Summarization of results
summary(fit, standardized=TRUE)

# Diagram for SEM with latent variables
#install.packages("semPlot")
library(semPlot)
semPaths(fit, whatLabels="estimate", style="lisrel", nCharNodes=0, edge.label.cex = 0.7)

#[Step 2] MWCM(측정계수 제약모형) 비교
## factor loading's fit : Measurement WCM
measure.fit=sem(model=model, data=satis, group="Group", group.equal=c("loadings"),
estimator="WLS")
fitMeasures(measure.fit, index)
summary(measure.fit, standardized=TRUE)
anova(fit, measure.fit)

#[Step 3] SWCM(구조계수제약모형)비교
## Structural WCM
struct.fit=sem(model=model, data=satis, group="Group",
group.equal=c("loadings","regressions"), estimator="WLS")
```

```
fitMeasures(struct.fit, index)
summary(struct.fit, standardized=TRUE)

#[Step 4] MWCM과 SWCM 비교
anova(measure.fit, struct.fit)
```

[결과 4.5.1] [R-코드 4.5.1]의 [Step 1] 두 군집의 SEM 적합 결과 일부

(1) 모형 적합도 지수

```
> fitMeasures(fit, index)
```

```
  chisq      df  pvalue     cfi   rmsea     gfi
252.590  76.000   0.000   0.792   0.072   0.997
```

(2) 모형의 모수 추정

```
> summary(fit, standardized=TRUE)
```

```
Group 1 [1]:

Latent Variables:
                   Estimate  Std.Err  z-value  P(>|z|)   Std.lv  Std.all
  expect =~
    x11               1.000                                0.119    0.817
    x12               0.974    0.061   15.973    0.000    0.116    0.844
    x13               0.856    0.079   10.821    0.000    0.102    0.696
  quality =~
    x21               1.000                                0.163    0.906
    x22               1.054    0.038   27.455    0.000    0.172    0.938
    x23               0.802    0.056   14.388    0.000    0.131    0.694
  value =~
    x31               1.000                                0.129    0.745
    x32               1.227    0.076   16.174    0.000    0.159    0.987
  satisfact =~
    x41               1.000                                0.150    0.896
    x42               1.030    0.033   31.304    0.000    0.154    0.889
    x43               1.009    0.033   30.474    0.000    0.151    0.865

Regressions:
                   Estimate  Std.Err  z-value  P(>|z|)   Std.lv  Std.all
  quality ~
    expect            0.720    0.072   10.057    0.000    0.523    0.523
  value ~
    expect            0.037    0.051    0.724    0.469    0.034    0.034
```

```
    quality           0.513    0.047   10.806    0.000    0.646    0.646
  satisfact ~
    expect           -0.030    0.052   -0.578    0.563   -0.024   -0.024
    quality           0.671    0.060   11.222    0.000    0.731    0.731
    value             0.336    0.048    6.959    0.000    0.290    0.29

Group 2 [2]:

Latent Variables:
                   Estimate  Std.Err  z-value  P(>|z|)   Std.lv  Std.all
  expect =~
    x11               1.000                               0.115    0.897
    x12               0.824    0.072   11.473    0.000    0.095    0.808
    x13               1.057    0.074   14.271    0.000    0.122    0.861
  quality =~
    x21               1.000                               0.134    0.900
    x22               0.918    0.050   18.468    0.000    0.123    0.880
    x23               0.907    0.055   16.578    0.000    0.121    0.845
  value =~
    x31               1.000                               0.129    0.757
    x32               1.026    0.066   15.505    0.000    0.132    0.921
  satisfact =~
    x41               1.000                               0.130    0.915
    x42               0.978    0.051   19.355    0.000    0.127    0.851
    x43               0.963    0.044   21.839    0.000    0.125    0.860

Regressions:
                   Estimate  Std.Err  z-value  P(>|z|)   Std.lv  Std.all
  quality ~
    expect            0.782    0.071   11.037    0.000    0.674    0.674
  value ~
    expect           -0.080    0.091   -0.878    0.380   -0.071   -0.071
    quality           0.812    0.117    6.951    0.000    0.845    0.845
  satisfact ~
    expect           -0.024    0.068   -0.355    0.722   -0.021   -0.021
    quality           0.617    0.128    4.837    0.000    0.634    0.634
    value             0.367    0.105    3.498    0.000    0.363    0.363
```

[결과 4.5.2] [R-코드 4.5.1]의 [Step 2] 측정계수 제약모형 비교 결과 일부

(1) 측정계수 제약모형 적합도 지수

```
> fitMeasures(fit, index)
```

```
   chisq      df  pvalue     cfi   rmsea     gfi
 268.586  83.000   0.000   0.781   0.071   0.997
```

(2) 측정계수 제약모형의 모수 추정

```
> summary(fit, standardized=TRUE)
```

```
Group 1 [1]:

Latent Variables:
                   Estimate  Std.Err  z-value  P(>|z|)   Std.lv  Std.all
  expect =~
    x11                1.000                               0.116    0.815
    x12     (.p2.)     0.955    0.046   20.735    0.000    0.111    0.831
    x13     (.p3.)     0.959    0.052   18.433    0.000    0.112    0.745
  quality =~
    x21                1.000                               0.163    0.911
    x22     (.p5.)     1.026    0.031   33.537    0.000    0.168    0.927
    x23     (.p6.)     0.815    0.039   20.946    0.000    0.133    0.705
  value =~
    x31                1.000                               0.137    0.776
    x32     (.p8.)     1.131    0.051   22.245    0.000    0.155    0.969
  satisfact =~
    x41                1.000                               0.151    0.899
    x42     (.10.)     1.018    0.027   37.357    0.000    0.153    0.887
    x43     (.11.)     1.002    0.027   36.756    0.000    0.151    0.863

Regressions:
                   Estimate  Std.Err  z-value  P(>|z|)   Std.lv  Std.all
  quality ~
    expect             0.757    0.068   11.183    0.000    0.539    0.539
  value ~
    expect             0.046    0.057    0.806    0.420    0.039    0.039
    quality            0.550    0.047   11.732    0.000    0.655    0.655
  satisfact ~
    expect            -0.008    0.053   -0.158    0.874   -0.007   -0.007
    quality            0.649    0.059   11.039    0.000    0.705    0.705
    value              0.340    0.047    7.176    0.000    0.310    0.310

Group 2 [2]:

                       ---- 생 략 -----
```

(3) 원 모형과 측정계수 제약모형의 비교

```
> anova(fit, measure.fit)
```

```
Chi-Squared Difference Test
```

```
              Df AIC BIC  Chisq Chisq diff Df diff Pr(>Chisq)
fit           76          252.59
measure.fit 83            268.59      15.995       7    0.02516
```

[R-코드 4.5.1]의 [Step 2] 측정계수 제약모형 비교의 결과 일부인 [결과 4.5.2]에는 측정계수 제약모형은 군집 간 잠재변수에 대한 적재 값들이 동일하다는 제약모형을 적합한 하는 것으로 옵션 group.equal=c("loadings")에 의해서 제공된다. [결과 4.5.2]의 (1)은 모형 적합도 지수 *GFI*만 제약모형이 적합함을 보여주고 있으며 (2)의 측정모형과 관련된 Latent Variables 잠재변수의 계수 추정값이 두 군집 간에 동일하여 Group 2(업종 2)에 대한 결과는 생략하였다. 다만 구조모형과 관련된 Regressions의 구조계수에 관한 추정값은 다르므로 독자들은 확인을 해보기 바란다. 실제 이 제약모형과 [결과 4.5.1]의 원 모형간의 차이는 [결과 4.5.2]의 (3)으로부터 $p-$값이 0.025로 유의수준 5%에서 기각하므로 두 군집 간에 적재 값들이 다르며 이는 잠재변수의 의미가 서로 다름을 의미한다.

[결과 4.5.3] [R-코드 4.5.1]의 [Step 3] 구조계수 제약모형 비교와 [Step 4] MWCM과 SWCM 비교 결과 일부

(1) 구조계수 제약모형 적합도 지수

```
> fitMeasures(fit, index)
```

```
  chisq      df  pvalue     cfi   rmsea     gfi
277.539  89.000   0.000   0.777   0.069   0.997
```

(2) 구조계수 제약모형의 모수 추정

```
> summary(fit, standardized=TRUE)
```

```
Group 1 [1]:

Latent Variables:
                   Estimate  Std.Err  z-value  P(>|z|)   Std.lv  Std.all
  expect =~
    x11               1.000                               0.117    0.818
    x12      (.p2.)   0.944    0.045   20.810    0.000    0.110    0.831
    x13      (.p3.)   0.963    0.052   18.677    0.000    0.112    0.751
  quality =~
    x21               1.000                               0.163    0.913
```

```
    x22      (.p5.)     1.006     0.029    34.463     0.000     0.164     0.920
    x23      (.p6.)     0.811     0.037    21.914     0.000     0.132     0.706
  value =~
    x31                 1.000                                   0.138     0.777
    x32      (.p8.)     1.141     0.052    21.976     0.000     0.157     0.968
  satisfact =~
    x41                 1.000                                   0.149     0.897
    x42      (.10.)     1.022     0.027    37.759     0.000     0.152     0.887
    x43      (.11.)     1.005     0.027    36.933     0.000     0.149     0.862

Regressions:
                     Estimate  Std.Err  z-value  P(>|z|)   Std.lv  Std.all
  quality ~
    expect   (.12.)     0.792    0.049   16.247    0.000    0.568    0.568
  value ~
    expect   (.13.)     0.025    0.045    0.568    0.570    0.021    0.021
    quality  (.14.)     0.587    0.047   12.618    0.000    0.693    0.693
  satisfact ~
    expect   (.15.)     0.006    0.041    0.144    0.885    0.005    0.005
    quality  (.16.)     0.609    0.052   11.759    0.000    0.667    0.667
    value    (.17.)     0.364    0.044    8.269    0.000    0.338    0.338

Group 2 [2]:

                     ---- 생 략 -----
```

(3) 측정계수와 구조계수 제약모형의 비교

```
> anova(measure.fit, struct.fit)
```

```
Chi-Squared Difference Test

            Df AIC BIC  Chisq Chisq diff Df diff Pr(>Chisq)
measure.fit 83         268.59
struct.fit  89         277.54     8.9534       6     0.1762
```

구조계수 제약모형은 잠재변수 간의 경로계수(회귀계수)가 두 군집 간에 동일함을 살펴보는 것으로 [R-코드 4.5.1]의 [Step 3]에서 옵션 group.equal=c("loadings", "regressions")에 의해서 두 군집간의 인자적재 값과 회귀계수들이 모두 동일하다는 가정을 하고 있으며 측정계수 제약모형을 포함하고 있다. [Step 4] MWCM과 SWCM 비교와 함께 실행결과는 [결과 4.5.3]에 있다. 먼저 [결과 4.5.3]의 (1) 모형 적합도 지수 *GFI* 만 구조계수 제약모형이 적합함을 보여 준다. (2) 구조계수 제약모형의 모수 추정으로부터 인자적재

값과 회귀계수들 추정값은 두 군집 간에 동일하여 Group 2(업종 2)에 대한 결과는 생략하였다. [결과 4.5.3]의 (3)에서 $p-$값 0.1762는 유의수준 5%에서 두 모형의 적합도는 서로 동일하며 모든 회귀계수들은 두 군집 간에 유사함을 보여준다.

만약에 잠재변수들 간의 인과관계를 나타내는 구조계수들이 두 군집 간에 서로 다르다면 조절효과(업종)가 존재하게 되며 이 경우 구조계수 제약모형의 적합도는 만족스럽지 못하게 된다. 따라서 두 모형의 적합도는 차이가 많이 나게 된다.

4.5.2 측정계수 제약모형 적합 후 두 군집의 구조모형의 경로계수의 비교

3.3절의 두 군집의 구조모형의 경로계수 비교를 위해 $z-$검정을 요약한 [표 3.3.2]와 같이 [표 4.5.2]를 정리할 수 있다. 이는 [R-코드 4.5.1]의 [Step 2]에서 측정계수 제약모형을 적합한 후 두 군집의 구조모형의 경로계수를 비교하기 [결과 4.5.2]의 (2) 측정계수 제약모형의 모수 추정으로부터 두 군집 간의 모든 추정값(Estimate)과 오차(Std.Err)를 활용하였다. 이를 위해 [R-코드 4.5.2]의 [결과 4.5.4]의 $z-$검정통계량과 유의확률 $p-$값을 활용하면 된다.

[표 4.5.2] 두 군집의 구조방정식모형의 경로계수의 비교 및 검정

잠재변수		군집 A 업종		군집 B 업종		$z-$검정	
내생	외생	추정치	SE	추정치	SE	$z-$값	$p-$값
quality	expect	0.757	0.068	0.787	0.064	−0.321	0.748
value	expect	0.046	0.057	−0.070	0.088	1.106	0.269
	quality	0.550	0.047	0.771	0.104	−1.936	0.053
satisfact	expect	−0.008	0.053	0.032	0.068	−0.464	0.643
	quality	0.649	0.059	0.497	0.130	1.065	0.287
	value	0.340	0.047	0.452	0.122	−0.857	0.392

[표 4.5.2]의 $z-$검정의 결과 $p-$값 모두가 유의수준 5%에서 두 군집 간의 구조모형의 경로계수 간의 통계적으로 유의한 차이가 없음을 보여주고 있다. 이는 이미 [결과 4.5.3]에서 두 모형의 적합도는 서로 동일하며 모든 경로계수들은 두 군집 간에 유사함을 보여주었기 때문이다. 특히, 두 업종 모두 satisfact ← quality와 satisfact ← value의 경로계수가 통계적으로 모형에서 유의하다. 따라서 satisfact(고객만족)에 영향을 미치는 것은 qulaity(인지품질)과 value(인지가치)로 두 업종 모두 고객은 이를 통해 제품에 만족한다는 점이다.

[R-코드 4.5.2] z-검정(z-test-MWCM.R)

```
## z-test for MWCM

z.test=function(z1, se1, z2, se2){
  zvalue=(z1-z2)/sqrt(se1^2 +se2^2)
}
# 두 군집의 추정치와 표준오차(SE)
data = list(c(0.757, 0.068, 0.787, 0.064),
            c(0.046, 0.057,-0.070, 0.088),
            c(0.550, 0.047, 0.771, 0.104),
            c(-0.008, 0.053, 0.032, 0.068),
            c(0.649, 0.059, 0.497,  0.130),
            c(0.340,  0.047, 0.452,  0.122)
           )

z= rep(0,6)
pvalue =rep(0,6)
for (i in 1:6) {
  z[i]=z.test(datai]][1],datai]][2],datai]][3],datai]][4])
  pvalue[i]=2*(1-pnorm(abs(z[i])))

}
# z-검정통계량과 p-값
round(z,3)
round(pvalue,3)
```

[결과 4.5.4] [R-코드 4.5.2]의 결과

```
> round(z,3)
[1] -0.321  1.106 -1.936 -0.464  1.065 -0.857
> round(pvalue,3)
[1] 0.748 0.269 0.053 0.643 0.287 0.392
```

4.5.3 측정계수 제약모형 적합 후 잠재변수에 관한 두 군집의 효과분할

4.5.1절의 3) 잠재변수가 있는 구조방정식모형의 설정에서 구조모형 (4.5.3)에 대한 축소모형을 대수적으로 구하면 [표 4.5.3]과 같이 된다. 물론 편의상 오차항은 생략하였다.

[표 4.5.3]의 축소모형을 바탕으로 [R-코드 4.5.3]의 효과의 분할을 위한 다음과 같은 # Effects: Total and Indirect 이하의 코드를 고려하게 된다. 특히 음영 부분은 잠재변수에 관한 최종 축소모형에서 간접효과와 총효과을 계산하기 위한 것이다. 여기서 ξ_1(expect)이 η_2(value)에 미치는 총효과는 $\gamma_{21}+\beta_{21}\gamma_{11}$으로 이는 직접효과 γ_{21}와 간접효과 $\beta_{21}\gamma_{11}$로

[표 4.5.3] 구조모형과 축소모형

구조모형(structure model)
quality(η_1) = γ_{11}expect(ξ_1) value(η_2) = γ_{21}expect(ξ_1) + β_{21}quality(η_1) satisfact(η_3) = γ_{31}expect(ξ_1) + β_{31}quality(η_1) + β_{32}value(η_2)
축소모형(reduced model)
$\eta_1 = \gamma_{11}\xi_1$ $\eta_2 = \gamma_{21}\xi_1 + \beta_{21}\eta_1 = \gamma_{21}\xi_1 + \beta_{21}(\gamma_{11}\xi_1) = (\gamma_{21} + \beta_{21}\gamma_{11})\xi_1$ $\eta_3 = \gamma_{31}\xi_1 + \beta_{31}\eta_1 + \beta_{32}\eta_2 = \gamma_{31}\xi_1 + \beta_{31}(\gamma_{11}\xi_1) + \beta_{32}(\gamma_{21} + \beta_{21}\gamma_{11})\xi_1$ $= [\gamma_{31} + \beta_{31}\gamma_{11} + \beta_{32}(\gamma_{21} + \beta_{21}\gamma_{11})]\xi_1$

구성된다. 여기서 I_expect_value:= b21*g11에 의해서 간접효과가 반영되고 T_expect_value:= g21+I_expect_value에 의해서 총효과가 반영되었다. ξ_1(expect)이 η_3(satisfact)에 미치는 총효과는 $\gamma_{31}+\beta_{31}\gamma_{11}+\beta_{32}(\gamma_{21}+\beta_{21}\gamma_{11})$으로 직접효과 γ_{31}와 간접효과 $\beta_{31}\gamma_{11}+\beta_{32}(\gamma_{21}+\beta_{21}\gamma_{11})$로 구성된다. 여기서 간접효과는 I_expect_satisfact:= b31*g11+b32*(g21+b21*g11)에 의해서 반영되고 c총효과는 T_expect_satisfact:= g31+I_expect_satisfact에 의해서 반영된다. [결과 4.5.5]에는 효과의 분할을 위한 직접효과, 간접효과, 총효과 순으로 제공되는데 군집 간에 차이가 없는 모형으로 인하여 동일한 결과를 제공한다.

```
# Effects: Total and Indirect
effect='
# M model
expect=~x11 + x12 + x13
quality=~x21 + x22 + x23
value=~x31 + x32
satisfact=~x41 + x42 + x43
#S model
quality~g11*expect
value~g21*expect + b21*quality
satisfact~g31*expect + b31*quality + b32*value
```

```
# Indirect Effect
I_expect_value := b21*g11
I_expect_satisfact := b31*g11 + b32*(g21 + b21*g11)
# Total Effect
T_expect_value := g21 + I_expect_value
```

```
T_expect_satisfact := g31 + I_expect_satisfact
'
```

[표 4.5.4] 잠재변수들의 효과 분할표

내생 잠재변수	사전 잠재변수	상관계수	효과의 분할		
			간접효과	직접효과	총효과
quality 인지품질	expect 기대수준	0.650	–	0.792	0.792
value 인지가치	expect 기대수준	0.025	0.465	0.025	0.490
	quality 인지품질	0.710	–	0.587	0.587
satisfact 고객만족	expect 기대수준	0.005	0.661	0.006	0.667
	quality 인지품질	0.662	–	0.609	0.609
	value 인지가치	0.327	–	0.364	0.364

[결과 4.5.5]로부터 구해진 [표 4.5.4]의 효과 분할표를 살펴보면 고객만족에는 기대수준의 직접효과가 0.006으로 인지가치와 인지품질에 비해 상대적으로 가장 적게 영향을 미치고 있다. 이는 상관계수를 통해서도 짐작 가능하다. 그러나 기대수준이 인지가치와 인지품질을 통한 고객만족에 미치는 간접 영향력인 간접효과 0.661은 총효과 0.667에서 차지하는 비율이 매우 높다. 또한 인지가치에는 품질에 대한 소비자의 인식이 기대수준보다 더 영향이 크며 더군다나 기대수준은 직접적 영향(0.025)보다는 인지품질을 통한 간접적 영향력(0.465)이 크다. 이는 제품에 대한 소비자의 인지수준에 기대수준이 미치는 영향력이 제법 높다는 것을 알 수 있다.

[결과 4.5.5] [R-코드 4.5.3]의 결과 일부

```
> summary(effectMWCM.fit, standardized=TRUE)
Group 1 [1]:
                    ---- 생 략 -----
Group 2 [2]:

Regressions:
                   Estimate  Std.Err  z-value  P(>|z|)   Std.lv  Std.all
  quality ~
    expect   (g11)    0.792    0.049   16.247    0.000    0.650    0.650
  value ~
    expect   (g21)    0.025    0.045    0.568    0.570    0.025    0.025
    quality  (b21)    0.587    0.047   12.618    0.000    0.710    0.710
```

```
  satisfact ~
    expect    (g31)    0.006    0.041    0.144    0.885    0.005    0.005
    quality   (b31)    0.609    0.052   11.759    0.000    0.662    0.662
    value     (b32)    0.364    0.044    8.269    0.000    0.327    0.327

Defined Parameters:
                   Estimate  Std.Err  z-value  P(>|z|)   Std.lv  Std.all
    I_expect_value    0.465    0.049    9.558    0.000    0.394    0.394
    I_expct_stsfct    0.661    0.051   12.878    0.000    0.519    0.519
    T_expect_value    0.490    0.047   10.513    0.000    0.415    0.415
    T_expct_stsfct    0.667    0.047   14.101    0.000    0.523    0.523
```

[R-코드 4.5.3] 잠재변수의 두 군집의 고객만족 SEM의 효과분할 (sati-2groups-latent-sem-effects.R)

```
## Effects for Two Group SEM with latent variables of 고객만족도
library(lavaan)
satis=read.table("D:/R과함께하는 인과모형분석의 이해와 응용/R-codes/satis.txt", header=T)

# Effects: Total and Indirect
effect='
# M model
expect=~x11 + x12 + x13
quality=~x21 + x22 + x23
value=~x31 + x32
satisfact=~x41 + x42 + x43
#S model
quality~g11*expect
value~g21*expect + b21*quality
satisfact~g31*expect + b31*quality + b32*value
# Indirect Effect
I_expect_value := b21*g11
I_expect_satisfact := b31*g11 + b32*(g21 + b21*g11)
# Total Effect
T_expect_value := g21 + I_expect_value
T_expect_satisfact := g31 + I_expect_satisfact
'
effectMWCM.fit=sem(effect, data=satis, group="Group", group.equal=c("loadings"),
                   estimator="WLS")
summary(effectMWCM.fit, standardized=TRUE)
```

지금까지 잠재변수를 가진 구조방정식모형을 4.4.1 사례 1 ~ 4.4.3 사례 3을 통하여 살펴보았고 군집 간의 모형을 비교하기 위한 다중 군집분석도 살펴보았다. 일반적으로 잠재변수는 설문지 문항에 대한 신뢰성계수 크롬바흐 알파(Crombach's alpha)를 이용한 신뢰성검정이나 다변량기법인 인자분석을 통하여 구성될 수 있다. 구조방정식모형을 적용하여 좋은 연구모형을 얻기 위해선 먼저 선행되어야 할 과제는 통계조사의 설계(표본추출, 설문지작성 등)를 잘하여 설문조사과정을 통하여 얻어진 자료로부터 관측변수와 잠재변수가 잘 드러나야 한다는 점이다. 특히 군집간의 구조방정식모형의 비교는 측정계수와 구조계수 제약모형을 통해 이루어진다.

실제 유용한 패키지 R의 lavaan, LISREL, AMOS를 활용한 구조방정식모형과 같이 아무리 좋은 자료분석 기법과 도구가 있다고 하더라도 이를 적용할 자료의 수집과정 및 통계조사의 계획과 설계가 잘못되어 있다면 모래성을 쌓을 수밖에 없다.

4.6 다시점 구조방정식모형

구조방정식모형에서 다시점 성장모형(longitudinal growth model)은 다변량 반복측정 분산분석모형(multivariate repeated measurement ANOVA model)과 유사하며 이를 다시점 구조방정식모형 또는 성장곡선모형(growth curve model)이라고 한다. 최용석(2019, 4.4절)에 따르면 반복측정분산분석이란 동일한 실험 대상에 대하여 처리를 시간을 두고 2회 이상의 반복측정을 통해 얻은 자료에 대해 처리별 평균을 비교하는 방법이다.

다만 다시점 성장모형에는 잠재변수와 관측변수가 사용되며 자료의 수가 어느 정도 커야 하며 다변량 정규성이 만족되어야 하며 처리 간의 동일한 시간간격이 유지되어야 한다. Timm(2002, 10.9절)에서 다시점 성장모형을 잠재변수가 있는 다시점 분석이라는 개념에서 다루고 있다. 특히, 구조방정식모형의 관점에서 공변량(covariate)을 고려한 측정모형과 성장모형의 기울기(slope)와 절편(intercept)에 대해 영향을 미치는 예측변수(predictor variable)를 설명변수로 하는 다변량 회귀모형을 따르는 구조모형으로 구분한다. 잠재변수로 인하여 다시점 성장모형을 잠재성장모형이라고도 하는데 잠재변수는 모형에서 기울기와 절편을 말하며 확증적 인자분석모형과 같이 관측변수로부터 추정하기 때문이라 여겨진다. Schumacker(2016, 13장)에 따르면 시간에 따른 관측변수의 처리별 평균이 모형에서 절편의 추정값을 제공하며 공분산행렬이 변화율의 상관을 나타내는 기울기의 추정값을 제공한다. 따라서 다시점 성장모형에서는 시간에 따라 평균의 변화만을 고려한 절편만 있는 모형과 평균과 변화율을 모두 보려는 절편과 기울기가 있는 여러 가지 다른 모형을 검토하게 된다.

잠재성장모형에는 기초(basic)와 고급(advanced) 모형이 있는데 전자는 기울기와 절편만 있는 모형이고 후자는 처리에 미치는 공변량과 기울기와 절편에 영향을 미치는 예측변수가 추가된 모형이다. 고급 잠재성장모형은 공변량과 예측변수가 추가되어 다소 복잡해 보이나 기초 잠재성장모형을 기초로 하며 모형에 영향을 미치는 변수를 고려하는 보다 이상적인 모형이라 여겨진다. R에서는 패키지 lavaan의 함수 growth()를 이용하여 잠재성장모형을 적합한다. [보기 4.6.1]의 기초 잠재성장모형과 [보기 4.6.2]의 고급 잠재성장모형은 Schumacker(2016, 13장)의 모형 설정과 해석을 대부분 인용하고 있다.

[보기 4.6.1]에는 사춘기의 일탈행위의 관대함에 대하여 5년간 측정한 자료에 대하여 기초 잠재성장모형을 적용하기로 하자.

[보기 4.6.1] 사춘기의 일탈행위의 관대함에 대한 기초 잠재성장모형

1) 자료 및 변수

[자료 4.6.1]은 사춘기 168명의 일탈행위에 대한 관대함에 대하여 5년간 측정한 자료의 상관행렬로 [보기 1.5.4]의 [자료 1.5.4]의 재인용이다. 여기서 관측변수로 5년 기간을 나이에 따라 y_1 =Age11, y_2 =Age12, y_3 =Age13, y_4 =Age14, y_5 =Age15로 하였다.

[자료 4.6.1] 사춘기의 일탈행위의 관대함에 대한 상관행렬

관측변수	y_1	y_2	y_3	y_4	y_6
Age11	1.000				
Age12	0.161	1.000			
Age13	0.408	0.348	1.000		
Age14	0.373	0.269	0.411	1.000	
Age15	0.254	0.143	0.276	0.705	1.000

2) 경로도

[그림 4.6.1]은 사춘기 일탈행위의 관대함에 대한 기초 잠재성장모형의 경로도로 [보기 1.5.4]의 [그림 1.5.5]의 재인용되었다. 여기서 intercept(절편)과 slope(기울기)를 잠재변수로 하고 관측변수 y_1 =Age11, y_2 =Age12, y_3 =Age13, y_4 =Age14, y_5 =Age15가 이들 잠재변수에 의해 설명을 받는 형태로 고정된 경로계수를 가지고 있다. 더불어 오차항

은 e11 ~ e15로 지정되어 있다.

사춘기의 일탈행위에 대한 기초 잠재성장모형의 적합 후 경로도는 [R-코드 4.6.1]의 # Path diagram에서 확인 가능하나 여기서 생략한다.

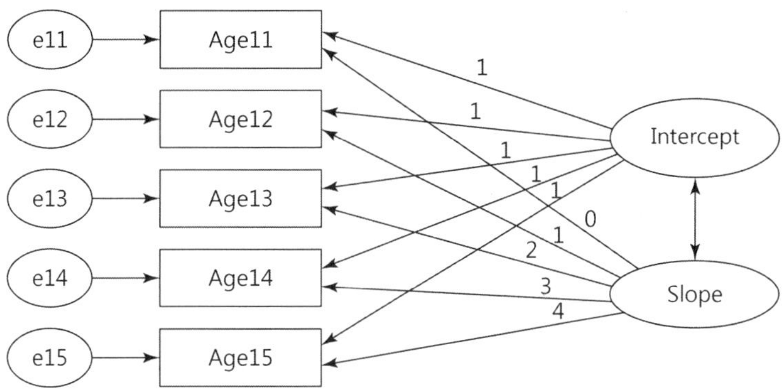

[그림 4.6.1] 사춘기의 일탈행위에 대한 기초 잠재성장모형의 경로도

3) 기초 잠재성장모형의 설정

[그림 4.6.1]의 경로도를 보면 잠재변수로 $\eta_1 =$intercept(절편)과 $\eta_2 =$slope(기울기)를 가지는 2장의 확증적 인자분석모형처럼 보인다, 다만 오차항 e11 ~ e15을 편의상 각각 오차항 $\epsilon_1 \sim \epsilon_5$로 두고 관측변수 $y_1 =$Age11, $y_2 =$Age12, $y_3 =$Age13, $y_4 =$Age14, $y_5 =$Age15로 이루어진 $\boldsymbol{y} = (y_1, y_2, y_3, y_4, y_5)^T$를 고려하면 이는 잠재변수가 있는 구조방정식모양의 측정모형에 대한 것으로 생각할 수 있다. 이를 참고로 해서 기초 잠재성장모형 (4.6.1)을 세울 수 있다.

$$\begin{aligned} y_1 &= 1\eta_1 + 0\eta_2 + \epsilon_1 \\ y_2 &= 1\eta_1 + 1\eta_2 + \epsilon_2 \\ y_3 &= 1\eta_1 + 2\eta_2 + \epsilon_3 \\ y_4 &= 1\eta_1 + 3\eta_2 + \epsilon_4 \\ y_5 &= 1\eta_1 + 4\eta_2 + \epsilon_5 \end{aligned} \Leftrightarrow \begin{pmatrix} y_1 \\ y_2 \\ y_3 \\ y_4 \\ y_5 \end{pmatrix} = \begin{pmatrix} 1 & 0 \\ 1 & 1 \\ 1 & 2 \\ 1 & 3 \\ 1 & 4 \end{pmatrix} \begin{pmatrix} \eta_1 \\ \eta_2 \end{pmatrix} + \begin{pmatrix} \epsilon_1 \\ \epsilon_2 \\ \epsilon_3 \\ \epsilon_4 \\ \epsilon_5 \end{pmatrix}$$

$$\Leftrightarrow \boldsymbol{y} = \Lambda \boldsymbol{\eta} + \boldsymbol{\epsilon} \tag{4.6.1}$$

여기서 기초 잠재성장모형 (4.6.1)의 Λ는 고정된 모수를 사용하는데 첫 번째 열은 모든 원소가 1로 각 처리 기간의 절편을 동일하게 지정하고 두 번째 열은 선형 기울기의 계수 0 ~ 4를 포함하고 있다.

4) 모형의 적합

[R-코드 4.6.1]에서 (4.6.1)의 기초 잠재성장모형에 대해 다음과 같이 Model 1, Model 2, Model 3과 같이 3가지 모형을 고려할 수 있다. 특히, 2장의 확증적 인자분석모형과 구조방정식모형의 측정모형은 실제 모형 설정과는 반대로 잠재변수에 대해 선형결합형식으로 R-코드를 작성함은 여러 번 설명한 바 있다. 세 가지 모형 설정에서 잠재변수인 intercept(절편)과 slope(기울기)를 가각 i와 s로 표기하기로 하자.

```
# Model 1: Intercept and Slope

model1 = '
# intercept
i =~ 1*Age11 + 1*Age12 + 1*Age13 + 1*Age14 + 1*Age15
# slope
s =~ 0*Age11 + 1*Age12 + 2*Age13 + 3*Age14 + 4*Age15'

# Model 2: Intercept and Slope with residual variance constrained equal

model2 = '
# intercept
i =~ 1*Age11 + 1*Age12 + 1*Age13 + 1*Age14 + 1*Age15
# slope
s =~ 0*Age11 + 1*Age12 + 2*Age13 + 3*Age14 + 4*Age15

# residual variance
Age11 ~~ r*Age11
Age12 ~~ r*Age12
Age13 ~~ r*Age13
Age14 ~~ r*Age14
Age15 ~~ r*Age15'

# Model 3: Intercept and Slope with error variance correlated

model3 = '
# intercept
i =~ 1*Age11 + 1*Age12 + 1*Age13 + 1*Age14 + 1*Age15
# slope
s =~ 0*Age11 + 1*Age12 + 2*Age13 + 3*Age14 + 4*Age15

# correlated error variance
Age11 ~~ Age12
```

```
Age14 ~~ Age15 '
```

Model 1은 기본이 되는 모형으로 아무런 제약이 없다. Model 2는 # residual variance에서 잔차의 분산을 측정 시기에 따라 동일하도록 제약을 하고 있으며 이중 물결표(~~)를 이용하고 문자 r을 동일하게 사용하고 있다. Model3은 Age11 ~~ Age12와 Age14 ~~ Age15의 측정 시기에 따른 오차 분산이 서로 상관이 있는 지를 검정하도록 제약을 두고 있다.

[R-코드 4.6.1] 사춘기의 일탈행위에 대한 기초 잠재성장모형 (age-Basic-LongitudinalGrowthmodel.R)

```
## Basic Latent Growth Model for 5 time periods: 168 adolescents, Age 11 to 15
library(lavaan)

# Data : Correlation matrix
age = data.frame(lav_matrix_lower2full(c(1,.161,1,.408,.348,1,.373,.269,.411,1,.254,.143,.276,
      .705,1),diagonal=TRUE),
row.names =c("Age11","Age12","Age13","Age14","Age15"))
names(age) = c("Age11","Age12","Age13","Age14","Age15")
age = as.matrix(age)

# sample means
agemean = c(.201, .226, .326,.417,.446)
agemean

# Select fit indices
index=c("chisq", "df", "pvalue", "cfi", "rmsea", "gfi")

##  Linear Growth Model
# Model 1: Intercept and Slope
model1 = '
# intercept
i =~ 1*Age11 + 1*Age12 + 1*Age13 + 1*Age14 + 1*Age15
# slope
s =~ 0*Age11 + 1*Age12 + 2*Age13 + 3*Age14 + 4*Age15'

fit1 = growth(model1,sample.cov=age, sample.nobs=168, sample.mean = agemean)
fitMeasures(fit1, index);summary(fit1,standardized=TRUE)

# Path diagram
library(semPlot)
semPaths(fit1, whatLabels="estimate", style="lisrel", nCharNodes=0)
```

```
# Model 2: Intercept and Slope with residual variance constrained equal
model2 = '
# intercept
i =~ 1*Age11 + 1*Age12 + 1*Age13 + 1*Age14 + 1*Age15
# slope
s =~ 0*Age11 + 1*Age12 + 2*Age13 + 3*Age14 + 4*Age15

# residual variance
Age11 ~~ r*Age11
Age12 ~~ r*Age12
Age13 ~~ r*Age13
Age14 ~~ r*Age14
Age15 ~~ r*Age15'

fit2 = growth(model2,sample.cov=age, sample.nobs=168,sample.mean = agemean)
fitMeasures(fit2, index);summary(fit2,standardized=TRUE)

# Model 3: Intercept and Slope with error variance correlated
model3 = '
# intercept
i =~ 1*Age11 + 1*Age12 + 1*Age13 + 1*Age14 + 1*Age15
# slope
s =~ 0*Age11 + 1*Age12 + 2*Age13 + 3*Age14 + 4*Age15

# correlated error variance
Age11 ~~ Age12
Age14 ~~ Age15 '

fit3 = growth(model3,sample.cov=age, sample.nobs=168,sample.mean = agemean)
fitMeasures(fit3, index);summary(fit3,standardized=TRUE)
```

[결과 4.6.1] [R-코드 4.6.1]의 Model 1 적합 결과 일부

(1) Model 1 적합도 지수

```
> fitMeasures(fit1, index)
```

```
 chisq     df pvalue   cfi  rmsea   gfi
39.079 10.000  0.000 0.857  0.132 0.924
```

(2) Model 1의 모수 추정

```
> summary(fit1, standardized=TRUE)
```

```
Latent Variables:
```

```
                   Estimate  Std.Err  z-value  P(>|z|)   Std.lv  Std.all
  i =~
    Age11             1.000                               0.606    0.612
    Age12             1.000                               0.606    0.564
    Age13             1.000                               0.606    0.585
    Age14             1.000                               0.606    0.655
    Age15             1.000                               0.606    0.598
  s =~
    Age11             0.000                               0.000    0.000
    Age12             1.000                               0.216    0.201
    Age13             2.000                               0.431    0.416
    Age14             3.000                               0.647    0.699
    Age15             4.000                               0.862    0.851

Covariances:
                   Estimate  Std.Err  z-value  P(>|z|)   Std.lv  Std.all
  i ~~
    s                -0.044    0.027   -1.623    0.105   -0.340   -0.340

Intercepts:
                   Estimate  Std.Err  z-value  P(>|z|)   Std.lv  Std.all
   .Age11             0.000                               0.000    0.000
   .Age12             0.000                               0.000    0.000
   .Age13             0.000                               0.000    0.000
   .Age14             0.000                               0.000    0.000
   .Age15             0.000                               0.000    0.000
    i                 0.194    0.067    2.900    0.004    0.319    0.319
    s                 0.066    0.023    2.837    0.005    0.307    0.307

Variances:
                   Estimate  Std.Err  z-value  P(>|z|)   Std.lv  Std.all
   .Age11             0.615    0.106    5.823    0.000    0.615    0.626
   .Age12             0.829    0.104    7.984    0.000    0.829    0.718
   .Age13             0.700    0.085    8.196    0.000    0.700    0.650
   .Age14             0.337    0.052    6.500    0.000    0.337    0.393
   .Age15             0.271    0.068    3.967    0.000    0.271    0.264
    i                 0.368    0.092    3.981    0.000    1.000    1.000
    s                 0.046    0.011    4.047    0.000    1.000    1.000
```

[결과 4.6.2] [R-코드 4.6.1]의 Model 2 적합 결과 일부

(1) Model 2 적합도 지수

```
> fitMeasures(fit2, index)
```

```
 chisq      df pvalue    cfi  rmsea    gfi
70.215 14.000  0.000  0.724  0.155  0.886
```

(2) Model 2의 모수 추정(분산 부분)

```
> summary(fit2, standardized=TRUE)
```

```
Variances:
                   Estimate  Std.Err  z-value  P(>|z|)   Std.lv  Std.all
   .Age11     (r)     0.590    0.037   15.875    0.000    0.590    0.617
   .Age12     (r)     0.590    0.037   15.875    0.000    0.590    0.642
   .Age13     (r)     0.590    0.037   15.875    0.000    0.590    0.629
   .Age14     (r)     0.590    0.037   15.875    0.000    0.590    0.582
   .Age15     (r)     0.590    0.037   15.875    0.000    0.590    0.514
    i                 0.367    0.082    4.488    0.000    1.000    1.000
    s                 0.029    0.010    2.804    0.005    1.000    1.000
```

[결과 4.6.3] [R-코드 4.6.1]의 Model 3 적합 결과 일부

(1) Model 3 적합도 지수

```
> fitMeasures(fit3, index)
```

```
 chisq     df pvalue    cfi  rmsea    gfi
 7.274  8.000  0.507  1.000  0.000  0.985
```

(2) Model 3의 모수 추정(잠재변수, 공분산, 기울기 부분)

```
> summary(fit3, standardized=TRUE)
```

```
Latent Variables:
                   Estimate  Std.Err  z-value  P(>|z|)   Std.lv  Std.all
  i =~
    Age11             1.000                               0.757    0.766
    Age12             1.000                               0.757    0.743
    Age13             1.000                               0.757    0.767
    Age14             1.000                               0.757    0.779
    Age15             1.000                               0.757    0.754
```

```
  s =~
    Age11          0.000                                      0.000    0.000
    Age12          1.000                                      0.172    0.169
    Age13          2.000                                      0.344    0.349
    Age14          3.000                                      0.516    0.531
    Age15          4.000                                      0.688    0.685

Covariances:
                   Estimate  Std.Err  z-value  P(>|z|)   Std.lv  Std.all
 .Age11 ~~
   .Age12            -0.313    0.086   -3.624    0.000   -0.313   -0.627
 .Age14 ~~
   .Age15             0.394    0.114    3.448    0.001    0.394    0.588
  i ~~
    s                -0.091    0.038   -2.412    0.016   -0.698   -0.698

Intercepts:
                   Estimate  Std.Err  z-value  P(>|z|)   Std.lv  Std.all
   .Age11             0.000                               0.000    0.000
   .Age12             0.000                               0.000    0.000
   .Age13             0.000                               0.000    0.000
   .Age14             0.000                               0.000    0.000
   .Age15             0.000                               0.000    0.000
    i                 0.186    0.064    2.893    0.004    0.246    0.246
    s                 0.067    0.022    3.005    0.003    0.387    0.387
```

[결과 4.6.1] ~ [결과 4.6.3]은 각각 모형 Model 1 ~ Model 3에 대한 것이다. [결과 4.6.1]에 따르면 (1) Model 1의 적합도 지수를 보면 자유도 $df=10$인 카이제곱 검정통계량 39.079의 유의확률 $p-$값이 0.000으로 유의수준에서 5%에서 모형이 적합하지 못함을 보여준다. (2)의 분산 Variances를 보면 Age11의 0.615에서 Age12의 0.829로 증가되고 이로부터 Age13의 0.700, Age14의 0.337, Age15의 0.271로 계속 감소한다. 때로는 이런 현상을 피하기 위하여 Model 2와 같이 반복 측정 시기에 따라 동일한 잔차 분산(residual variance)을 가정한다.

[결과 4.6.2]를 보면 (1) Model 2의 적합도 지수에서 자유도 $df=14$인 카이제곱 검정통계량 70.215의 유의확률 $p-$값이 0.000으로 유의수준에서 5%에서 모형은 매우 적합하지 못함을 보여준다. 카이제곱검정 통계량의 값을 보면 Modle 1이 그나마 Model 2보다 적합의 정도는 더 좋다. (2)에서는 모형의 제약으로 둔 동일한 잔차 분산의 가정에 의해서 Variances에서 관측변수의 오차 분산이 동일한 0.590임을 보여 준다. 그러나 매우 유의하지 못한 모형의 적합 정도로 보아 적절하게 사춘기 일탈행동에 대한 관대함이 나

이가 들어감에 따른 절편(평균 차이)과 기울기(변화율)를 더 적절하게 설명할 수 있는 다른 모형인 Model 3이 필요하다. 이는 Model 1의 적합 결과에서 분산의 증가와 감소 경향을 고려하여 상관있는 오차 분산을 나타내는 Age11~~Age12와 Age14~~Age15를 지정한 것이다.

[결과 4.6.3]의 (1) Model 3의 적합도 지수에서 자유도 $df=8$인 카이제곱 검정통계량 7.274의 유의확률 $p-$값이 0.507로 유의수준에서 5%에서 모형은 매우 적합함을 보여준다. (2)에서 진하게 표시된 결과 통해 절편(평균)에 대해 살펴보면 Age11의 0.766에서 감소하다가 다시 Age13에서 증가하고 Age15에서 0.754로 감소한다. 이는 나이가 들수록 사춘기 일탈 행동에 대한 관대함이 감소함을 나타낸다. 반면에 기울기(변화율)는 Age11의 0.000에서 Age15의 0.685로 선형적으로 꾸준히 증가 한다.

결과 Covariances로부터 절편과 기울기의 상관계수의 추정값 -0.091은 검정통계량 $z=-2.412$에 의한 유의확률 $p-$값$=0.016$에 의해 유의수준 5%에서 통계적으로 유의하다. 따라서 나이가 들어감에 실제로 Model 3의 제약 Age11~~Age12와 Age14~~Age15에 의한 공분산은 통계적으로 유의하여 모형 적합을 개선하는 데 매우 중요하였다고 여겨진다.

다음으로 기초 잠재성장모형에서 관측변수에 영향을 미치는 공변량과 절편과 기울기를 설명할 예측변수가 존재한다면 이를 고려한 고급 잠재성장모형이 필요하다. [보기 4.6.2]는 대학진학에 미치는 부모의 영향을 예측변수로 처리하고 학교의 동기부여 영향을 공변량으로 처리하는 고급 잠재성장모형의 예를 보여준다.

[보기 4.6.2] 대학진학에 미치는 부모와 학교의 영향에 대한 고급 잠재성장모형

1) 자료 및 변수

[자료 4.6.2]는 [보기 1.5.4]의 [자료 1.5.5]를 재인용한 400명 고등학생을 대상으로 4년간 대학진학 희망과 학교로부터 받은 동기부여에 대하여 측정한 자료의 공분산행렬이다. 진학을 위한 부모의 주도와 격려는 두 가지 예측변수로 연구가 시작될 때 미리 측정되었다. 대학진학 희망에 대한 관측변수로 $y_1=$collasp1, $y_2=$collasp1, $y_3=$collasp3, $y_4=$collasp4와 학교로부터 받은 동기부여에 대한 공변량으로 $z_1=$motivn1, $z_2=$motivn2, $z_3=$motivn3, $z_4=$motivn4를 고려한다. 진학을 위한 부모의 주도와 격려는 예측변수로 $p_1=$parstyl1과 $p_2=$parstyl2를 사용하였다. 엄밀하게 말해서 예측변수도 공변량의 일종으로

여길 수 있다.

[자료 4.6.2] 대학진학에 미치는 부모와 학교의 영향에 대한 공분산행렬

관측변수	y_1	y_2	y_3	y_4	p_1	p_2	z_1	z_2	z_3	z_4
collasp1	2.481									
collasp2	2.510	4.466								
collasp3	3.113	4.966	7.371							
collasp4	3.488	5.722	7.933	10.318						
parstyl1	12.482	19.497	25.238	30.622	405.091					
parstyl2	6.379	9.411	11.363	14.389	179.383	245.697				
motivn1	0.151	0.011	0.118	0.036	−1.045	0.308	0.945			
motivn2	−0.014	0.335	0.049	0.018	0.594	0.115	0.083	1.114		
motivn3	−0.012	0.100	0.412	0.075	−0.318	0.226	−0.013	0.078	0.926	
motivn4	−0.015	−0.163	−0.221	−0.051	−0.420	0.493	0.028	0.032	0.057	1.002

2) 경로도

[그림 4.6.2]는 [자료 4.6.2]에 대한 고급 잠재성장모형에 대한 경로도로 [보기 1.5.4]의 [그림 1.5.6]를 재인용한 것이다. 고급 잠재성장모형도 기초 잠재성장모형을 기본 바탕으로 하고 있다. 여기서 절편은 동일한 값 1에 의한 경로계수를 가지며 네 기간의 대학진학 희망의 평균을 나타내며 기울기는 선형적 성장을 나타낸다. 동기부여에 대한 공변량 z_1= motivn1 ~ z_4=motivn4는 대학진학 희망에 대한 y_1=collasp1 ~ y_4=collasp4에 영향을 미치므로 이에 각각 대응되도록 하였다. 끝으로 두 개의 예측변수 p_1=parstyl1과 p_2=

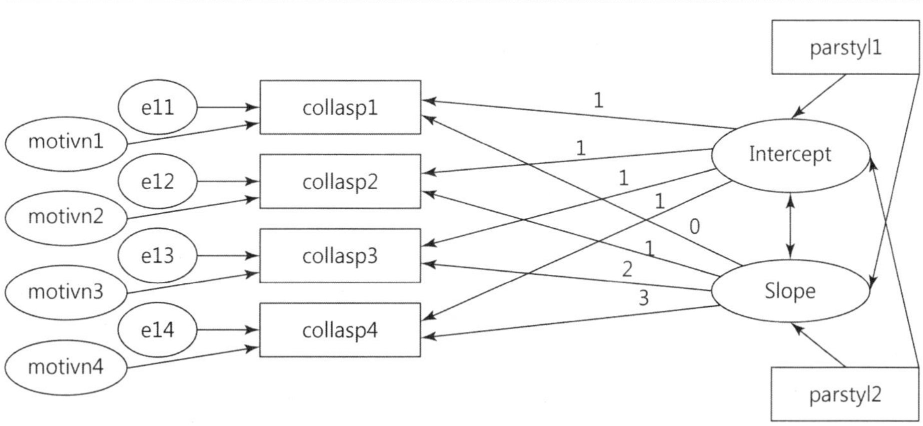

[그림 4.6.2] 대학진학에 미치는 부모와 학교의 영향에 대한 고급 잠재성장모형의 경로도

parstyl2는 기울기와 절편을 예측함을 보여 주고 있다. 더불어 오차항은 e11 ~ e14로 지정되어 있다.

3) 고급 잠재성장모형의 설정

[그림 4.6.2]의 경로도를 보면 잠재변수를 intercept(절편)과 slope(기울기)를 가지는 2장의 확증적 인자분석모형처럼 보인다. 다만 오차항 e11 ~ e14를 $\epsilon_1 \sim \epsilon_4$로 두면 관측변수 y_1=collasp1 ~ y_4=collasp4로 이루어진 $\boldsymbol{y} = (y_1, y_2, y_3, y_4)^T$와 잠재변수를 η_1=intercept와 η_2=slope로 고려하면 이는 잠재변수가 있는 구조방정식모양의 측정모형에 대한 것으로 생각할 수 있다. 이를 참고로 해서 고급 잠재성장모형 (4.6.2)와 (4.6.3)을 세울 수 있다. 이는 구조방정식모형의 관점에서 보면 (4.6.2)는 측정모형에 해당하는데 실제로 기초 잠재성장모형 $\boldsymbol{y} = \Lambda\boldsymbol{\eta} + \boldsymbol{\epsilon}$에 공변량 $\boldsymbol{z} = (z_1, \dots, z_4)^T$의 영향을 다중 회귀모형으로 고려한 최종 측정모형이라 볼 수 있다.

최종 측정모형

$$
\begin{aligned}
y_1 &= 1\eta_1 + 0\eta_2 + \theta_1 z_1 + \epsilon_1 \\
y_2 &= 1\eta_1 + 1\eta_2 + \theta_2 z_2 + \epsilon_2 \\
y_3 &= 1\eta_1 + 2\eta_2 + \theta_3 z_3 + \epsilon_3 \\
y_4 &= 1\eta_1 + 3\eta_2 + \theta_4 z_4 + \epsilon_4
\end{aligned}
$$

$$
\Leftrightarrow \begin{pmatrix} y_1 \\ y_2 \\ y_3 \\ y_4 \end{pmatrix} = \begin{pmatrix} 1 & 0 \\ 1 & 1 \\ 1 & 2 \\ 1 & 3 \end{pmatrix} \begin{pmatrix} \eta_1 \\ \eta_2 \end{pmatrix} + \begin{pmatrix} \theta_1 & 0 & 0 & 0 \\ 0 & \theta_2 & 0 & 0 \\ 0 & 0 & \theta_3 & 0 \\ 0 & 0 & 0 & \theta_4 \end{pmatrix} \begin{pmatrix} z_1 \\ z_2 \\ z_3 \\ z_4 \end{pmatrix} + \begin{pmatrix} \epsilon_1 \\ \epsilon_2 \\ \epsilon_3 \\ \epsilon_4 \end{pmatrix}
$$

$$
\Leftrightarrow \boldsymbol{y} = \Lambda\boldsymbol{\eta} + \Theta\boldsymbol{z} + \boldsymbol{\epsilon} \tag{4.6.2}
$$

여기서 최종 측정모형 (4.6.2)의 Λ는 고정된 모수를 사용하는데 첫 번째 열은 모든 원소가 1로 각 처리 기간의 절편을 동일하게 지정하고 두 번째 열은 선형 기울기의 계수 0 ~ 3을 포함하고 있다. Θ는 공변량 $\boldsymbol{z} = (z_1, \dots, z_4)^T$에 대한 회귀계수의 행렬이다. 최종 측정모형 (4.6.2)를 적합하기 위해서는 기초 잠재성장모형 $\boldsymbol{y} = \Lambda\boldsymbol{\eta} + \boldsymbol{\epsilon}$과 공변량에 의한 (4.6.3)의 다중 회귀모형을 각각 모형에서 설정해 주어야 한다. 다시 말해서 [그림 4.6.2]

의 경로도와 같이 4개의 공변량 z_1=motivn1 ~ z_4=motivn4을 각각을 설명변수로 하고 이에 대한 반응변수 y_1=collasp1 ~ y_4=collasp4를 고려한 다중 회귀모형 (4.6.3)을 적합해야 한다. 다음으로 2개의 예측변수 p_1=parstyl1과 p_2=parstyl2를 설명변수로 하면서 기초 잠재성장모형 $y = \Lambda\eta + \epsilon$ 으로부터 계산되는 Intercept와 Slope를 반응변수 η_1=intercept와 η_2=slope로 하는 다변량 회귀모형 (4.6.4)를 고려하면 이는 구조방정식모형 관점에서 외생 잠재변수 ξ가 예측변수 $p = (p_1, p_2)^T$로 대치된 구조모형에 해당한다.

실제 최종 측정모형 (4.6.2)와 구조모형 (4.6.3)을 합쳐서 고급 잠재성장모형인 다싯점 구조방정식모형을 구성하게 된다. 이들 회귀모형에 관해서는 5장을 참고하기 바란다.

다중 회귀모형: 공변량

$$y_j = \theta_j z_j + \epsilon_j, \; j = 1, \ldots, 4 \tag{4.6.3}$$

구조모형: 예측변수

$$\begin{aligned} \eta_1 &= \gamma_{11} p_1 + \gamma_{12} p_2 + \zeta_1 \\ \eta_2 &= \gamma_{21} p_1 + \gamma_{22} p_2 + \zeta_2 \\ \Leftrightarrow \begin{pmatrix} \eta_1 \\ \eta_2 \end{pmatrix} &= \begin{pmatrix} 0 & 0 \\ 0 & 0 \end{pmatrix}\begin{pmatrix} \eta_1 \\ \eta_2 \end{pmatrix} + \begin{pmatrix} \gamma_{11} & \gamma_{12} \\ \gamma_{21} & \gamma_{21} \end{pmatrix}\begin{pmatrix} p_1 \\ p_2 \end{pmatrix} + \begin{pmatrix} \zeta_1 \\ \zeta_2 \end{pmatrix} \\ \Leftrightarrow \eta &= B\eta + \Gamma p + \zeta \end{aligned} \tag{4.6.4}$$

4) 모형의 적합

[R-코드 4.6.2]에서 고급 잠재성장모형의 측정모형에서 기초모형 $y = \Lambda\eta + \epsilon$와 예측변수에 대한 다변량 회귀모형인 구조모형 (4.6.4)와 최종 측정모형인 (4.6.2)의 고급 잠재성장모형에 대해 다음과 같이 Model 1과 Model 2같이 2가지 모형을 고려할 수 있다. 두 가지 모형 설정에서 intercept(절편)와 slope(기울기)를 가각 i와 s로 표기하기로 하자. 이미 Model 1에 대한 R-코드 모형 작성은 [보기 1.5.4]의 [표 1.5.7]에서 살펴 본 바가 있다.

Model 1: Intercept and Slope with two predictors

```
model1 = '
  # intercept and slope with fixed coefficients
    i =~ 1*collasp1 + 1*collasp2 + 1*collasp3 + 1*collasp4
    s =~ 0*collasp1 + 1*collasp2 + 2*collasp3 + 3*collasp4

 # multivariate regressions
 # predictor variables - continuous
    i ~  parstyl1 + parstyl2
    s ~  parstyl1 + parstyl2

 # time-varying covariates
    collasp1 ~ motivn1
    collasp2 ~ motivn2
    collasp3 ~ motivn3
    collasp4 ~ motivn4'
```

Model 2: Intercept and Slope with one predictors

```
model2 = '
  # intercept and slope with fixed coefficients
    i =~ 1*collasp1 + 1*collasp2 + 1*collasp3 + 1*collasp4
    s =~ 0*collasp1 + 1*collasp2 + 2*collasp3 + 3*collasp4

 # multivariate regressions      # predictor variables - continuous
    i ~  parstyl1
    s ~  parstyl1

  # time-varying covariates
    collasp1 ~ motivn1
    collasp2 ~ motivn2
    collasp3 ~ motivn3
    collasp4 ~ motivn4'
```

Model 1은 기초모형에 4개의 공변량과 2개의 예측변수를 고려한 모형이고 Model 2는 예측변수 parstyl1 하나만 고려하고 있다. 이는 Model1의 적합에서 예측변수 parstyl2가 통계적으로 모형에서 유의하지 못하여 제거한 것이다. 이는 [결과 4.6.4]에서 확인할 수 있다.

사춘기의 일탈행위에 대한 고급 잠재성장모형의 적합 후 경로도도 [R-코드 4.6.2]의 # Path diagram에서 확인 가능하나 여기서 생략한다.

[R-코드 4.6.2] 대학진학에 미치는 부모와 학교의 영향에 대한 고급 잠재성장모형 (college-Advanced-LongitudinalGrowthmodel.R)

```
## Advanced Latent Growth Model for College Aspiration Data
library(lavaan)
means = c(20.602,21.688,22.730,23.760,98.795,99.240,50.002,49.940,50.040,49.943)
college= data.frame(lav_matrix_lower2full(c(
2.481,
2.510,4.466,
3.113,4.966,7.371,
3.488,5.722,7.933,10.318,
12.482,19.497,25.238,30.622,405.091,
 6.379,9.411,11.363,14.389,179.383,245.697,
 0.151,0.011,0.118,0.036,-1.045,0.308,0.945,
-0.014,0.335,0.049,0.018,0.594,0.115,0.083,1.114,
-0.012,0.100,0.412,0.075,-0.318,0.226,-0.013,0.078,0.926,
-0.015,-0.163,-0.221,-0.051,-0.420,0.493,0.028,0.032,0.057,1.002),diagonal=TRUE),
row.names =c("collasp1","collasp2","collasp3","collasp4","parstyl1","parstyl2","motivn1","motivn2","motivn3","motivn4") )
names(college) =c("collasp1","collasp2","collasp3","collasp4","parstyl1","parstyl2","motivn1","motivn2","motivn3","motivn4")
college = as.matrix(college)
college

## linear growth model with a time-varying covariate and two predictors
# Model 1: Intercept and Slope with two predictors
model1 = '
  # intercept and slope with fixed coefficients
    i =~ 1*collasp1 + 1*collasp2 + 1*collasp3 + 1*collasp4
    s =~ 0*collasp1 + 1*collasp2 + 2*collasp3 + 3*collasp4

  # multivariate regressions
  # predictor variables - continuous
    i ~  parstyl1 + parstyl2
    s ~  parstyl1 + parstyl2
  # time-varying covariates
    collasp1 ~ motivn1
    collasp2 ~ motivn2
    collasp3 ~ motivn3
    collasp4 ~ motivn4'

# Model 2: Intercept and Slope with one predictors
model2 = '
  # intercept and slope with fixed coefficients
    i =~ 1*collasp1 + 1*collasp2 + 1*collasp3 + 1*collasp4
    s =~ 0*collasp1 + 1*collasp2 + 2*collasp3 + 3*collasp4
  # multivariate regressions     # predictor variables - continuous
    i ~  parstyl1
    s ~  parstyl1
  # time-varying covariates
```

```
    collasp1 ~ motivn1
    collasp2 ~ motivn2
    collasp3 ~ motivn3
    collasp4 ~ motivn4'

# Select fit indices
index=c("chisq", "df", "pvalue", "cfi", "rmsea", "gfi")

fit1 = growth(model1, sample.cov=college, sample.nobs=400, sample.mean = means)
fitMeasures(fit1, index);summary(fit1, standardized=TRUE)

# Path diagram
library(semPlot)
semPaths(fit1, whatLabels="estimate", style="lisrel", nCharNodes=0)

fit2 = growth(model2, sample.cov=college, sample.nobs=400, sample.mean = means)
fitMeasures(fit2, index);summary(fit2, standardized=TRUE)
```

[결과 4.6.4] [R-코드 4.6.2]의 Model 1 적합 결과 일부

(1) Model 1 적합도 지수

```
> fitMeasures(fit1, index)
```

```
 chisq     df pvalue    cfi  rmsea    gfi
35.785 21.000  0.023  0.992  0.042  1.000
```

(2) Model 1의 모수 추정

```
> summary(fit1, standardized=TRUE)
```

```
Latent Variables:
                   Estimate  Std.Err  z-value  P(>|z|)   Std.lv  Std.all
  i =~
    collasp1          1.000                               1.411    0.880
    collasp2          1.000                               1.411    0.677
    collasp3          1.000                               1.411    0.534
    collasp4          1.000                               1.411    0.427
  s =~
    collasp1          0.000                               0.000    0.000
    collasp2          1.000                               0.728    0.349
    collasp3          2.000                               1.456    0.551
    collasp4          3.000                               2.184    0.662
```

```
Regressions:
                   Estimate  Std.Err  z-value  P(>|z|)   Std.lv  Std.all
  i ~
    parstyl1          0.030    0.004    7.100    0.000    0.021    0.430
    parstyl2          0.004    0.005    0.770    0.441    0.003    0.047
  s ~
    parstyl1          0.015    0.002    6.699    0.000    0.021    0.420
    parstyl2         -0.001    0.003   -0.234    0.815   -0.001   -0.015
  collasp1 ~
    motivn1           0.213    0.042    5.117    0.000    0.213    0.129
  collasp2 ~
    motivn2           0.261    0.027    9.765    0.000    0.261    0.132
  collasp3 ~
    motivn3           0.306    0.030   10.186    0.000    0.306    0.111
  collasp4 ~
    motivn4           0.353    0.048    7.321    0.000    0.353    0.107
```

[R-코드 4.6.2]의 수행 [결과 4.6.4]는 Model 1의 적합 결과를 제공하며 [결과 4.6.5]는 Model 2의 적합 결과를 제공한다. 고급 잠재성장모형은 모형의 적합을 통해 먼저 예측변수와 공변량의 통계적 유의성을 따져야 한다. 실제 [결과 4.6.4]의 (1) Model 1의 적합도 지수를 보면 자유도 $df=21$인 카이제곱 검정통계량 35.785의 유의확률 $p-$값$=0.023$은 유의수준에서 5%에서 모형은 매우 적합하지 못함을 보여준다. (2)의 잠재변수 Latent variables에서 진하하게 표시된 부분(Std.all)은 표준화된 추정값으로 절편(i)에 대해서 시기에 따라 0.880에서 0.427로 감소하고 있다. 이는 대학진학희망의 평균이 감소하는 것을 의미한다. 반대로 기울기(s)에 대해서는 0.000에서부터 0.662로 점점 증가하는 경향을 보여주고 있다. 그러나 예측변수 parstyl2가 절편(i)과 기울기(s) 모두에 대해서 유의확률 $p-$값이 0.441과 0.815로 유의수준 5%에서 통계적으로 유의하지 못하다. 이는 부모의 격려(parstyl2)가 대학진학 희망에 해를 거듭할수록 좋은 영향을 주지 못함을 의미한다. 공변량들은 모두가 유의확률 $p-$값이 0.000으로 다 유의하다.

따라서 Model 1에서 예측변수 parstyl2를 제거한 Model 2를 고려하고 이를 적합한 [결과 4.6.5]를 살펴보자. (1) Model 2의 적합도 지수를 보면 자유도 $df=19$인 카이제곱 검정통계량 33.983의 유의확률 $p-$값$=0.020$은 유의수준에서 5%에서 모형은 여전히 적합하지 않다. 그럼에도 (2)의 결과를 보면 모든 변수가 통계적으로 유의하다는 점이다. 특히, Regressions에서 예측변수 parstyl1이 절편(i)과 기울기(s)와의 회귀관계도 유의확률 $p-$값이 0.000로 유의수준 5%에서 통계적으로 유의하다. 동기부여에 관한 네 가지 공변량 motivn1 ~ motivn4도 통계적으로 모두 유의하다. 또한 Latent variables에서 절편(i)에 대해서 시기에 따라 대학진학희망의 평균이 감소하며 반대로 기울기(s)에 대해서는 점점 증가하는 경향은 Model 1과 동일하다. Covariances에서 음영으로 된 기울기에 대한 양의 추정값 0.361의 유의확률 $p-$값$=0.000$은 통계적으로 유의함을 보여주며 이는 4년 간 대학진학에 대한 희망은 학교의 동기부여와 부모의 주도(parstyl1)에 대응해서 증가함을 나타낸다. Model 1에서 살펴보았지만 불행하게도 진학에 대한 부모의 격려(parstyl2)는 4년 간 해를 거듭할수록 대학진학 희망의 평균 변화에 좋은 영향을 주지 못한다는 점이다.

[결과 4.6.5] [R-코드 4.6.2]의 Model 2 적합 결과 일부

(1) Model 2 적합도 지수

```
> fitMeasures(fit2, index)
```

```
 chisq      df pvalue    cfi  rmsea    gfi
33.983 19.000  0.018  0.992  0.044  1.000
```

(2) Model 2의 모수 추정(분산 부분)

```
> summary(fit2, standardized=TRUE)
```

```
Latent Variables:
                   Estimate  Std.Err  z-value  P(>|z|)   Std.lv  Std.all
  i =~
    collasp1          1.000                               1.411    0.880
    collasp2          1.000                               1.411    0.677
    collasp3          1.000                               1.411    0.534
    collasp4          1.000                               1.411    0.428
  s =~
    collasp1          0.000                               0.000    0.000
    collasp2          1.000                               0.728    0.349
    collasp3          2.000                               1.456    0.551
    collasp4          3.000                               2.184    0.662

Regressions:
                   Estimate  Std.Err  z-value  P(>|z|)   Std.lv  Std.all
  i ~
    parstyl1          0.032    0.003    9.160    0.000    0.023    0.457
  s ~
    parstyl1          0.015    0.002    7.985    0.000    0.020    0.412
  collasp1 ~
    motivn1           0.214    0.042    5.154    0.000    0.214    0.130
  collasp2 ~
    motivn2           0.261    0.027    9.784    0.000    0.261    0.132
```

```
  collasp3 ~
    motivn3          0.306    0.030   10.178    0.000    0.306    0.111
  collasp4 ~
    motivn4          0.352    0.048    7.302    0.000    0.352    0.107

Covariances:
                  Estimate  Std.Err  z-value  P(>|z|)   Std.lv  Std.all
 .i ~~
   .s                0.361    0.058    6.272    0.000    0.434    0.434
```

4.7 연습문제

[1] 친구가 자기 자신에게 끼치는 영향을 알아보고자 392명을 대상으로 설문조사한 결과 다음과 같은 상관행렬을 얻었다.

관측변수	x_1	x_2	x_3	y_1	y_2	x_5	x_6	x_4	y_4	y_3
자기자신:										
부모의 기대감	1.0000									
지식수준	0.1839	1.0000								
사회경제적지위	0.2220	0.489	1.0000							
직업열	0.4105	0.2137	0.3240	1.0000						
교육열	0.4043	0.2742	0.4047	0.6247	1.0000					
친구:										
부모의 기대감	0.3355	0.0782	0.2302	0.2995	0.2863	1.0000				
지식수준	0.1021	0.1147	0.0931	0.0760	0.0702	0.2087	1.0000			
사회경제적지위	0.1861	0.0186	0.2707	0.2930	0.2407	0.2950	−0.0438	1.0000		
직업열	0.2598	0.0839	0.2786	0.4216	0.3275	0.5007	0.1988	0.3607	1.0000	
교육열	0.2903	0.1124	0.3054	0.3269	0.3669	0.5191	0.2784	0.4105	0.6404	1.0000

(1) 자기 자신의 희망과 친구의 희망을 잠재변수 η_1과 η_2로 하는 경로도 [그림 4.7.1]을 참고로 잠재변수가 있는 구조방정식모형을 세워라.

(2) (1)을 토대로 방정식을 적합하기 위한 R-코드를 작성하라.

(3) 모수의 유의성과 모형의 적합성을 말하라.

(4) 효과 분할표를 작성하고 해석하라.

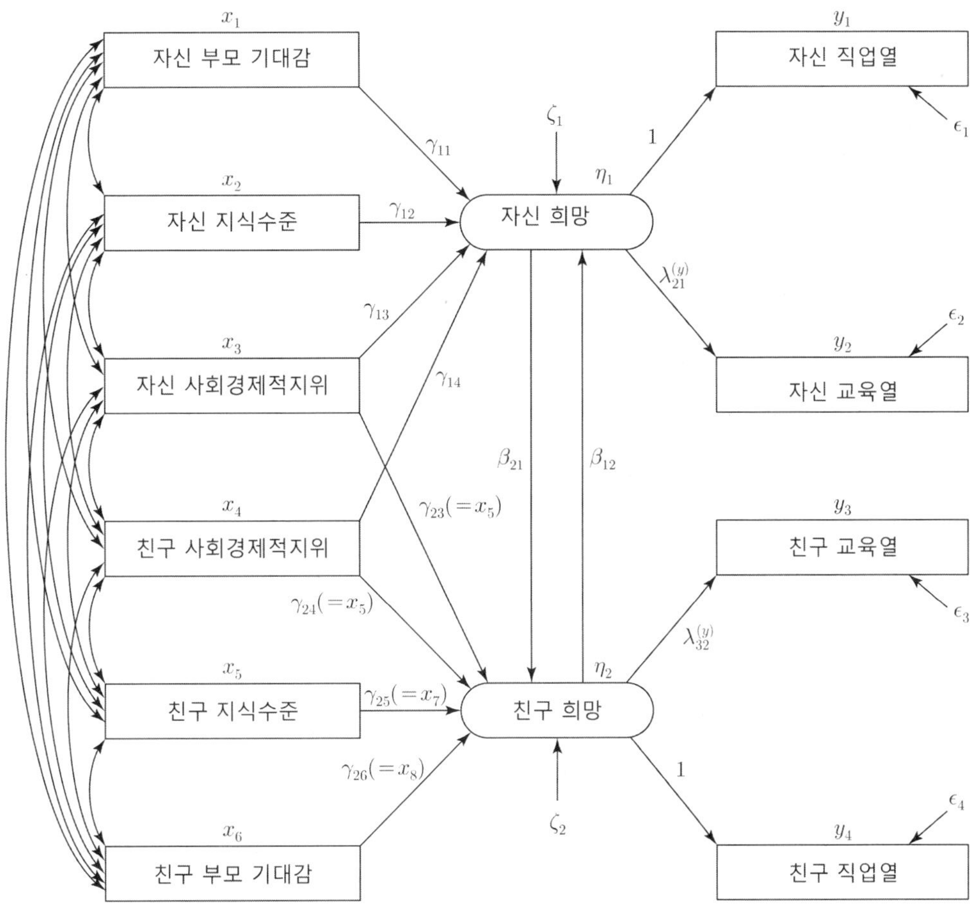

[그림 4.7.1] 친구와 자신의 희망에 대한 구조방정식모형을 위한 경로도

[2] 다음은 사회적 소외감에 관한 연구를 위해 측정된 공분산행렬이다. 여기서 관측변수로 $y_1=67$년도실어증(Anomia67), $y_2=67$년도무력감(Powerlessness67) $y_3=71$년도실어증(Anomia71), $y_4=71$년도무력감(Powerlessness71), $x_1=$교육수준(Educ), $x_2=$사회경제지수(SEI)가 사용되었다(Timm, 2002, 10장).

사회적 소외감	관측변수					
	y_1	y_2	y_3	y_4	x_1	x_2
y_1 = 67년도실어증	11.839					
y_2 = 67년도무력감	6.947	9.364				
y_3 = 71년도실어증	6.819	5.091	12.532			
y_4 = 71년도무력감	4.783	5.028	7.495	9.986		
x_1 = 교육수준	−3.834	−3.889	−3.841	−3.625	9.60	
x_2 = 사회경제지수	−21.899	−18.831	−21.748	−18.775	35.522	450.283

(1) 잠재변수로 η_1=67년도소외감(Alienation67), η_2=71년도소외감(Alienation71) 그리고 ξ_1=사회경제적지위(SES)을 고려한 경로도 [그림 4.7.2]를 참고로 잠재변수가 있는 구조방정식모형을 세워라.

(2) 공분산행렬을 이용하여 (1)에서 세운 모형을 적합하라.

(3) 효과 분할표를 작성하고 해석하라.

(4) 공분산행렬로부터 상관행렬을 유도하고 이를 바탕으로 (1)의 구조방정식모형을 적합하고 효과 분할표를 작성하고 해석하라.

(5) (2)-(3)과 (4)의 결과를 비교하라.

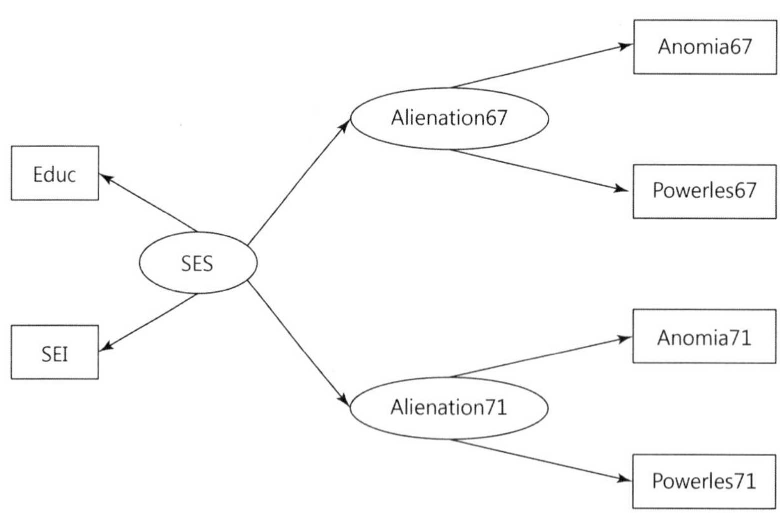

[그림 4.7.2] 사회적 소외감 구조방정식모형을 위한 경로도

[3] [자료 4.7.1]은 16명의 남자 아동들의 나이가 8세, 10세, 12세 14세로 되어감에 따라 턱뼈가 자라는 정도를 측정한 자료로 뇌하수체(pituitary) 중심과 익상악열(pterygomaxillary fissure) 사이의 길이(mm)를 나타내고 있다(최용석, 2019, 표 4.4.2). 이는 동일한 대상에 대하여 4번의 측정을 반복한 전형적인 반복측정 자료다. 특히, 자료가 원 자료 형태이므로 상관행렬이나 공분산행렬을 구하여 처리하거나 함수 growth()에서 자료 지정에 관한 옵션을 data=maxillary로 바꾼 growth(model, data=maxillary)를 사용하면 된다.

(1) 4년간 턱뼈의 자라는 정도에 대한 기초 잠재성장모형에 관한 경로도와 모형을 설정하라. 단, 기울기에 대한 변화율은 각각 0, 1, 2, 2.5를 설정하라. 이는 14세는 12세에 비해 약간의 상승변화가 있을 것으로 가정한다.
(2) (1)의 모형의 적합성을 적합도 지수를 통해 살펴보라,
(3) (1)의 모형의 적합을 통해 턱뼈의 자라는 정도의 평균이 해마다 증가되는지를 살펴보라.

[자료 4.7.1] 턱뼈의 자라는 정도(maxillary.txt)

대상	나이			
	8세	10세	12세	14세
1	26.0	25.0	29.0	31.0
2	21.5	22.5	23.0	26.5
3	23.0	22.5	24.0	27.5
4	25.5	27.5	26.5	27.0
5	20.0	23.5	22.5	26.0
6	24.5	25.5	27.0	28.5
7	22.0	22.0	24.5	26.5
8	24.0	21.5	24.5	25.5
9	23.0	20.5	31.0	26.0
10	27.5	28.0	31.0	31.5
11	23.0	23.0	23.5	25.0
12	21.5	23.5	24.0	28.0
13	17.0	24.5	26.0	29.5
14	22.5	25.5	25.5	26.0
15	23.0	24.5	26.0	30.0
16	22.0	21.5	23.5	25.0

[4] [자료 4.7.2]는 300명의 남녀 청소년을 대상으로 그들의 흡연의 양에 따른 5점 척도(5점=매우 많음 ~ 1점=매우 적음)를 사용하여 4년에 걸쳐 조사한 자료이다. 여기

서 관측변수로 4년간 흡연수준을 smoke1 ~ smoke4를 사용하였고 성별은 gender로 0은 남자이고 1은 여자로 나타내며 편부모는 0과 양부모는 1로 나타낸 가족특성은 family를 사용하였다(강현철, 2019. 10장).

[자료 4.7.2] 흡연수준 자료(smoke.txt)

smoke1	smoke2	smoke3	smoke4	gender	family
4	5	5	5	0	1
1	1	1	2	1	1
3	3	4	2	1	0
– 생 략 –					
1	1	1	1	0	1

(1) 4년간 흡연수준에 대한 기초 잠재싱장모형에 관한 경로도와 모형을 설정하라.

(2) (1)의 모형의 적합성을 적합도 지수를 통해 살펴보라,

(3) (1)의 모형의 적합을 통해 흡연수준의 평균이 해마다 증가되는지를 살펴보라.

(4) 가족특성과 성별을 예측변수로 하는 고급 잠재성장모형의 경로도와 모형을 설정하라.

(5) (4)의 모형의 적합성을 살펴보고 예측변수의 영향에 따른 흡연수준의 기울기와 절편에 대한 변화를 해석하라.

[5] 3장 연습문제 [6]에서 미세먼지와 초미세먼지에 대한 불안정도, 스트레스 인지율과 삶의 불만족에 관한 상관행렬에 대하여 경로분석모형을 살펴보았다. 여기서는 잠재변수로 2가지 외생잠재변수로 미세먼지를 나타내는 ξ_1(PM10)에 대해 측정변수로 x_1, x_2, x_3를 고려하고 초미세먼지를 나타내는 ξ_2(PM2.5)에 대해서는 x_4, x_5, x_6를 측정변수로 고려하였다. 내생 잠재변수로 주의보 및 경보 발령의 수를 나타내는 η_1 (PM경보)에 대해 외생변수 중 두 가지를 $y_4 = x_7$와 $y_5 = x_8$로 측정변수로 고려하였고, 도시화와 스트레스를 나타내는 잠재변수 η_2(스트레스인지)에 대해 $y_4 = x_9$(1인당 자동차 등록대수)와 $y_5 = x_{10}$(규칙적인 운동 실천률)를 측정변수로 고려하였다. 끝으로 삶의 만족도를 타나내는 잠재변수 η_3(삶의 만족도)에 대하여 원래 경로분석모형에서 내생변수인 y_1 ~ y_3를 측정변수로 고려하였다.

(1) 경로도 [그림 4.7.3]에 대한 측정모형과 구조모형에 의한 구조방정식모형을 세워라.

(2) (1)에서 세운 모형을 적합하라.

(3) 모형의 경로계수인 모수 추정에 대한 검정을 실시하라.

(4) 수정된 구조방정식모형을 위한 경로도를 그려라.

(5) (4)의 모형을 세우고 적합하라.

(6) (5)의 결과를 통해 효과 분할표를 작성하고 해석하라.

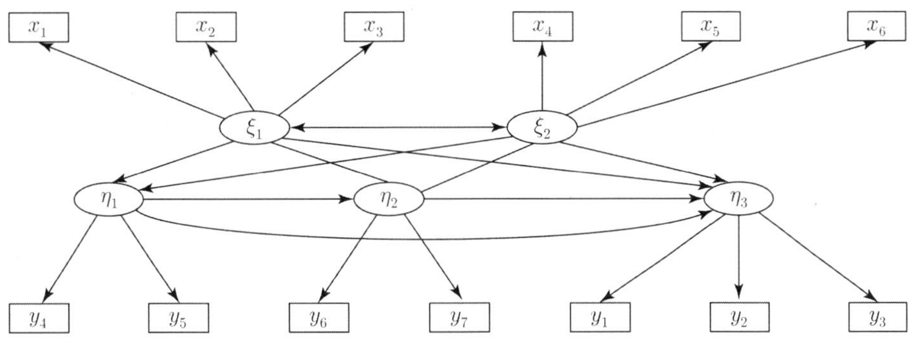

[그림 4.7.3] 미세먼지와 초미세먼지에 대한 구조방정식모형을 위한 경로도

[6] 부산의 커피 전문점 이용자 330명을 대상으로 2017년 4월 15일 ~ 4월 30일 사이의 설문조사를 통해 타당한 최종 327명에서 20대 263명의 자료(bakery.txt)를 고려하자 (Kim과 Liang, 2020). 여기서 고려된 외생 잠재변수는 4가지로 편리성(ξ_1), 인테리어(ξ_2), 내부 환경(ξ_3) 그리고 청결성(ξ_4)이다. 내생 잠재변수는 만족도(η_1)와 고객반응(η_2) 두 가지이다. 이들 잠재변수에 대한 관측변수로 S1 ~ S22과 y1 ~ y9을 사용하고 있고 7점 척도(전혀 그렇지 않다(1)/많이 그렇지 않다(2)/조금 그렇지 않다(3)/보통이다(4)/조금 그렇다(5)/많이 그렇다(6)/매우 그렇다(7))로 되어 있다.

잠재변수	관측변수
편리성(ξ_1) Convenience	S1 = 좌석편리
	S2 = 공간배치
	S3 = 진열대위치
	S4 = 통로간격
	S5 = 안내표시
	S6 = 상품진열

인테리어(ξ_2) Interior Design	S9 = 내부인테리어
	S10 = 외부인테리어
	S11 = 인테리어조화
	S12 = 로고
내부 환경(ξ_3) Indoor Environment	S13 = 공기
	S14 = 온도
	S15 = 조명
	S16 = 음악
청결성(ξ_4) Cleanliness	S18 = 집기청결
	S19 = 바닥청결
	S20 = 가구청결
	S21 = 화장실청결
	S22 = 장식물청결
만족도(η_1) Satisfaction	y1 = 기대이상
	y2 = 전체서비스만족
	y3 = 선택만족
	y4 = 이용만족
고객반응(η_2) Behavior Response	y5 = 권유
	y6 = 이야기
	y7 = 재방문
	y8 = 장시간이용
	y9 = 신뢰

(1) 관측변수와 관련된 두 종류 잠재변수의 측정모형을 대수적으로 세워라.

(2) 잠재변수 간의 구조모형을 대수적으로 세워라. 단, 만족도(η_1)에 대하여 편리성(ξ_1)과 내부 환경(ξ_3)이 영향을 주고 고객반응(η_2)에 대하여 만족도(η_1), 인테리어(ξ_2) 그리고 내부 환경(ξ_3)이 영향을 준다고 하자.

(3) (1)과 (2)의 두 모형에 의한 잠재변수가 있는 구조방정식모형을 적합하라.

(4) 모형의 적합성과 경로계수의 통계적 유의성을 살펴보라.

(5) (4)로부터 수정된 구조방정식모형을 적합하라.

(6) (5)의 결과를 통해 효과 분할표를 작성하고 해석하라.

■ 부록: 설문지

〈학교장의 수업지도성 행위 조사 설문지〉

본교의 교장선생님은

1. 본교가 추구하는 이상적 미래상을 교직원과 학생에게 제시하고, 그것의 실현을 위해 함께 노력할 것을 당부한다.
2. 학급담임 및 교과담임 결정에 적극 관여한다.
3. 교사들과 협의하여 학교교육과정 편성 및 운영지침을 마련한다.
4. 모든 학생이 일정수준 이상의 학업성취를 이룰 수 있다는 기대와 신념을 가지고 수업에 임할 것을 교사들에게 강조한다.
5. 학습지도 및 평가와 관련된 교직원연수를 월 1회 이상 정기적으로 실시한다.
6. 수업에 필요한 물품이나 자료구입을 청구하면 우선적으로 지원한다.
7. 학부모를 학교에 초빙하여 학교의 학력향상 노력을 홍보하고 지원을 이끌어 낸다.
8. 공식적 혹은 비공식적으로 교사의 수업을 참관한다.
9. 교사 평가에 있어 수업지도 능력을 가장 중요한 근거로 삼는다.
10. 학력평가 횟수는 학교실정에 맞도록 조정하되, 가능한 평가횟수를 늘리려고 노력한다.
11. 교사들과 협의하여 학년별, 교과별로 학력성취목표를 정한다.
12. 교과운영상 교과 주임교사의 역할과 활동을 중요시하고 활성화시키려고 노력한다.
13. 교사들이 자기가 맡은 학년, 교과의 연간지도계획을 세워 교장이 결재를 받도록 한다.
14. 학생들 사이에 성적향상을 자랑스럽게 여기는 학교풍토를 만들려고 애쓴다.
15. 학년 협의회나 교과 협의회를 자주 열어 수업이나 평가문제에 대한 논의를 활성화시킨다.
16. 수업에 필요한 교육 자료를 미리 파악하여 준비해 둠으로써 수업에 차질이 생기지 않도록 조치한다.
17. 학력평가 결과를 학부모에게 반드시 통보하게 한다.

18. 수업 참관 전에 수업할 교사와 참관전략을 협의한다.
19. 잘하는 수업의 기준을 교사들에게 알리고 그것에 따라 교사의 수업을 평가한다.
20. 각 교과의 평가는 지필검사 일변도로 할 것이 아니라 서술식 주관식 평가, 태도 관찰평가 등 다양한 평가도구와 방법으로 성취도를 평가하도록 지시한다.
21. 설정된 학력성취목표를 달성할 수 있는 구체적 방안을 교사들과 함께 수립한다.
22. 협동교수제(팀티칭)와 같은 새로운 교사조직을 도입하여 교수효과를 극대화하려고 노력한다.
23. 수시로 교내를 순시하여 교장자신이 교내에서 일어나고 있는 교수-학습상황에 깊은 관심을 가지고 있음을 표명한다.
24. 교실, 특별실, 도서실 등 학습에 필요한 시설이 최적상태가 되도록 노력한다.
25. 담임교사들이 학생의 성적문제에 대하여 학부모와 대화할 수 있는 기회를 마련한다.
26. 모든 교사들이 동일 학년, 동일 교과는 물론 타 학년, 타 교과 교사의 수업도 참관하도록 권유한다.
27. 학급담임 및 교과담임 결정시 교사의 수업지도 능력을 일차적으로 고려한다.
28. 학력평가 결과는 학습지도 개선 자료로 적극 활용하도록 당부한다.
29. 수시로 본교의 장기적 발전구상과 단기적 목표를 전 교직원에게 주지시킨다.
30. 특수재능학생과 학습지진학생에 대한 특별교육 프로그램을 마련하여 운영하게 한다.
31. 학생 전체 조례 시 공부하는 학생의 바른 자세와 면학분위기 조성의 중요성에 대해 훈화 한다.
32. 교사의 전문성 향상에 도움이 되는 지원인사를 초빙하여 직원연수 기회를 갖는다.
33. 적절한 가정학습과제의 필요성을 교사들에게 언급한다.
34. 수업참관 후 수업교사 및 관련교사와 협의회를 갖고 수업개선 방안을 논의한다.
35. 수업방법의 개선을 촉구하고 창의적인 교수법을 도입하는 교사를 높이 평가한다.
36. 학력평가 결과를 학년별, 학급별, 교과별, 담당교사별로 비교, 분석하여 성적이 부진하면 그 원인을 찾아 그에 대한 대책을 세울 것을 지시한다.
37. 학생의 개인차에 따라, 혹은 학습과제의 성격에 따라 학습 집단 규모를 다르게 하여 수업할 수 있도록 조치한다.
38. 교사들이 수업시작과 종료타종에 정확히 따라줄 것을 요구한다.

39. 학교의 면학분위기를 해치는 학생 행동에 대해서는 엄하게 벌할 것을 지시한다.
40. 교사들이 새로운 지식이나 수업기술을 습득할 수 있는 각종 연수나 세미나에 참석할 수 있도록 시간적, 재정적 뒷받침을 한다.
41. 수업연구의 중요성을 강조하고 전체적으로 월 1회 이상 수업연구를 실시한다.
42. 수업내용, 수업대상에 따라 다양한 교수-학습방법의 도입을 교사들에게 요구한다.
43. 평가실시 후 성적이 우수한 학생이나 학반은 시상하고 격려한다.
44. 교사들의 전문성 향상에 도움이 되는 상위 학위 취득을 장려하고 지원한다.
45. 수업 중 각종 시청각 자료나 교구의 적절한 사용을 독려하고 그 활용 실태를 점검한다.
46. 수업시간을 단축하고 교내외 행사를 하는 것을 가능한 억제한다.
47. 학회나 연구회에 가입하여 활동하는 교사를 높이 평가하고 지원한다.
48. 수업과 교재 연구에 방해가 되는 잡무를 경감시키려고 노력한다.
49. 수업기술향상에 도움이 되는 교육학 관련 잡지, 논문 및 전공서적을 구입하여 필요한 교사는 이용하도록 배려한다.
50. 학년별, 교사별, 학습 진도 상황을 수시로 혹은 정기적으로 확인한다.

〈교사 수업지도 행위 조사 설문지〉

1. 수업목표를 명확하게 정의하여 학생들에게 제시한다.
2. 수업중 교과에 관한 어떤 내용이라도 질문하면 자신 있게 대답한다.
3. 열성을 다하여 학생을 가르친다.
4. 학생들이 그들의 최선을 다하도록 동기화할 수 있는 다양한 방법을 사용한다.
5. 문제해결 과정에서 학생들의 시행착오를 너그럽게 받아들인다.
6. 학습내용에 따라 다양한 수업방법을 도입한다.
7. 학생들에게 가치 있는 적절한 양의 가정학습과제를 부여한다.
8. 학생들의 지적 호기심을 유발하는데 효과적인 질문을 던진다.
9. 다양한 평가 방법으로 학습발달 상황을 확인한다.
10. 학생들에 대한 관심이 높다.
11. 가정학습과제의 결과나 평가의 결과는 학생들에게 신속히 피드백 해준다.
12. 주어진 수업시간은 학습에 투입된 실질적인 시간이 가능한 많도록 효율적으로 사

용한다.

13. 학습지도상 문제가 있을 때는 동과 교사나 다른 동료교사들과 의논한다.
14. 교사로서 전문성 향상에 노력한다.
15. 모든 학생이 일정 수준 이상의 학업성취를 이룰 수 있다는 기대를 갖고 수업에 임한다.

제 5 장

회귀모형과 공분산분석모형

Regression Model and ANCOVA Model

5.1 다중 회귀모형

일반적으로 회귀모형(regression model, MR)은 오직 한 개의 종속적인 반응변수(response variable) 또는 종속변수(dependent variable)를 가지며 여러 개의 설명변수(explanatory variable) 또는 독립변수(independent variable)에 의한 선형방정식을 추정하는 것이다. 여기서는 행렬표현을 통해 최용석(2018, 7장)과 Timm(2002, 3장)의 회귀모형을 정리하고 이를 통하여 얻어지는 추정된 계수행렬을 통해 반응변수와 설명변수 간의 관계를 파악하려 한다. 다중 회귀모형은 3장의 경로분석모형인 잠재변수가 없는 구조방정식모형의 관점에서 관측되는 반응변수와 설명변수와의 가장 단순한 경로분석모형의 형태이기도 하다.

먼저 x_{ij}를 $j\ (= 1, 2, ..., k)$번째 설명변수의 $i\ (= 1, 2, ..., n)$번째 값이라 하고 y_i를 반응변수의 $i\ (= 1, 2, ..., n)$번째 관측값이라 하며 이들은 편의상 표준화되었다고 가정하자. 그러면 반응변수에 대한 회귀모형방정식은

$$y_i = \beta_0 + \sum_{j=1}^{k} \beta_j x_{ij} + e_i,\ i = 1, ..., n \tag{5.1.1}$$

로 나타낼 수 있다. 이를 n개의 관측값에 대하여 행렬로 나타내면 (5.1.2)와 같다.

$$\begin{pmatrix} y_1 \\ y_2 \\ \vdots \\ y_n \end{pmatrix} = \begin{pmatrix} 1 & x_{11} & x_{12} & \cdots & x_{1k} \\ 1 & x_{21} & x_{22} & \cdots & x_{2k} \\ \vdots & \vdots & \vdots & \vdots & \vdots \\ 1 & x_{n1} & x_{n2} & \cdots & x_{nk} \end{pmatrix} \begin{pmatrix} \beta_0 \\ \beta_1 \\ \vdots \\ \beta_k \end{pmatrix} + \begin{pmatrix} e_1 \\ e_2 \\ \vdots \\ e_n \end{pmatrix}$$

$$\Leftrightarrow \quad \boldsymbol{y} = X\beta + \boldsymbol{e} \tag{5.1.2}$$

여기서 $\boldsymbol{y}$는 크기가 $n \times 1$인 벡터이고, X는 크기가 $n \times (k+1)$인 설계행렬(design matrix)이며 β는 크기가 $(k+1) \times 1$인 회귀계수벡터이다. $\boldsymbol{e}$는 크기가 $n \times 1$인 오차벡터(errors vector)는 $N_n(0, \Sigma)$인 평균벡터가 0이고, 공분산행렬이 Σ인 다변량 정규분포를 따른다. 만약에 $\Sigma = \sigma^2 I_n$이고 계수가 $r(X) = k+1$라면 (5.1.2)의 β와 σ^2의 최대우도추정치(maximum likelihood estimate, MLE)는 (5.1.3)과 (5.1.4)와 같다.

$$\hat{\beta} = (X^T X)^{-1} X^T \boldsymbol{y} \tag{5.1.3}$$

$$\hat{\sigma}^2 = \frac{1}{n-k-1}(\boldsymbol{y} - X\hat{\beta})^T(\boldsymbol{y} - X\hat{\beta}) \tag{5.1.4}$$

여기서 $\hat{\sigma}^2$은 σ^2의 불편 추정치이고 (5.1.3)의 분산의 추정치는 $\widehat{var}(\hat{\beta}) = \hat{\sigma}^2 (X^T X)^{-1}$이다. (5.1.3)의 MLE는 계수가 $r(X) = k+1$일 때 오차제곱합

$$e^T e = (y - X\beta)^T (y - X\beta)$$

를 최소화하는 보통의 최소제곱법(ordinary least squares, OLS) 추정치와 일치한다. 따라서 적합된 다중 회귀모형은 $\hat{y} = X\hat{\beta}$이 된다.

다음은 (5.1.1)의 반응변수에 대한 평균 $\bar{y} = \sum_{i=1}^{n} y_i / n$과 (5.1.3)의 추정치를 활용한 $\hat{y}_i = \hat{\beta}_0 + \sum_{j=1}^{k} \hat{\beta}_j x_{ij},\ i = 1, \ldots, n$에 대하여 다음과 같은 제곱합 분해를 고려하자.

$$\begin{array}{ccccccc} & \sum_{i=1}^{n} (y_i - \bar{y})^2 & = & \sum_{i=1}^{n} (\hat{y}_i - \bar{y})^2 & + & \sum_{i=1}^{n} (y_i - \hat{y}_i)^2 \\ \Leftrightarrow & SST & = & SSR & + & SSE \\ & \text{총제곱합} & & \text{회귀제곱합} & & \text{잔차제곱합} \end{array}$$

따라서 일반적으로 적합된 회귀식의 유의성을 평가하는 척도인 결정계수는

$$R^2 = \frac{SSR}{SST} = 1 - \frac{SSE}{SST} \tag{5.1.5}$$

이다. 여기서 σ^2의 불편 추정치 (5.1.4)는 $\hat{\sigma}^2 = SSE/(n-k-1)$를 만족한다.

설명변수 $x_1, x_2, \ldots, x_k$가 반응변수 y를 설명하는 데 통계적으로 유의한지를 살펴보기 위해서는 다음과 같은 귀무가설과 대립가설이 필요하다.

$$H_0 : \beta = 0 \ \text{vs.}\ H_0 : \beta \neq 0$$

이를 검정하기 위한 검정통계량은 제곱합 분해로부터 자유도 $(k, n-k-1)$인 $F-$분포를 따르는

$$F = \frac{MSR}{MSE} = \frac{SSR/k}{SSE/(n-k-1)} \tag{5.1.6}$$

이다. 따라서 (5.1.6)의 관찰값 f에 대한 유의확률 $p-$값$= P[F \geq f]$에 의해서 검정이 가능하다. 이 검정은 실제 적합된 다중 회귀모형 $\hat{y} = X\hat{\beta}$의 적합성을 검정하는 것이다.

참고로 1.5절의 구조방정식모형의 추정과 적합의 관점에서는 (5.1.6)의 $F-$검정을 제

공하지 않는다. 모든 변수의 공분산행렬 또는 상관행렬을 통해 모형검증을 위한 적합도 지수를 제공하며 그 역할은 유사하다.

이번에는 $\hat{y} = X\hat{\beta}$ 에서 설명변수의 개별 유의성은 귀무가설 $H_0 : \beta_j = 0$에 대하여 자유도 $df = n-k-1$인 $t-$검정통계량

$$t = \frac{\hat{\beta}_j - \beta_j}{s.e(\hat{\beta}_j)} \tag{5.1.6}$$

에 의해서 이루어진다. 여기서 $s.e(\hat{\beta}_j) = \hat{\sigma}\sqrt{v_{jj}}$로 v_{jj}는 $(X^TX)^{-1}$의 j번째 대각원소이다. 자료의 수가 큰 경우 (5.1.6)의 동일한 검정통계량 값으로 $z-$검정을 실시하게 되며 1장-4장까지 다양한 구조방정식을 경험한 독자는 패키지 lavaan의 sem()은 $z-$검정을 제공함을 잘 알고 있다.

R에서 다중 회귀모형은 최용석(2018, 7장)에 따르면 함수 lm()을 활용하면 다양한 결과를 얻게 되나 여기서는 구조방정식모형을 위한 패키지 lavaan의 함수 sem()을 이용하기로 하자. [보기 5.1.1]과 [보기 5.1.2]에서 그 활용을 살펴보기로 하자.

[보기 5.1.1] 심장 박동수 자료의 다중 회귀모형

1) 자료 및 변수

[자료 5.1.1]은 50미터 달리기(1=달리기를 한 사람, 2=달리기를 하지 않은 사람) 전후 심장 박동수가 흡연(1=흡연자, 2=비흡연자), 성별(1=남자, 2=여자), 키(cm)와 몸무게(kg), 운동량(1=적음, 2=보통, 3=많음)과 어떤 관계가 있는지에 대한 10명의 성인을 대상으로 측정된 자료이다. 여기에서는 달리기 전후 심장 박동수의 차이인 y에 영향을 주는 요인이 무엇인지를 알아보고자 다중 회귀모형을 적용하고자 한다. [R-코드 5.1.1]의 실행 [결과 5.1.1]을 참고하라.

[R-코드 5.1.1]에서는 다중 회귀분석의 해석을 쉽게 하도록 [자료 5.1.1]에서 질적변수의 입력 값을 조정하고 달리기 전후 심장 박동수에 대한 변수를 재설정하였다. 달리기, 흡연, 성별의 자료 값이 2로 되어 있는 것을 0으로 하여 달리기(1=달리기를 한 사람, 0=달리기를 하지 않은 사람), 흡연(1=흡연자, 0=비흡연자), 성별(1=남자, 0=여자)을 다시 설정하였다. 운동량은 적음과 보통을 0으로 많음을 1로 하면서 반응변수로 y=심장박동수 차이(심장박동수 후−심장박동수 전)를 고려하였다.

[자료 5.1.1] 심장 박동수 자료(pulse.txt)

학생	처음 심장 박동수	나중 심장 박동수	달리기	흡연	성별	키(cm)	몸무게(kg)	운동량
1	64	88	1	2	1	168	63.5	2
2	58	70	1	2	1	183	65.8	2
3	62	76	1	1	1	185	72.6	3
4	66	78	1	1	1	185	86.2	1
5	64	80	1	2	1	175	70.3	2
6	64	60	2	2	2	168	81.6	3
7	94	92	2	1	2	157	82.1	2
8	60	66	2	2	2	157	54.4	2
9	72	70	2	2	2	173	78.5	2
10	58	56	2	2	2	170	56.7	2

2) 경로도

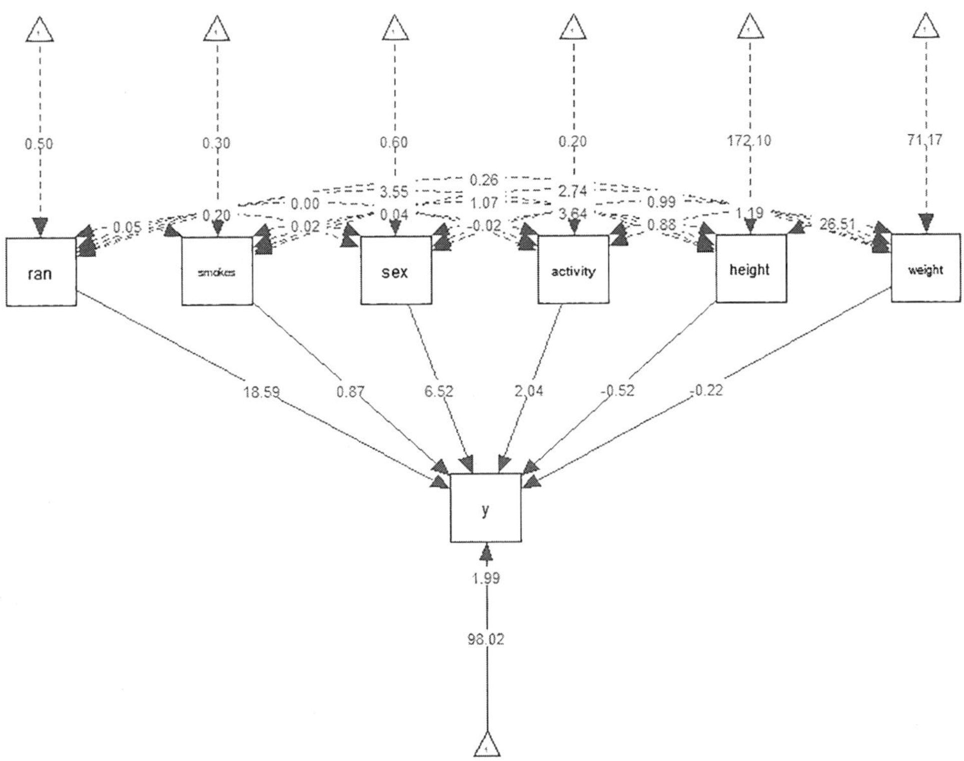

[그림 5.1.1] 심장 박동수 자료의 적합 다중 회귀모형의 경로도

[그림 5.1.1]의 경로도는 다중 회귀모형의 적합된 것으로 일반 구조방정식모형과는 달리 매우 단순하다. 다시 말해서 반응변수 y(심장 박동수 차이)가 1개이고 설명변수가 ran(달리기), smokes(흡연), sex(성별), activity(운동량), height(키), weight(몸무게)로 6개로 모든 설명변수가 반응변수에 영향을 미치는 구조를 가진다. 단지 인과모형의 차원에서 경로도를 제시하고 있다. 특히 이 경로도의 경로계수는 적합된 다중 회귀모형의 회귀계수이고 [R-코드 5.1.1]의 # Diagram for multivariate regression model 이하 library(semPlot)의 함수 semPaths()에 의해 제공된다.

3) 다중 회귀모형의 설정

1) 자료 및 변수에서 설명한 반응변수인 달리기 전후 심장 박동수 차이 y에 영향을 주는 설명변수 달리기, 흡연, 성별, 운동량, 키, 몸무게가 서로 독립이라고 하면 다음과 같은 다중 회귀모형을 고려할 수 있다.

심장 박동수 차이에 관한 다중 회귀모형

$$y = \beta_0 + \beta_1\text{달리기} + \beta_2\text{흡연} + \beta_3\text{성별} + \beta_4\text{운동량} + \beta_5\text{키} + \beta_6\text{몸무게} + e$$

[R-코드 5.1.1]의 # Create model에는 앞서 설정한 모형을 모형 1로 하고 모형 2는 모형 1의 적합 결과 모형에서 통계적으로 유의한 설명변수 달리기, 성별, 키와 몸무게를 다음과 같이 고려하였다. 종속변수 y에 대하여 ~에 의해서 설명변수들의 선형결합 형태를 보이고 있다.

```
모형 1:
model1='
y~ran + smokes + sex + activity + height + weight
'
모형 2:
model2='
y~ran + sex +  height + weight
'
```

4) 모형의 적합

[결과 5.1.1]의 (1)에서 맨 아래 결정계수 R-square 0.976은 모형이 매우 유의함을 나

타낸다. (2)에는 모형 1에서 통계적으로 유의한 설명변수만을 고려한 수정된 모형 2에 대한 적합 결과를 제공하고 있다.

5) 적합 모형의 해석

[결과 5.1.1]의 (1)의 Regression과 Intercepts에 따르면 적합 모형은 다음과 같다.

$$\hat{y} = 98.023 + 18.587 \times 달리기 + 0.870 \times 흡연 + 6.520 \times 성별 + 2.044 \times 운동량 - 0.518 \times 키 - 0.215 \times 몸무게$$

이에 대한 해석은 다음과 같이 할 수 있다. 달리기를 한 경우(1)가 하지 않은 경우(0)에 비해 $\widehat{\beta_1} = 18.587$만큼 더 큰 심장 박동수 차이를 보였다. 이 변수는 귀무가설 $H_0 : \beta_1 = 0$을 유의수준 5%에서 기각하기에 충분한 $p-$값=0.000을 보여주고 있다. 또한 흡연자(1)가 비흡연자(0)보다 $\widehat{\beta_2} = 0.870$만큼 큰 반응을 보였으나 $p-$값 =0.515에 의해서 통계적으로 유의하지 않다. 그리고 남자(성별=1)는 여자(성별=0)에 비해 $\widehat{\beta_3} = 6.520$만큼 더 큰 반응을 보였으나 $p-$값=0.002로 통계적으로 유의하다. 이번에는 운동량이 많은 경우(1)는 적은 경우(0)에 비해 $\widehat{\beta_4} = 2.044$만큼 더 큰 반응을 보였고 $p-$값=0.123으로 통계적으로 유의하지 않다. 끝으로 키가 크고 몸무게가 많이 나갈수록 반응이 −0.518과 −0.215로 작아지며 이들은 모형에서 통계적으로 유의하다. 전체적으로 다중회귀모형에서 유의한 변수는 달리기, 성별, 키와 몸무게이다.

[결과 5.1.1]의 모형 1의 결과 해석에서 통계적으로 유의하지 못한 설명변수를 제외하고 다시 설정한 모형 2의 적합 결과는 (2)에 주어져 있다. 결과 해석은 독자들의 몫으로 남겨둔다. 다만 [결과 5.1.1]의 (1)에서 모형 1에 대한 결정계수 R-square 0.976보다 모형 2의 결정계수가 0.970으로 약간 낮아진 것은 모형에서 설명변수의 수가 줄어든 탓이다.

[R-코드 5.1.1] 심장 박동수 자료의 다중 회귀모형(pulse-multipleRM.R)

```
## 심장 박동수 자료의 다중회귀분석
library(lavaan)
setwd("D:/R과함께하는 인과모형분석의 이해와 응용/R-codes")
data5.1.1<-read.table("pulse.txt", header=T)
x<-data5.1.1
```

```
#New variables
y=x$pulse2-x$pulse1
gender=x$gender
height=x$height
weight=x$weight
ran=as.numeric(x$ran<=1)
smokes=as.numeric(x$smokes<=1)
sex=as.numeric(x$gender<=1)
activity=as.numeric(x$activity>=3)

data=cbind(y, ran, smokes, sex, height, weight, activity)

# Create model
model1='
y~ran + smokes + sex + activity + height + weight
'
model2='
y~ran +  height + weight
'

# Run MR model1
fit1=sem(model=model1, data=data, missing="ml")
summary(fit1, rsquare=TRUE, standardized=TRUE)

# Run MR model1
fit2=sem(model=model2, data=data, missing="ml")
summary(fit2, rsquare=TRUE, standardized=TRUE)

# Diagram for  multiple regression mode
#install.packages("semPlot")
library(semPlot)
semPaths(fit1, whatLabels="estimate", style="lisrel", nCharNodes=0, edge.label.cex = 0.7)
```

[결과 5.1.1] [R-코드 5.1.1]의 결과

모형 1: y~ran + smokes + sex + activity + height + weight

(1) 다중 회귀모형의 적합

```
Regressions:
                   Estimate  Std.Err  z-value  P(>|z|)   Std.lv  Std.all
  y ~
    ran              18.587    1.843   10.084    0.000   18.587    1.019
    smokes            0.870    1.337    0.651    0.515    0.870    0.044
    sex               6.520    2.092    3.117    0.002    6.520    0.350
    activity          2.043    1.325    1.542    0.123    2.043    0.090
```

```
    height            -0.518    0.083   -6.248    0.000   -0.518   -0.555
    weight            -0.215    0.061   -3.518    0.000   -0.215   -0.246

Intercepts:
                    Estimate  Std.Err  z-value  P(>|z|)   Std.lv  Std.all
   .y                 98.023   13.826    7.090    0.000   98.023   10.744

Variances:
                    Estimate  Std.Err  z-value  P(>|z|)   Std.lv  Std.all
   .y                  1.995    0.892    2.236    0.025    1.995    0.024

R-Square:
                    Estimate
    y                  0.976
```

모형 2: y~ran + sex + height + weight

(2) 수정 다중 회귀모형의 적합

```
Regressions:
                    Estimate  Std.Err  z-value  P(>|z|)   Std.lv  Std.all
  y ~
    ran               22.062    1.887   11.690    0.000   22.062    1.209
    height            -0.388    0.100   -3.883    0.000   -0.388   -0.415
    weight            -0.152    0.064   -2.361    0.018   -0.152   -0.174

Intercepts:
                    Estimate  Std.Err  z-value  P(>|z|)   Std.lv  Std.all
   .y                 73.923   15.622    4.732    0.000   73.923    8.102

Variances:
                    Estimate  Std.Err  z-value  P(>|z|)   Std.lv  Std.all
   .y                  4.016    1.796    2.236    0.025    4.016    0.048

R-Square:
                    Estimate
    y                  0.952
```

[보기 5.1.2] 안면비대칭 환자의 비대칭 측정 자료의 다중 회귀모형

안면비대칭 환자 37명의 정모두부방사선 사진(cephalogram using V-ceph)을 통해 비대칭을 측정한 변수 HMD(hard tissue mention deviation)과 CNL(condylar neck length)에 대해 두 관측변수 FRI(frontal inclination)과 BI(body ramal inclination)를 추가한 자

료(hmd.txt)에서 경조직 이부편위 정도 $y=$ HMD에 영향을 미치는 지를 보기 위해 [그림 5.1.3]의 경로도를 참고로 다중 회귀모형을 적용하고자 한다. [R-코드 5.1.2]의 실행 [결과 5.1.2]를 참고하라.

1) 자료 및 변수

[그림 5.1.2]의 다중 산점도를 보면 환자들의 CNL이 높을수록 HMD가 높음을 알 수 있다. 추가적으로 FRI와 BI가 높을수록 HMD가 높아지기는 하나 상관계수 0.50인 BI가 0.35인 FRI보다 더 선형적으로 HMD에 높은 영향을 미친다고 볼 수 있다.

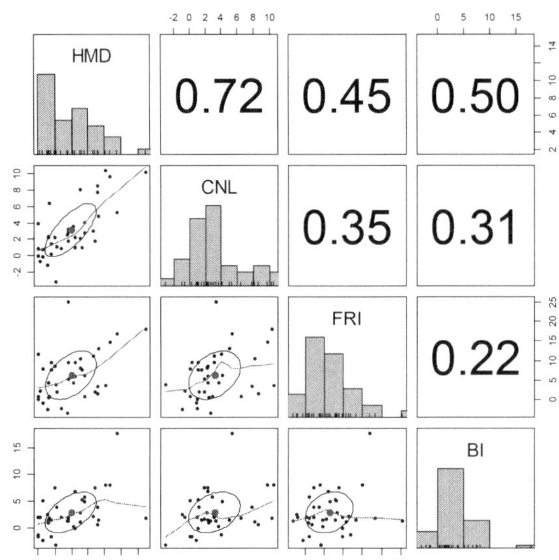

[그림 5.1.2] 변수들 간의 다중 산점도

2) 경로도

[그림 5.1.3]의 경로도는 반응변수로 경조직 이부편위 정도 y(HMD)에 대하여 설명변수 CNL, FRI과 BI가 반응변수에 영향을 미치는 다중 회귀모형의 적합 결과인 회귀계수를 경로계수로 보여주고 있다. [R-코드 5.1.2]의 #Diagram for multivariate regression model 이하 실행 결과이다.

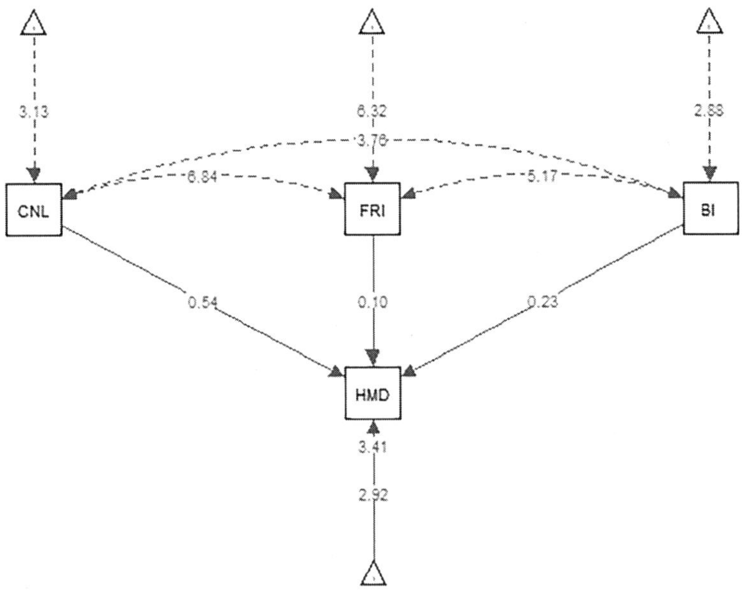

[그림 5.1.3] 안면비대칭 환자의 비대칭 측정 자료의 적합 다중 회귀모형의 경로도

3) 다중 회귀모형의 설정

경조직 이부편위 정도 $y=$ HMD에 관해 영향을 미치는 설명변수 CNL, FRI과 BI의 다중 회귀모형을 다음과 같이 고려하자.

경조직 이부편위 정도 $y=$ HMD에 관한 다중 회귀모형

$$y = \beta_0 + \beta_1 \times CNL + \beta_2 \times FRI + \beta_3 \times BI + e$$

[R-코드 5.1.2]의 # Create model에는 앞서 설정한 모형을 다음과 같이 고려하고 있다. 종속변수 HMD에 대하여 ~에 의해서 설명변수 CNL, FRI과 BI의 선형결합 형태를 따르고 있다.

```
# Create model
model='
HMD~CNL + FRI + BI
'
```

4) 모형의 적합

[결과 5.1.2]의 맨 아래 결정계수 R-square 0.637은 모형이 다소 유의함을 나타낸다.

5) 적합 모형의 해석

[결과 5.1.2]의 Regressions과 Intercepts에 따르면 적합된 모형을 다음과 같다.

$$\hat{y} = 2.924 + 0.544 \times CNL + 0.097 \times FRI + 0.228 \times BI$$

특히, CNL이 0.544만큼 y=HMD에 양으로 영향을 미치고 $p-$값=0.000에 의해서 모형에서 CNL은 통계적으로 매우 유의하다. FRI는 0.097로 미치는 영향이 적으며 실제로 $p-$값=0.070은 유의수준 5%에서 통계적으로 유의하지 않다. 이는 상관계수에서도 예견된 것이다. BI는 0.228만큼 y=HMD에 영향을 미치며 $p-$값=0.008은 유의수준 5%에 통계적으로 유의하다.

[R-코드 5.1.2] 안면비대칭 환자의 비대칭 측정 자료의 다중 회귀모형(hmd-multipleRM.R)

```
## 안면비대칭 환자의 비대칭 측정 자료의 다중 회귀분석
library(lavaan)
setwd("D:/R과함께하는 인과모형분석의 이해와 응용/R-codes")

data <- read.table("hmd.txt", header=T)

## Multple scatter plot
library(psych)
pairs.panels(data, density=F, ellipes=F)

# Create model
model='
HMD~CNL + FRI + BI
'

# Run multiple regression model
fit=sem(model=model, data=data, missing="ml")
summary(fit, rsquare=TRUE, standardized=TRUE)

# Diagram for multiple regression model
#install.packages("semPlot")
library(semPlot)
semPaths(fit, whatLabels="estimate", style="lisrel", nCharNodes=0, edge.label.cex = 0.7)
```

[결과 5.1.2] [R-코드 5.1.2]의 결과

```
Regressions:
                   Estimate  Std.Err  z-value  P(>|z|)   Std.lv  Std.all
  HMD ~
    CNL               0.544    0.105    5.184    0.000    0.544    0.567
    FRI               0.097    0.053    1.813    0.070    0.097    0.193
    BI                0.228    0.086    2.646    0.008    0.228    0.279

Intercepts:
                   Estimate  Std.Err  z-value  P(>|z|)   Std.lv  Std.all
   .HMD               2.924    0.495    5.912    0.000    2.924    0.954

Variances:
                   Estimate  Std.Err  z-value  P(>|z|)   Std.lv  Std.all
   .HMD               3.412    0.793    4.301    0.000    3.412    0.363

R-Square:
                   Estimate
    HMD               0.637
```

5.2 다변량 회귀모형

다변량 회귀모형(multivariate regression model, MRM)은 오직 한 개의 종속적인 반응변수를 가지는 다중 회귀모형과는 달리 여러 개의 반응변수 $y_1, y_2, \ldots, y_p$에 대한 여러 개의 설명변수에 의한 선형방정식을 추정하는 것이다. 일반적으로 (5.1.2)의 다중 회귀모형 $y = X\beta + e$을 여러 개의 반응변수 각각에 대해선 고려하는 것이 된다. 여기서는 행렬표현을 통해 Timm(2002, 3장)의 다변량 회귀모형을 정리하고 이를 통하여 얻어지는 추정된 계수행렬을 통해 반응변수와 설명변수간의 관계를 파악하려 한다.

먼저 x_{ij}를 $j\ (= 1, 2, \ldots, k)$번째 설명변수의 $i\ (= 1, 2, \ldots, n)$번째 값이라 하고 y_{il}를 $l\ (= 1, 2, \ldots, p)$번째 반응변수의 $i\ (= 1, 2, \ldots, n)$번째 관측값이라 하며 이들은 편의상 표준화되었다고 가정하자. 그러면 l번째 반응변수에 대한 다중 회귀모형방정식은

$$y_{il} = \beta_{l0} + \sum_{j=1}^{k} \beta_{lj} x_{ij} + e_{il},\ i = 1, \ldots, n \tag{5.2.1}$$

이고 이것의 행렬표현은 (5.2.2)가 된다.

$$y_l = X\beta_l \ + \ e_l, \ l = 1, 2, ..., p \tag{5.2.2}$$

로 나타낼 수 있다. 여기서 y_l은 크기가 $n \times 1$인 벡터이고, X는 크기가 $n \times (k+1)$인 설계행렬이며 $\beta_l = (\beta_{lo}, \beta_{l1}, ..., \beta_{lk})^T$는 크기가 $(k+1) \times 1$ 회귀계수벡터이다. e_l는 크기가 $n \times 1$인 오차벡터로 평균벡터가 0이고, 공분산행렬이 Σ인 다변량 정규 확률변수이다. (5.2.2)를 행렬로 나타내면 다변량 회귀모형 MRM은 (5.2.3)과 같이 된다.

$$\begin{aligned} Y &= XB + E \\ \Leftrightarrow \ Y &= [X\beta_1, X\beta_2, ..., X\beta_p] \ + \ [e_1, e_2, ..., e_p] \end{aligned} \tag{5.2.3}$$

여기서 $Y = (y_1, y_2, ..., y_p)$는 (5.2.2)의 y_l을 l번째 열로 가지는 $n \times p$인 행렬이고, $B = (\beta_1, \beta_2, ..., \beta_p)$는 (5.2.2)의 β_l를 l번째 열로 가지는 $(k+1) \times p$ 계수행렬이며 $E = (e_1, e_2, ..., e_p)$는 (5.2.2)의 e_l를 l번째 열로 가지는 크기가 $n \times p$인 오차행렬이다. 일반적으로 E는 $N_{n,p}(0, \Sigma \otimes I_n)$를 따른다.

참고로 (5.2.3)의 MRM은 설계행렬 X에 따라 MANOVA 모형과 MANCOVA 모형으로 변형될 수 있다.

다음으로 모수행렬 B의 최대우도추정치는 (5.2.3)과 같이 나타내며 반응변수들에 대한 설명변수의 효과를 나타낸다.

$$\widehat{B} = (X^T X)^{-1} X^T Y = \ (\widehat{\beta_1}, \widehat{\beta_2}, ..., \widehat{\beta_p}) \tag{5.2.4}$$

따라서 (5.2.2)의 적합 모형은 $\widehat{y_l} = X\widehat{\beta_l}$이고 (5.2.3)의 적합 모형은 $\widehat{Y} = X\widehat{B}$이다.

다변량 회귀모형의 적합성은 모수행렬 B의 벡터화를 통한 우도비검정(likelihood ratio test)을 따르는데 Timm(2002, 3.6절)을 참고바라며 패키지 lavaan에 의한 함수 sem()에 의한 결과에서는 각각의 반응변수에 따른 결정계수를 제공한다.

[보기 5.2.1] 심장 박동수 자료의 다변량 회귀모형

1) 자료 및 변수

[자료 5.1.1](pulse.txt)은 50미터 달리기(1=달리기를 한 사람, 2=달리기를 하지 않은 사람) 전과 후 심장 박동수가 흡연(1=흡연자, 2=비흡연자), 성별(1=남자, 2=여자), 운

동량(1=적음, 2=보통, 3=많음), 키(cm)와 몸무게(kg)와 어떤 관계가 있는지에 대한 10명의 성인을 대상으로 측정된 자료이다. 여기에서는 달리기 전과 후 심장 박동수 두 가지를 각각 반응변수로 y_1과 y_2로 하고 이것에 영향을 주는 요인이 무엇인지를 알아보고자 다변량 회귀모형을 적용하고자 한다. [R-코드 5.2.1]의 실행 [결과 5.2.1]을 참고하라. 이미 [보기 5.1.1]에서 처럼 자료의 질적변수의 입력 값을 조정하고 달리기 전과 후 심장 박동수를 y_1과 y_2로 재설정하였다.

2) 경로도

[그림 5.2.1]은 달리기 전과 후 심장 박동수를 반응변수로 y_1과 y_2로 하고 이것에 영향을 주는 반응변수에 영향을 미치는 설명변수 ran(달리기), smokes(흡연), sex(성별), activity(운동량), height(키), weight(몸무게)에 의한 다변량 회귀모형의 적합된 회귀계수를 경로계수로 보여주는 경로도를 보여주고 준다. 이는 [R-코드 5.2.1]의 # Diagram for multivariate regression model 이하의 실행 결과이다.

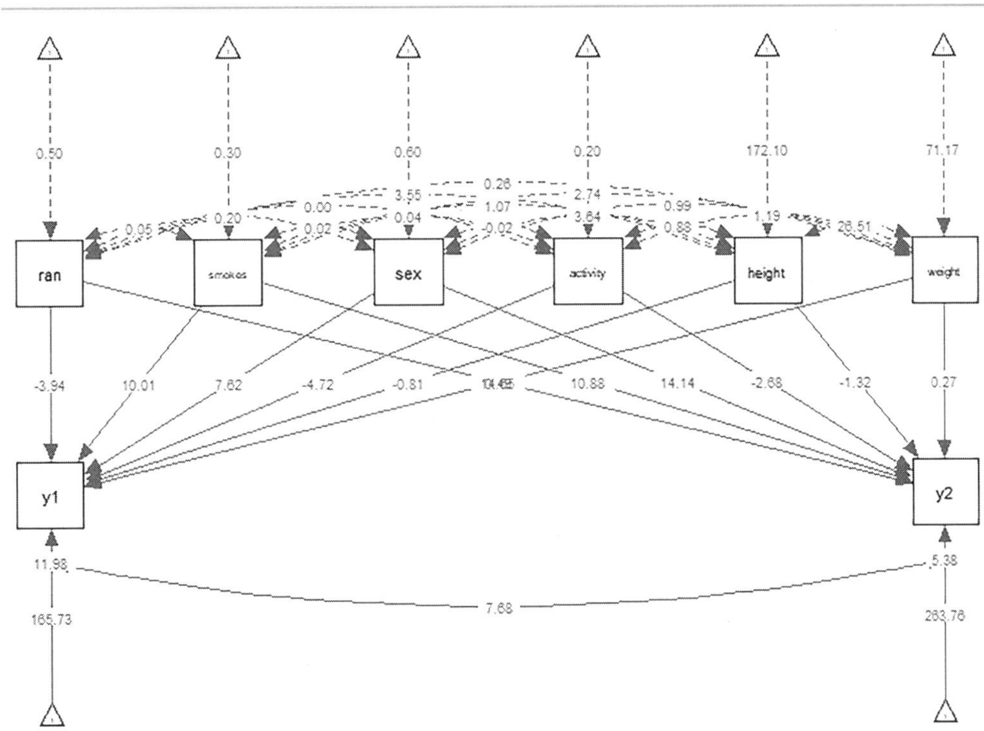

[그림 5.2.1] 심장 박동수 자료의 적합 다변량 회귀모형의 경로도

3) 다변량 회귀모형의 설정

달리기 전과 후 심장 박동수 두 가지를 각각 반응변수로 y_1과 y_2로 하고 이것에 영향을 주는 설명변수 ran(달리기), smokes(흡연), sex(성별), activity(운동량), height(키), weight(몸무게)에 의한 다변량 회귀모형을 다음과 같이 각각 고려하자.

$$y_1 = \beta_{10} + \beta_{11} \times \text{달리기} + \beta_{12} \times \text{흡연} + \beta_{13} \times \text{성별} + \beta_{14} \times \text{운동량} + \beta_{15} \times \text{키} + \beta_{16} \times \text{몸무게} + e_1$$

$$y_2 = \beta_{20} + \beta_{21} \times \text{달리기} + \beta_{22} \times \text{흡연} + \beta_{23} \times \text{성별} + \beta_{24} \times \text{운동량} + \beta_{25} \times \text{키} + \beta_{26} \times \text{몸무게} + e_2$$

[R-코드 5.2.1]의 # Create model에는 앞서 설정한 다변량 회귀모형을 고려하였다. 반응변수 y_1과 y_2 각각에 대하여 ~에 의해서 설명변수의 선형결합 형태를 이루고 있으며 반응변수 간에 ~~를 사용하여 이들 사이에 연관이 있음을 나타낸다.

```
# Create model
model='
y1~ran + smokes + sex + activity + height + weight
y2~ran + smokes + sex + activity + height + weight
y1~~y2
'
```

4) 모형의 적합

[결과 5.1.1]의 맨 아래 결정계수 R-square 0.882와 0.955는 모형이 매우 유의함을 나타내며 특히 달리기 후의 심장 박동수 y_2의 모형이 여러 설명변수와 적합이 더 나음을 보여준다.

5) 적합된 모형의 해석

[결과 5.2.1]의 Regressions과 Intercepts에 따르면 적합된 모형을 다음과 같다.

$$\hat{y_1} = 165.733 - 3.938 \times \text{달리기} + 10.014 \times \text{흡연} + 7.619 \times \text{성별} - 4.723 \times \text{운동량} - 0.807 \times \text{키} + 0.487 \times \text{몸무게}$$

$$\hat{y_2} = 263.756 + 14.649 \times \text{달리기} + 10.884 \times \text{흡연} + 14.139 \times \text{성별} - 2.680 \times \text{운동량} - 1.325 \times \text{키} + 0.272 \times \text{몸무게}$$

여기서 처음 심장 박동수 y_1에 통계적으로 유의하게 영향을 미치는 설명변수는 흡연, 키, 몸무게이고 나중 심장 박동수 y_2에는 운동량만 유의하지 않았다. 이 결과를 바탕으로 유의한 설명변수에 의한 수정 모형의 적합은 독자들에게 맡긴다.

[R-코드 5.2.1] 심장 박동수 자료의 다변량 회귀분석(pulse-multvariateRM.R)

```
## 심장 박동수 자료의 다변량 회귀분석
library(lavaan)

setwd("D:/R과함께하는 인과모형분석의 이해와 응용/R-codes")
data5.1.1<-read.table("pulse.txt", header=T)
x<-data5.1.1

#New variables
y1=x$pulse1
y2=x$pulse2
gender=x$gender
height=x$height
weight=x$weight
ran=as.numeric(x$ran<=1)
smokes=as.numeric(x$smokes<=1)
sex=as.numeric(x$gender<=1)
activity=as.numeric(x$activity>=3)

data=cbind(y1,y2, ran, smokes, sex, height, weight, activity)

# Create model
model='
y1~ran + smokes + sex + activity + height + weight
y2~ran + smokes + sex + activity + height + weight
y1~~y2
'

# Run multivariate regression model
fit=sem(model=model, data=data, missing="ml")
```

```
summary(fit, rsquare=TRUE, standardized=TRUE)

# Diagram for multivariate regression model
#install.packages("semPlot")
library(semPlot)
semPaths(fit, whatLabels="estimate", style="lisrel", nCharNodes=0, edge.label.cex = 0.7)
```

[결과 5.2.1] [R-코드 5.2.1]의 결과

```
Regressions:
                   Estimate  Std.Err  z-value  P(>|z|)   Std.lv  Std.all
  y1 ~
    ran              -3.938    4.517   -0.872    0.383   -3.938   -0.196
    smokes           10.014    3.276    3.057    0.002   10.014    0.456
    sex               7.619    5.126    1.486    0.137    7.619    0.371
    activity         -4.723    3.247   -1.455    0.146   -4.723   -0.188
    height           -0.807    0.203   -3.970    0.000   -0.807   -0.784
    weight            0.487    0.150    3.246    0.001    0.487    0.505
  y2 ~
    ran              14.649    3.028    4.839    0.000   14.649    0.671
    smokes           10.884    2.196    4.957    0.000   10.884    0.457
    sex              14.139    3.436    4.115    0.000   14.139    0.635
    activity         -2.680    2.176   -1.231    0.218   -2.680   -0.098
    height           -1.325    0.136   -9.726    0.000   -1.325   -1.187
    weight            0.272    0.101    2.702    0.007    0.272    0.260

Covariances:
                   Estimate  Std.Err  z-value  P(>|z|)   Std.lv  Std.all
 .y1 ~~
   .y2                7.682    3.514    2.186    0.029    7.682    0.957

Intercepts:
                   Estimate  Std.Err  z-value  P(>|z|)   Std.lv  Std.all
   .y1              165.733   33.882    4.892    0.000  165.733   16.478
   .y2              263.756   22.710   11.614    0.000  263.756   24.174

Variances:
                   Estimate  Std.Err  z-value  P(>|z|)   Std.lv  Std.all
   .y1               11.978    5.357    2.236    0.025   11.978    0.118
   .y2                5.381    2.407    2.236    0.025    5.381    0.045

R-Square:
                   Estimate
    y1                0.882
    y2                0.955
```

[보기 5.2.2] 유치원 자녀 표준화 검사 자료의 다변량 회귀분석

1) 자료 및 변수

[자료 5.2.1]은 최용석과 신상민(2013, 1장)의 자료를 재인용하였다. 사회경제적 지위가 높은 부모(Group 1)의 유치원 자녀 32명과 지위가 낮은 부모(Group 2)의 유치원 자녀 37명에 대해 반응변수로 3가지 표준화 검사 PPVT(Peabody picture vocabulary test), RPMT(Raven progressive matrices test), SAT(student achievement test)를 실시하였다. 그리고 이들에게 영향을 미칠 수 있는 설명변수로 5개 영역(N: named, S: still, NS: named still, NA: named action, SS: sentence still)에 대해 검사를 실시하여 점수를 채점한 PA(paired-associate)를 고려하였다(Timm, 2002, 4장). [그림 5.2.3]의 경로도를 참고로 다변량 회귀모형을 적용하고자 한다. [R-코드 5.2.2]의 실행 [결과 5.2.2]를 참고하라.

[자료 5.2.1] 유치원 자녀 표준화 검사 자료(student.txt)

Group	PPVT	RPMT	SAT	N	S	NS	NA	SS	Group	PPVT	RPMT	SAT	N	S	NS	NA	SS
1	68	15	24	0	10	8	21	22	2	48	8	49	1	2	6	12	16
1	82	11	8	7	3	21	28	21	2	76	13	47	5	14	14	30	27
1	74	15	98	2	6	14	25	17	2	63	11	9	2	12	5	25	14
– 생략 –																	
1	78	19	50	5	10	18	27	26	2	54	14	79	0	6	6	15	14

[그림 5.2.2]의 다중 산점도를 보면 반응변수 ppvt와 상관이 높은 설명변수로 na(0.57)과 ss(0.55)이고 반응변수 rpmt과 설명변수와의 상관은 전반적으로 낮다. 반응변수 sat와는 na(0.37)가 작은 상관이 존재한다.

[그림 5.2.2] 변수들 간의 다중 산점도

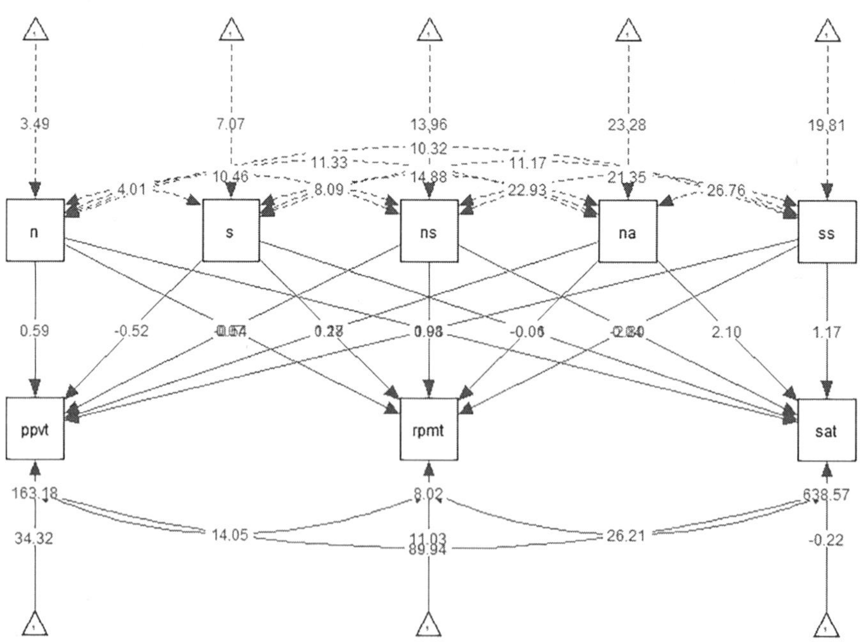

[그림 5.2.3] 유치원 자녀 표준화 검사 자료의 적합 다변량 회귀모형의 경로도

2) 경로도

[그림 5.2.3]은 반응변수로 3가지 표준화 검사 ppvt, rpmt, sat를 고려하고 이에 영향을 미치는 5가지 설명변수로 n, s, ns, na, ss에 의한 적합 다변량 회귀모형의 경로도이다. 이 경로도는 [R-코드 5.2.2]의 # Diagram for multivariate regression model 이하 library (semPlot)의 함수 semPaths()에 의한 결과로 적합된 회귀계수가 경로계수로 나타나 있다.

3) 다변량 회귀모형의 설정

3가지 반응변수 ppvt, rpmt, sat와 5가지 설명변수 n, s, ns, na, ss에 대해 군집 구분이 없이 총 69명(32+37)에 대한 다변량 회귀모형의 설정은 다음과 같다.

3가지 반응변수 ppvt, rpmt, sat에 대한 다변량 회귀모형

$$y_{il} = \beta_{l0} + \sum_{j=1}^{5} \beta_{lj} x_{ij} + e_{il},\ i = 1, \ldots, 69,\ l = 1,2,3$$

[R-코드 5.2.2]의 # Create model에는 앞서 설정한 모형을 다음과 같이 고려하고 있다. 이는 [보기 1.5.5]의 [표 1.5.8]에서 이미 언급한 바 있다. 이는 종속변수 ppvt, rpmt, sat 각각에 대하여 ~에 의해서 설명변수들의 선형결합 형태이다. 이고 반응변수 간에 ~~에 의해서 이들 사이에 연관을 나타낸다.

```
# Create model
model='
ppvt~ n + s + ns + na +          ss
rpmt~ n + s + ns + na +          ss
sat~  n + s + ns + na +          ss
ppvt~~sat
'
```

4) 모형의 적합

[결과 5.2.2]의 (1)에서 맨 아래 결정계수 R-square 0.403, 0.153, 0.276으로 반응변수 ppvt에 대한 모형 외에는 다소 유의하지 못하다. 이는 실제 회귀계수 추정 및 검정에서 유의하지 못한 설명변수가 각 모형에 존재하기 때문이다.

5) 적합된 모형의 해석

4)에서 언급한 바와 같이 [결과 5.2.2]의 (1)의 Regressions과 Intercepts에 따르면 반응변수 ppvt에 유의한 설명변수는 $p-$값 0.003과 0.018인 na와 ss이다. 반응변수 rpmt에는 유의한 설명변수가 없다. 반응변수 sat에는 ns와 na 정도가 유의한 설명변수이다. 이를 토대로 모형에서 유의한 설명변수를 고려한 수정된 다변량 회귀모형을 [R-코드 5.2.2]의 # Create model에 다음과 같이 설정하고 적합하려 한다.

```
# Create model
model='
ppvt~  na + ss
sat~   ns + na
ppvt~~sat
'
```

[결과 5.2.2]의 (2) 수정 다변량 회귀모형의 적합에 따르면 다음과 같은 적합 다변량 회귀모형을 얻게 된다. 이들 결정계수는 여전히 0.355와 0.193으로 낮다.

$$\hat{y_1}(ppvt) = 34.415 + 1.088na + 0.626ss$$

$$\hat{y_2}(sat) = -2.532 - 1.736ns + 2.820na$$

여기서 두 반응변수 ppvt와 sat에 양의 영향을 많이 미치는 설명변수는 na로 각각 1.088과 2.820으로 이들은 수정 모형에서도 회귀계수 검정에 따르면 $p-$값 0.003과 0.000로 통계적으로 매우 유의하다. 또한 sat에 -1.736으로 음의 영향을 미치는 ns도 $p-$값 0.024로 유의함을 보여준다.

[R-코드 5.2.2] 유치원 자녀 표준화 검사 자료의 다변량 회귀모형(student-multivariateRM.R)

```
## 유치원 아동의 다변량 회귀모형
library(lavaan)
setwd("D:/R과함께하는 인과모형분석의 이해와 응용/R-codes")
data5.2.1<-read.table("student.txt", header=T)

## Multple scatter plot
```

```
library(psych)
pairs.panels(data5.2.1[,-1], density=F, ellipes=F)

# Create model
model='
ppvt~    n + s + ns + na + ss
rpmt~    n + s + ns + na + ss
sat~     n + s + ns + na + ss
ppvt~~sat
'

# Run multivariate regression model
fit=sem(model=model, data=data5.2.1, missing="ml")
summary(fit, rsquare=TRUE, standardized=TRUE)

# Diagram for multivariate regression model
#install.packages("semPlot")
library(semPlot)
semPaths(fit, whatLabels="estimate", style="lisrel", nCharNodes=0, edge.label.cex = 0.7)
```

[결과 5.2.2] [R-코드 5.2.2]의 결과

(1) 다변량 회귀모형의 적합

```
Regressions:
                   Estimate  Std.Err  z-value  P(>|z|)   Std.lv  Std.all
  ppvt ~
    n                 0.594    0.494    1.202    0.229    0.594    0.134
    s                -0.515    0.426   -1.208    0.227   -0.515   -0.136
    ns               -0.635    0.422   -1.506    0.132   -0.635   -0.209
    na                1.278    0.431    2.964    0.003    1.278    0.478
    ss                0.933    0.396    2.359    0.018    0.933    0.338
  rpmt ~
    n                 0.070    0.110    0.643    0.520    0.070    0.086
    s                 0.166    0.095    1.754    0.079    0.166    0.234
    ns                0.080    0.094    0.854    0.393    0.080    0.141
    na               -0.011    0.096   -0.117    0.907   -0.011   -0.022
    ss                0.038    0.088    0.436    0.663    0.038    0.074
  sat ~
    n                 1.914    0.977    1.958    0.050    1.914    0.241
    s                -0.060    0.843   -0.071    0.943   -0.060   -0.009
    ns               -2.803    0.835   -3.358    0.001   -2.803   -0.513
    na                2.098    0.853    2.459    0.014    2.098    0.436
    ss                1.167    0.783    1.491    0.136    1.167    0.235
```

```
R-Square:
                   Estimate
    ppvt              0.403
    rpmt              0.153
    sat               0.276
```

(2) 수정 다변량 회귀모형의 적합

```
Regressions:
                   Estimate  Std.Err  z-value  P(>|z|)   Std.lv  Std.all
  ppvt ~
    na                1.088    0.366    2.973    0.003    1.088    0.409
    ss                0.626    0.372    1.684    0.092    0.626    0.228
  sat ~
    ns               -1.736    0.769   -2.258    0.024   -1.736   -0.320
    na                2.820    0.693    4.072    0.000    2.820    0.591
R-Square:
                   Estimate
    ppvt              0.355
    sat               0.193
```

5.3 다변량 회귀모형의 다중 군집분석

구조방정식모형에서 두 군집 간의 모형을 비교하는 것이 필요하다. 이미 2장 확증적 인자분석, 3장 경로분석모형 그리고 4장 잠재변수가 있는 구조방정식모형의 다중 군집분석을 살펴보았다. 5.2절의 [보기 5.2.2]에서 사회경제적 지위가 높은 부모 (Group 1)의 유치원 자녀 32명과 지위가 낮은 부모(Group 2)의 유치원 자녀 37명에 대해 군집을 고려하지 않고 종속변인으로 3가지 표준화 검사(PPVT, RPMT, SAT)를 실시하였다. 그리고 이들에게 영향을 미칠 수 있는 공변량으로 5개 영역 점수(N, S, NS, NA, SS)에 대한 다변량 회귀모형을 살펴보았다. 여기서는 부모의 사회경제적 지위에 따라 두 군집 간의 다변량 회귀모형을 비교하고자 한다.

[보기 5.3.1] 유치원 자녀 표준화 검사 자료의 다변량 회귀모형의 다중 군집분석

[보기 1.5.5]에서 자세히 설명한 바와 같이 [자료 5.2.1]에서 사회경제적 지위가 높은

부모(Group 1)의 유치원 자녀 32명과 지위가 낮은 부모(Group 2)의 유치원 자녀 37명을 각각 고려한 다변량 회귀모형을 비교하려 한다. 반응변수로 3가지 PPVT, RPMT, SAT에 대해 설명변수로 5개 N, S, NS, NA, SS를 고려한 것이다. [그림 5.3.2]의 경로도를 참고로 다변량 회귀모형을 적용하고자 한다. [R-코드 5.3.1]의 실행 [결과 5.3.1]을 참고하라.

1) 자료 및 변수

[그림 5.3.1]의 다중 산점도를 보면 (a) Group 1(부모의 사회 경제적 지위가 높은 군집)에서는 반응변수 ppvt와 상관이 높은 설명변수로 na(0.57)과 ss(0.44)이고 반응변수 rpmt와 설명변수 s(0.49)로 다소 상관이 있다. 그러나 반응변수 sat와는 na(0.51)로 상관이 존재한다. (b) Group 2(부모의 사회 경제적 지위가 낮은 군집)에서는 반응변수 ppvt와 상관이 높은 설명변수로 na(0.67)과 ss(0.59)이고 반응변수 rpmt와 ns(0.44)이고 나머지 설명변수와의 상관은 전반적으로 낮다. 반응변수 sat와 설명변수와의 상관은 전반적으로 낮다.

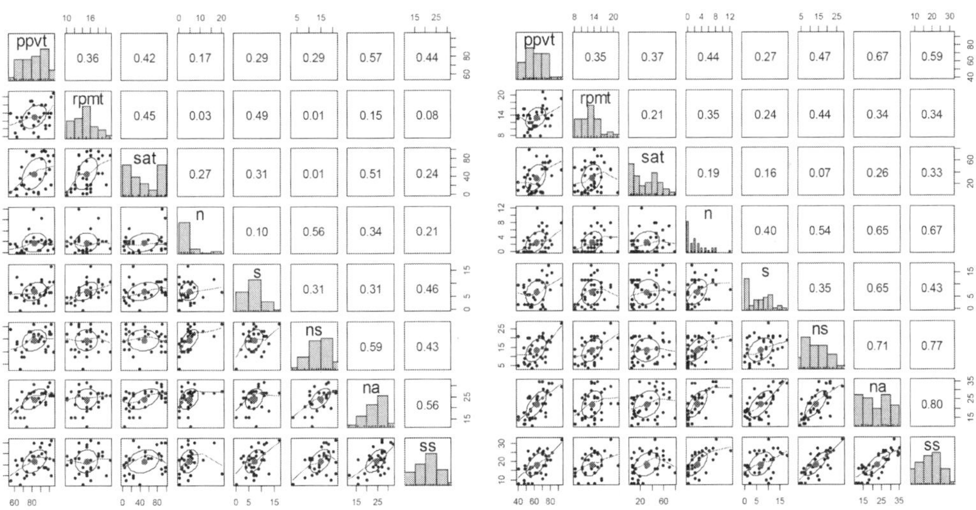

(a) Group 1 (b) Gruop 2

[그림 5.3.1] 군집별 변수들 간의 다중 산점도

2) 경로도

[그림 5.3.2]는 3가지 반응변수 ppvt, rpmt, sat에 영향을 미치는 5가지 설명변수 n, s, ns, na, ss에 의한 군집 2(지위가 낮은 부모의 유치언 아동)의 적합 다변량 회귀모형을 보여주는 경로도이다. 또한 적합 회귀계수가 경로계수로 나타나 있다. 물론 이 경로도는

[그림 5.2.2]의 두 군집 구분이 없이 전체 유치원 아동에 대한 것과 경향은 유사하며 [R-코드 5.3.1]의 # Diagram for multivariate regression model 이하 결과이다.

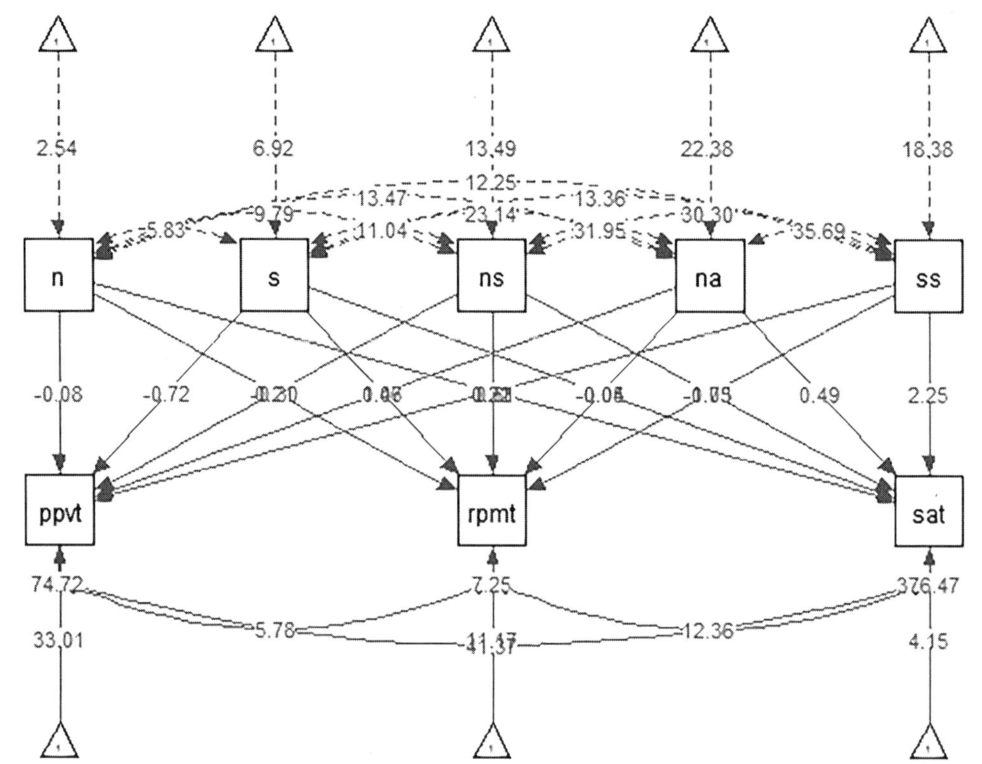

[그림 5.3.2] 군집 2의 표준화 검사 자료의 다변량 회귀모형의 경로도

3) 다변량 회귀모형의 설정

3가지 반응변수 ppvt, rpmt, sat와 5가지 설명변수 n, s, ns, na, ss에 대해 군집의 수 $c = 2$인 각 군집별($N_1 = 32$명, $N_2 = 37$명) 다변량 회귀모형의 설정은 다음과 같다.

3가지 반응변수에 대한 군집별($N_1 =$ 32명, $N_2 =$ 37명) 다변량 회귀모형

$$y_{il} = \beta_{l0} + \sum_{j=1}^{5} \beta_{lj} x_{ij} + e_{il},\ c = 2,\ i = 1, ..., N_c,\ l = 1, 2, 3,$$

[R-코드 5.3.1]의 # Create model에는 3)에서 설정한 모형을 다음과 같이 고려하고 있다. 이는 [보기 1.5.5]의 [표 1.5.7]에서 언급한 바 있으며 반응변수에 대하여 설명변수의

선형결합 형태를 ~에 대하여 설정하고 ppvt~~sat는 활용해서 반응변수들에 관련된 오차들의 사이에 상관관계를 설정한 것이다.

```
# Create model
model='
ppvt~n + s + ns + na +          ss
rpmt~n + s + ns + na +          ss
sat~  n + s + ns + na +         ss
ppvt~~sat
'
```

4) 모형의 적합

[결과 5.3.1]의 왼편은 군집 1(Group 1) 오른편은 군집 2(Group 2)의 다변량 회귀모형의 적합을 결과를 보여 주고 있다. 맨 아래 결정계수 R-square는 군집 1의 경우 0.354, 0.308, 0.557이고 군집 2의 경우 0.511, 0.222, 0.208이다. 특히, 반응변수 ppvt에 관한 모형의 경우 군집 2에 비해 군집 1의 결정계수가 낮고 나머지는 반응변수 rpmt와 sat에 대한 모형은 높다.

5) 적합된 모형의 해석

4) 모형의 적합에서 언급한 바와 같이 [결과 5.3.1]에 따르면 실제 회귀계수 추정 및 검정에서 유의하지 못한 설명변수를 각 군집별로 제외하면 다음과 같다.

군집 1: 부모의 높은 사회 경제적 지위	군집 2: 부모의 낮은 사회 경제적 지위
model1=' ppvt~ na rpmt~ s sat~ n + s + ns + na ppvt~~sat '	model2=' ppvt~na sat~ ns + ss ppvt~~sat '

[결과 5.3.2]의 수정 다변량 회귀모형의 적합에 따르면 [표 5.3.1]과 같은 적합 다변량 회귀모형과 결정계수를 얻게 된다. 이들 결정계수는 부모의 사회 경제적 지위가 높은 군집 1의 아동들의 반응변수인 성취검사 점수(sat)에 모형의 결정계수가 높고 반면에 부모

의 사회 경제적 지위가 낮은 군집 2의 아동들의 그림묘사 단어검사점수(ppvt) 대한 모형의 결정계수가 0.444로 제법 높다.

[표 5.3.1] 군집별 수정 다변량 회귀모형의 적합

군집	수정 모형의 적합	결정계수 R^2
1	$\hat{y_1}(ppvt) = 42.198 + 1.682 \times na$	0.320
	$\hat{y_2}(rpmt) = 12.283 + 0.375 \times s$	0.216
	$\hat{y_3}(sat) = -32.886 + 3.050 \times n + 2.461 \times s - 5.291 \times ns + 5.158 \times na$	0.523
2	$\hat{y_1}(ppvt) = 37.045 + 1.144 \times na$	0.444
	$\hat{y_3}(sat) = 10.162 - 1.487 \times ns + 2.240 \times ss$	0.179

특히 군집 2에서 군집 1의 성장모체 검사점수(rpmt)에 대한 모형은 통계적으로 유의하지 않았다. 두 군집 모두 유의한 아동들의 그림묘사 단어검사점수(ppvt)에 대한 모형에서 설명변수 na(name action)가 매우 통계적으로 유의하게 양의 영향을 미친다. 이는 회귀계수에 대한 검정의 결과 두 군집에서 모두 $p-$값이 0.000이기 때문이다. 반응변수 sat에 대한 모형은 군집 1의 경우 군집 2에 비해 다양한 설명변수가 영향을 미쳐 사회 경제적 지위가 높은 부모를 둔 아동들의 다양성을 엿볼 수가 있다.

[R-코드 5.3.1] 유치원 자녀 검사 자료의 다변량 회귀모형의 다중 군집분석 (student-2groups-multivariateRM.R)

```
## 유치원 아동의 다변량 회귀모형의 다중 군집분석
library(lavaan)
setwd("D:/R과함께하는 인과모형분석의 이해와 응용/R-codes")
data5.2.1<-read.table("student.txt", header=T)

group1=data5.2.1[1:32,]  # Group 1: 32
group2=data5.2.1[33:69,] # Group 2: 37

group1
## Multple scatter plot
library(psych)
pairs.panels(group1[,-1], density=F, ellipes=F)
pairs.panels(group2[,-1], density=F, ellipes=F)

# Create model
```

```
model='
ppvt~     n + s + ns + na +          ss
rpmt~     n + s + ns + na +          ss
sat~      n + s + ns + na +          ss
ppvt~~sat
'

# Run multivariate regression model
fit=sem(model=model, data=data5.2.1, group="group", missing="ml")
summary(fit, rsquare=TRUE, standardized=TRUE)

# Diagram for multivariate regression model
#install.packages("semPlot")
library(semPlot)
semPaths(fit, whatLabels="estimate", style="lisrel", nCharNodes=0, edge.label.cex = 0.7)
```

[R-코드 5.3.2] 유치원 자녀 검사 자료의 수정 다변량 회귀모형의 다중 군집분석 (student-2groups-modified-multivariateRM)

```
## 유치원 아동의 수정된 다변량 회귀모형의 다중 군집분석
library(lavaan)
setwd("D:/R과함께하는 인과모형분석의 이해와 응용/R-codes")
data5.2.1<-read.table("student.txt", header=T)

group1=data5.2.1[1:32,]  # Group 1: 32
group2=data5.2.1[33:69,] # Group 2: 37

# Create models : Group1  and Group2
model1='
ppvt~     na
rpmt~     s
sat~      n + s + ns + na
ppvt~~sat
'
model2='
ppvt~     na
sat~      ns + ss
ppvt~~sat
'
# Run multivariate regression model: Group 1
fit=sem(model=model1, data=group1[, -1], missing="ml")
summary(fit, rsquare=TRUE, standardized=TRUE)

# Run multivariate regression model : Group 2
fit=sem(model=model2, data=group2[, -1], missing="ml")
summary(fit, rsquare=TRUE, standardized=TRUE)
```

[결과 5.3.1] [R-코드 5.3.1]의 결과: 군집 1과 군집 2

```
Group 1 [1]:

Regressions:
                    Estimate  Std.Err  z-value  P(>|z|)   Std.lv  Std.all
  ppvt ~
    n                  0.067    0.557    0.121    0.904    0.067    0.021
    s                  0.370    0.645    0.574    0.566    0.370    0.093
    ns                -0.374    0.664   -0.564    0.573   -0.374   -0.115
    na                 1.523    0.576    2.646    0.008    1.523    0.512
    ss                 0.410    0.490    0.836    0.403    0.410    0.154
  rpmt ~
    n                  0.059    0.119    0.500    0.617    0.059    0.089
    s                  0.492    0.137    3.583    0.000    0.492    0.600
    ns                -0.164    0.142   -1.159    0.247   -0.164   -0.245
    na                 0.119    0.123    0.970    0.332    0.119    0.194
    ss                -0.121    0.105   -1.159    0.246   -0.121   -0.221
  sat ~
    n                  3.257    1.168    2.789    0.005    3.257    0.399
    s                  2.997    1.352    2.216    0.027    2.997    0.297
    ns                -5.859    1.393   -4.207    0.000   -5.859   -0.711
    na                 5.666    1.206    4.697    0.000    5.666    0.752
    ss                -0.623    1.028   -0.606    0.545   -0.623   -0.092
Intercepts:
                    Estimate  Std.Err  z-value  P(>|z|)   Std.lv  Std.all
   .ppvt              39.697   11.059    3.590    0.000   39.697    2.891
   .rpmt              13.244    2.356    5.620    0.000   13.244    4.682
   .sat              -28.467   23.183   -1.228    0.219  -28.467   -0.819
R-Square:
                    Estimate
    ppvt               0.354
    rpmt               0.308
    sat                0.557

Group 2 [2]:

Regressions:
                    Estimate  Std.Err  z-value  P(>|z|)   Std.lv  Std.all
  ppvt ~
    n                 -0.081    0.681   -0.118    0.906   -0.081   -0.019
    s                 -0.721    0.384   -1.878    0.060   -0.721   -0.292
    ns                -0.298    0.371   -0.803    0.422   -0.298   -0.151
    na                 1.470    0.423    3.477    0.001    1.470    0.850
    ss                 0.324    0.449    0.722    0.471    0.324    0.165
  rpmt ~
    n                  0.211    0.212    0.994    0.320    0.211    0.201
    s                  0.065    0.120    0.540    0.589    0.065    0.106
```

```
   ns              0.214    0.116    1.847    0.065    0.214    0.438
   na             -0.037    0.132   -0.283    0.777   -0.037   -0.087
   ss             -0.052    0.140   -0.373    0.709   -0.052   -0.107
  sat ~
   n              -0.609    1.530   -0.398    0.691   -0.609   -0.081
   s              -0.050    0.862   -0.058    0.954   -0.050   -0.012
   ns             -1.732    0.833   -2.079    0.038   -1.732   -0.498
   na              0.495    0.949    0.521    0.602    0.495    0.162
   ss              2.248    1.008    2.230    0.026    2.248    0.648
Intercepts:
                Estimate  Std.Err  z-value  P(>|z|)   Std.lv  Std.all
  .ppvt           33.006    5.627    5.866    0.000   33.006    2.671
  .rpmt           11.173    1.753    6.375    0.000   11.173    3.660
  .sat             4.151   12.630    0.329    0.742    4.151    0.190
R-Square:
                Estimate
   ppvt            0.511
   rpmt            0.222
   sat             0.208
```

[결과 5.3.2] [R-코드 5.3.2]의 결과: 군집 1과 군집 2

(1) 군집 1

```
Regressions:
                Estimate  Std.Err  z-value  P(>|z|)   Std.lv  Std.all
  ppvt ~
   na              1.682    0.414    4.061    0.000    1.682    0.565
  rpmt ~
   s               0.375    0.122    3.078    0.002    0.375    0.465
  sat ~
   n               3.050    1.095    2.785    0.005    3.050    0.384
   s               2.461    1.277    1.927    0.054    2.461    0.251
   ns             -5.291    1.326   -3.991    0.000   -5.291   -0.660
   na              5.158    1.045    4.937    0.000    5.158    0.703
Intercepts:
                Estimate  Std.Err  z-value  P(>|z|)   Std.lv  Std.all
  .ppvt           42.198   10.267    4.110    0.000   42.198    3.075
  .rpmt           12.283    0.984   12.483    0.000   12.283    4.418
  .sat           -32.886   21.325   -1.542    0.123  -32.886   -0.972
R-Square:
                Estimate
   ppvt            0.320
   rpmt            0.216
   sat             0.523
```

(2) 군집 2

```
Regressions:
                   Estimate  Std.Err  z-value  P(>|z|)   Std.lv  Std.all
  ppvt ~
    na                1.144    0.209    5.474    0.000    1.144    0.666
  sat ~
    ns               -1.487    0.784   -1.896    0.058   -1.487   -0.433
    ss                2.240    0.788    2.840    0.005    2.240    0.653
Intercepts:
                   Estimate  Std.Err  z-value  P(>|z|)   Std.lv  Std.all
   .ppvt             37.045    4.913    7.539    0.000   37.045    3.019
   .sat              10.162    9.880    1.029    0.304   10.162    0.472
R-Square:
                   Estimate
    ppvt              0.444
    sat               0.179
```

5.4 공분산분석모형

공분산분석(analysis of covariance, ANCOVA)은 5.1-5.2절의 다중 회귀모형 또는 다변량 회귀모형과 여러 처리나 군집의 평균을 비교하는 분산분석(analysis of variance, ANOVA)이 결합된 형태이다. 다변량 ANCOVA(MANCOVA)는 다변량 회귀모형과 다변량 분산분석(MANOVA)이 결합된 형태로 이들 모두 최용석(2019, 4장)에 잘 나와 있다. 일반적으로 실험 또는 비교연구에서 둘 이상의 처리를 비교할 때 연속형 반응변수 y가 동시에 연속형 교락요인(confounding factor) 또는 공변량(covariate)에 의해서 영향을 받으며 선형의 관계를 맺을 때 공분산분석을 고려한다. 이 분석은 1931년 피셔(R.A. Fisher)에 의해서 처음 사용되었는데, 예를 들자면 흡연이 혈압에 미치는 효과 연구에서 나이 또는 몸무게를 공변량으로 고려해야 한다.

5.4.1 두 처리 군집의 공분산분석모형

[보기 1.5.6]에서 미리 살펴본 [자료 5.4.1]은 서로 환경이 다른 지방과 도시 아동의 성장을 비교하기 위한 것이다(김석우와 최용석, 2001, 5장). 이는 지방공립학교와 도시사립학교의 아동들의 키(단위: cm)와 나이(단위: 개월)를 측정한 자료이다. 특히, 키는 두 군

집 간의 비교를 위한 반응변수이다. 일반적으로 [자료 5.4.1]에 대하여 도시와 지방 아동의 성장 비교를 위해 키를 사용하여 두 그룹의 t-검정 내지는 분산분석을 고려한다. 이를 위해 [자료 5.4.1]에서 두 군집인 도시와 지방을 처리(treatment)라 하면 처리 i에 대한 j번째 자료값을 y_{ij}로 나타내면 이에 대한 (5.4.1)의 분산분석모형을 세울 수 있다.

$$y_{ij} = \mu_i + e_{ij},\ j = 1, ..., n_i,\ i = 1,2 \tag{5.4.1}$$

여기서 n_i는 처리 i의 개수이고 μ_i는 i번째 처리에 대한 효과(effect)로 평균 반응을 나타내고 오차항 e_{ij}는 서로 독립이며 정규분포 $N(0, \sigma^2)$을 따른다.

[자료 5.4.1] 지방공립학교와 도시사립학교 아동의 나이와 키 자료(height.txt)

	지방공립학교		도시사립학교	
	나이	키	나이	키
	121	139.0	109	137.6
	121	140.9	113	147.8
	128	134.9	115	136.8
	129	149.5	116	140.7
	131	148.7	119	132.7
	132	131.0	120	145.4
	133	142.3	121	135.0
	134	139.9	124	133.0
	138	142.9	126	148.5
	138	147.7	129	148.3
	138	147.7	130	147.5
	140	134.6	133	148.8
	140	135.8	134	133.2
	140	148.5	135	148.7
			137	152.0
			139	150.6
			141	165.4
			142	149.9
평균	133.1	141.7	126.8	144.5

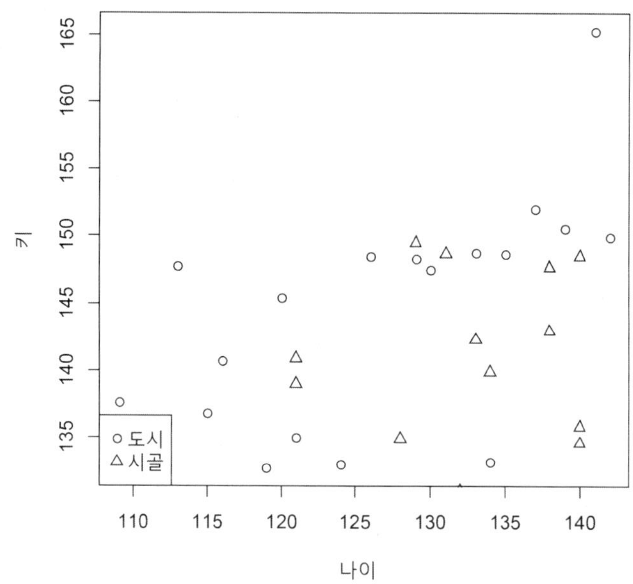

[그림 5.4.1] 도시와 시골 아동의 반응변수 키(y)와 공변량인 나이(x)간의 산점도

그러나 (5.4.1)의 모형에 각 군집의 학생들의 나이와 같이 반응변수 키에 영향을 주는 공변량 x을 선형적으로 고려한다면

$$y_{ij} = \mu_i + \gamma x_{ij} + e_{ij}, \quad j = 1, ..., n_i, \ i = 1, 2 \tag{5.4.2}$$

가 된다. 특히, [그림 5.4.1]은 각 군집의 반응변수 키(y)와 공변량 나이(x)간의 산점도를 통해 (5.4.2)에서 설정한 모형이 이들 간의 선형적인 관계를 만족하며 이들은 서로 차이가 있음을 확인할 수 있다.

공변량의 효과가 비교하고자 하는 처리효과에 미치는 영향을 수리적으로 이해하기 위해서 (5.4.2)에서 다음의 모형을 통해 두 처리 군집의 효과를 비교하기로 하자.

$$y_{1j} = \mu_1 + \gamma x_{1j} + e_{1j}$$
$$y_{21} = \mu_2 + \gamma x_{2j} + e_{2j}$$

실제 처리 효과는 반응변수의 평균에 의해서 이루어지므로 이들의 평균을 각각 구하면 다음과 같다.

$$\overline{y_{1.}} = \mu_1 + \gamma \overline{x_{1.}} + \overline{e_{1.}}$$
$$\overline{y_{2.}} = \mu_2 + \gamma \overline{x_{2.}} + \overline{e_{2.}}.$$

따라서 $E\left(\overline{y_{1.}} - \overline{y_{2.}}\right) = \mu_1 - \mu_2 + \gamma\left(\overline{x_{1.}} - \overline{x_{2.}}\right)$로부터 실제 처리 효과의 추정은

$$\widehat{\mu_1} - \widehat{\mu_2} = \overline{y_{1.}} - \overline{y_{2.}} + \hat{\gamma}\left(\overline{x_{1.}} - \overline{x_{2.}}\right) \tag{5.4.4}$$

로 반응변수의 평균 차와 편의(bias) $\hat{\gamma}\left(\overline{x_{1.}} - \overline{x_{2.}}\right)$로 이루어진다. 편의는 공변량인 나이에 의해서 발생한 두 그룹 간의 교락효과인 셈이다.

일반적으로 (5.4.2)를 확장하자면 t개의 처리에 대하여 처리별 각각의 대상의 수가 n_1, n_2, ..., n_t 개의 실험에서 i 번째 처리에 대한 j 번째 자료값 y_{ij}에 대해 공변량 x_{ij}를 고려하면 다음과 같다.

$$y_{ij} = \mu_i + \gamma x_{ij} + e_{ij}, \quad j = 1, ..., n_i, \ i = 1, ..., t \tag{5.4.5}$$

최용석(2018, 7장)에는 (5.4.5)를 바탕으로 처리들의 반응변수와 공변량의 제곱합의 분해를 통해 $H_0 : \mu_1 = \mu_2 = \cdots = \mu_t$ 를 검정하고 공변량의 계수 γ의 추정을 위해 R의 함수 aov(), summary()와 coef()에 의해서 공분산분석모형을 적합하고 추정하고 있다.

여기에서는 구조방정식모형의 다중 회귀모형의 관점에서 공분산분석모형을 살펴보고자 한다. 물론 공변량의 효과에 의해서 보정이 필요하므로 결과 해석을 위해서는 다소 번거로운 과정이 요구된다.

[보기 5.4.1] 지방과 도시 아동의 나이와 키 자료의 공분산분석모형

1) 자료 및 변수

[자료 5.4.1]은 서로 환경이 다른 지방과 도시 아동의 성장을 비교하기 위한 것으로 이는 두 군집의 아동들의 키(단위: cm)와 나이(단위: 개월)를 측정한 자료이다. 여기서 키는 두 군집 간의 비교를 위한 반응변수이고 나이를 공변량으로 고려한 공분산분석모형을 살펴보자.

[그림 5.4.1]의 다중 산점도를 보면 도시와 지방 아동의 나이는 키와 선형적인 관계를 보이고 있고 단순히 두 군집 간의 키를 비교하는 데 양의 영향을 미치는 공변량으로 여겨진다. 반응변수 키는 height, 나이는 age 그리고 두 군집을 나타내는 변수 group은 1은 도시 0은 시골로 범주형 형태의 이항 반응인 가변수(dummy variable)이다.

2) 경로도

[그림 5.4.2]는 다중 회귀모형의 관점에서 반응변수 키 height에 대해 공변량 나이 age와 군집을 나타내는 group을 설명변수로 여길 수 있는 공분산분석모형의 적합 결과를 보여주는 경로도이다. 이는 [R-코드 5.4.1]의 # Diagram for ANCOVA model 이하 수행 결과이다.

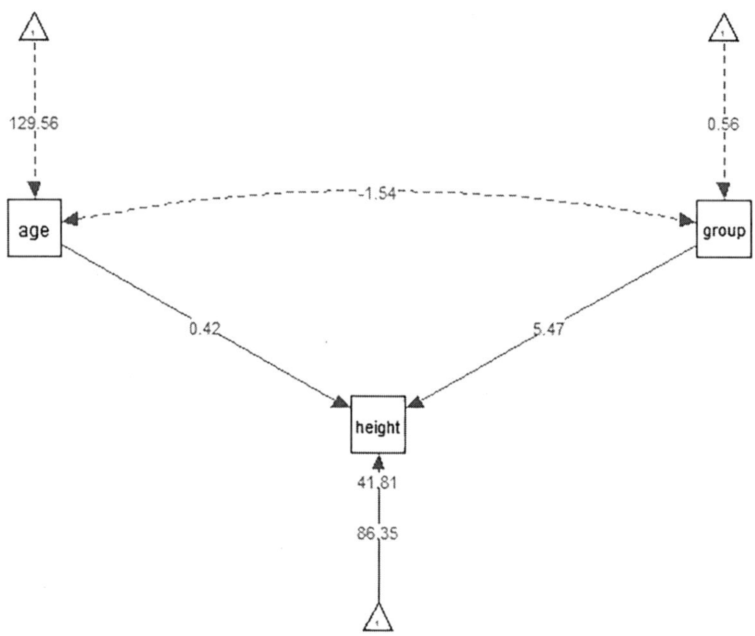

[그림 5.4.2] 지방과 도시 아동의 나이와 키 자료의 적합 공분산분석모형 경로도

3) 공분산분석모형의 설정

지방공립학교 $n_0 = 14$명과 도시사립학교 $n_1 = 18$명의 아동에 대해 반응변수 y(height)와 공변량 x(age) 그리고 군집을 나타내는 g(=0 또는 1)에 대한 공분산모형의 설정은 다음과 같이 하나로 표현 가능하다. 여기서 $N = n_0 + n_1 = 32$.

$$y_{ij} = \mu_i + \gamma x_{ij} + e_{ij}, \quad j = 1, ..., n_i, \ i = 0, 1$$

$$\Leftrightarrow y_j = \mu_0 + \gamma x_j + (\mu_1 - \mu_0) g_j + e_j, \ j = 1, ..., N,$$

[R-코드 5.4.1]의 # Create model에는 3)에서 설정한 모형을 다음과 같이 고려하고 있다. 다중 회귀모형의 관점에서 본다면 키 height는 반응변수로 공변량 age와 군집을 나타내는 group은 설명변수로 여길 수 있다.

```
# Create model
model='
height~age + group
'
```

4) 모형의 적합

[결과 5.4.1]의 맨 아래 결정계수 R-square 0.259는 [그림 5.4.1]의 선형적 관계에 대한 모형적합이 높지 않음을 보여 준다. 그러나 공변량 age과 군집 group은 모형에서 $p-$값 0.002와 0.026으로 유의수준 5%에서 매우 유의하다.

5) 적합 모형의 해석

4) 모형의 적합에서 언급한 바와 같이 [결과 5.4.1]에 따르면 실제 회귀계수 추정 및 검정에서 유의하지 못한 설명변수는 없다. [결과 5.4.1]의 Regressions로부터 얻어지는 공분산분석모형의 해석은 다음과 같이 요약 가능하다.

1. 적합 모형식
$\hat{y_j} = \hat{\mu_0} + \hat{\gamma} x_j + (\hat{\mu_1} - \hat{\mu_0}) g_j$ $= 86.351 + 0.416 x_j + 5.466 g_j$
2. 공변량 x(age)의 통계적 유의성
공변량 age는 모형에서 유의확률 $p-$값$=0.002$에 의해서 매우 유의하며 반응변수에 중요한 영향을 미치는 설명변수이다.
3. 공변량에 의한 보정 후 평균 키의 차이의 검정
공변량 효과를 고려하여 보정한 후에도 키에 대한 군집 간의 비교를 위한 군집변수 group의 유의확률 $p-$값$=0.026$은 유의수준 5%에서 통계적으로 유의하다. 실제 이는 $H_0 : \mu_0 - \mu_1 = 0$을 기각하여 군집 간에 키에 대한 차이가 있음을 검정한 것이다.

4. 공변량에 의한 보정 후 평균 키의 실제 차이

공변량인 나이에 의해 두 군집(0=지방, 1=도시)간의 보정전인 키의 차이 2.8cm (=144.5−141.7)는 공변량에 의한 보정 후에는 키의 차이 $\bar{y}_{1A} - \bar{y}_{0A}$가 0.2cm로 그 차이가 많이 줄었다. 이는 다음과 같이 확인 가능하다.

$$
\begin{aligned}
\bar{y}_{1A} - \bar{y}_{0A} &= \bar{y}_1 - \bar{y}_0 + \hat{\gamma}(\bar{x}_1 - \bar{x}_0) \\
&= (144.5 - 141.7) + 0.416(126.8 - 133.1) \\
&\doteq 0.2\text{cm}
\end{aligned}
$$

만약에 공변량인 나이를 고려하지 않고 단순히 두 군집 간의 성장 비교를 위해 키만 비교하였다면 도시 아동들의 성장이 훨씬 더 크다는 결론을 내렸을 것이다. 이와 같이 처리 간의 차이를 비교하는 데 있어 공변량의 효과를 잘 반영하는 것이 중요하다.

[R-코드 5.4.1] 지방과 도시 아동의 나이와 키 자료의 공분산분석모형 (height-2groups-ANCOVAmodel.R)

```
## 지방과 도시 아동의 나이와 키 자료의 공분산분석모형
library(lavaan)
setwd("D:/R과함께하는 인과모형분석의 이해와 응용/R-codes")
data5.4.1<-read.table("height.txt", header=T)
x=data5.4.1
trt=x$group

## scatter plot : 반응변수와 공변량
plot(x$age[trt == '1'], x$height[trt == '1'], xlab='나이',
ylab='키', pch=1)
points(x$age[trt == '0'], x$height[trt == '0'],  pch=2)
legend("bottomleft", c("도시", "시골"), pch=c(1,2))

# Create model
model='
height~age + group
'


# Run ANCOVA model
fit=sem(model=model, data=data5.4.1, missing="ml")
summary(fit, rsquare=TRUE, standardized=TRUE)

# Diagram for ANCOVA model
```

```
#install.packages("semPlot")
library(semPlot)
semPaths(fit, whatLabels="estimate", style="lisrel", nCharNodes=0, edge.label.cex = 0.7)
```

[결과 5.4.1] [R-코드 5.4.1]의 결과

```
Regressions:
                   Estimate  Std.Err  z-value  P(>|z|)   Std.lv  Std.all
  height ~
    age               0.416    0.134    3.102    0.002    0.416    0.502
    group             5.466    2.451    2.230    0.026    5.466    0.361

Intercepts:
                   Estimate  Std.Err  z-value  P(>|z|)   Std.lv  Std.all
   .height           86.351   17.920    4.819    0.000   86.351   11.497

Variances:
                   Estimate  Std.Err  z-value  P(>|z|)   Std.lv  Std.all
   .height           41.813   10.453    4.000    0.000   41.813    0.741

R-Square:
                   Estimate
    height            0.259
```

5.4.2 여러 처리 군집의 공분산분석모형

5.4.1절에는 두 군집의 처리효과를 비교하는 데 있어 선형적인 영향을 미치는 공변량 효과를 고려한 공분산분석모형을 살펴보았다. 만약에 처리효과를 보고자 하는 군집이 셋 이상인 경우의 공분산분석모형을 살펴보자.

[보기 5.4.2] 세 명의 수학교사의 강의능력 비교 자료의 공분산분석모형

[자료 5.4.2](teacher.txt)는 어느 고등학교에서 세 명의 수학 교사들의 강의능력을 비교하기 위하여 실험을 하였다. 각 교사는 미적분학의 기초 내용을 자신에게 배당된 6명의 학생들에게 일정한 시간 동안 가르친 후 시험을 실시하였고 반응변수로 성적과 지능지수 IQ를 공변량으로 고려하였다(김석우와 최용석, 2001, 5장).

[자료 5.4.2] 수학교사의 강의능력 비교 자료(teacher.txt)

	교사 1		교사 2		교사 3	
	성적	지능지수	성적	지능지수	성적	지능지수
	85.4	119.0	85.5	120.5	94.8	125.0
	88.2	125.0	88.3	122.6	92.9	119.3
	84.2	117.5	85.4	116.6	90.1	119.6
	87.9	123.2	85.5	119.3	93.9	119.6
	87.0	118.1	84.9	117.5	88.7	119.0
	87.3	124.7	90.8	129.8	87.2	118.7
평균	86.7	121.3	86.7	121.1	91.3	120.1

[자료 5.4.2]를 보면 집단 간의 성적 차이가 교사 1(86.7)과 교사 2(86.7)는 없지만 교사 3(91.3)과는 많이 있다. 그 반면에 지능지수는 성적 평균이 높은 교사 3의 학생들의 지능지수 평균이 상대적으로 낮다. 따라서 실제 동일한 지능지수에서는 성적평균의 차이가 클 것으로 생각된다. 이에 학생들의 지능지수를 공변량으로 하는 공분산분석모형을 생각할 수 있겠다.

1) 자료 및 변수

[그림 5.4.3]의 산점도를 보면 교사별 성적과 IQ 사이에는 선형적인 관계를 보이고 있고 세 군집 가운데 교사 3에 의한 성적이 전체적으로 높게 나왔다. 반응변수 성적은 grade, 지능지수는 IQ 그리고 세 군집은 teacher로 1(교사 1), 2(교사 2), 3(교사 3)을 나타낸다. 특히, 범주형으로 된 군집 변수 teacher를 공분산분석모형에 반영하기 위해서 가변수로 처리해야 한다. 먼저 g1과 g2를 군집을 나타내는 가변수라 하면 세 군집은 이항변수의 조합에 의해서 다음과 같이 구분할 수 있다. 이미 teacher.txt에 가변수를 자료로 반영하고 있다.

$$
\begin{aligned}
(g1,\ g2) &= (1,\ 0), && \text{교사 1에 의한 군집} \\
&= (0,\ 1), && \text{교사 2에 의한 군집} \\
&= (0,\ 0), && \text{교사 3에 의한 군집}
\end{aligned}
$$

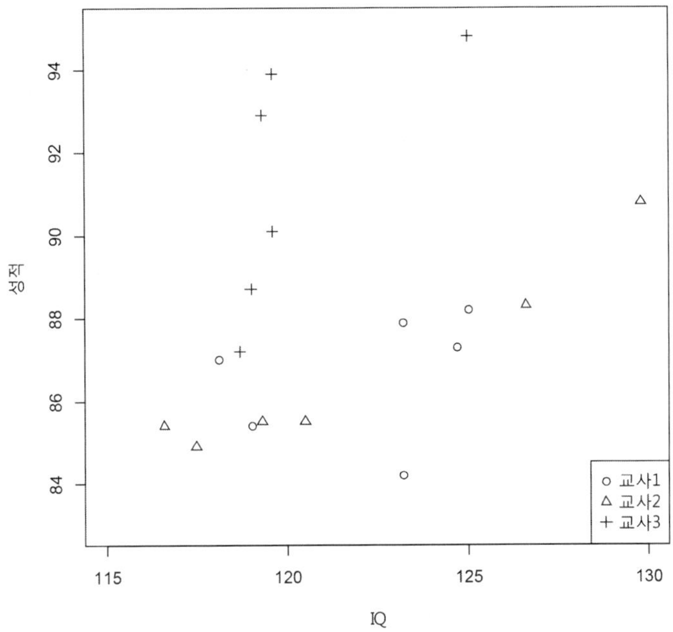

[그림 5.4.3] 교사별 공변량 IQ(x)와 반응변수 성적(y) 간의 산점도

2) 경로도

[그림 5.4.4]는 반응변수 시험성적 grade에 대해 공변량 IQ와 세 군집을 나타내기 위해 이항변수의 조합인 가변수로 처리한 g1과 g2를 설명변수로 여길 수 있는 공분산분석모형의 적합 결과를 보여주는 경로도이다. 이는 [R-코드 5.4.2]의 # Diagram for ANCOVA model 이하 수행 결과이다.

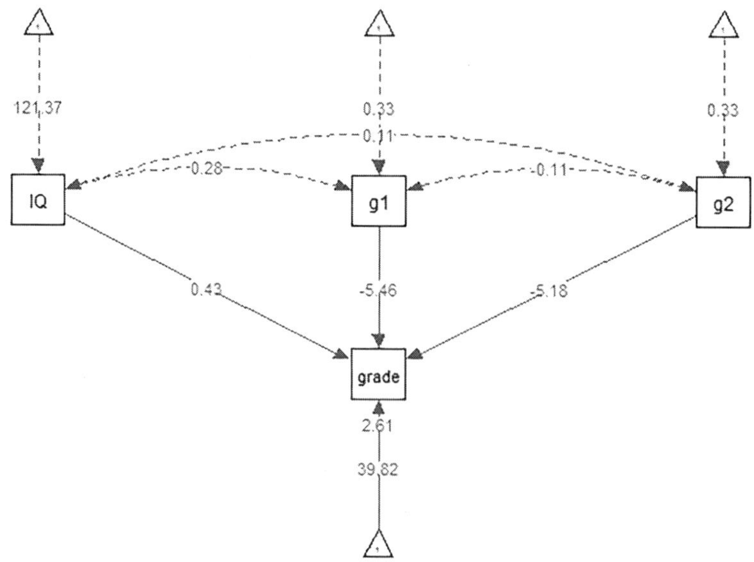

[그림 5.4.4] 수학교사의 강의능력 비교 자료의 적합 공분산분석모형의 경로도

3) 공분산분석모형의 설정

공변량 IQ를 x로 하고 시험성적 grade를 y라 하면 세 군집에 대한 공분산분석모형 (5.4.6)을 세울 수 있다.

$$y_i = \mu_i + \gamma x_i + e_i, i = 1, 2, 3 \tag{5.4.6}$$

(5.4.6) 모형에서 군집을 나타내는 이항변수의 조합인 가변수로 처리한 g1과 g2를 포함하는 하나의 공분산분석모형 (5.4.7)을 만들어 보자.

$$y = \mu_3 + \gamma x + (\mu_1 - \mu_3)g1 + (\mu_2 - \mu_3)g2 + e \tag{5.4.7}$$

[R-코드 5.4.2]의 # Create model에는 (5.4.7)에서 설정한 모형을 다음과 같이 고려하고 있다. 다중 회귀모형의 관점에서 본다면 시험성적 grade는 반응변수로 공변량 IQ와 군집을 나타내는 가변수 g1과 g2는 설명변수로 여길 수 있다.

```
# Create model
model='
grade~IQ + g1 + g2
'
```

4) 모형의 적합

[결과 5.4.2]의 맨 아래 결정계수 R-square 0.722는 [그림 5.4.3]의 반응변수 시험성적과 공변량 IQ의 선형적 관계를 잘 반영하고 있어 (5.4.7)의 모형의 높은 적합성을 보여준다. 실제 공변량 IQ와 군집을 나타내는 가변수 g1과 g2의 모형에서의 유의성을 살펴보면 유의확률 $p-$값이 모두 0.000으로 유의수준 5%에서 매우 유의하다.

5) 적합 모형의 해석

4) 모형의 적합에서 언급한 바와 같이 [결과 5.4.2]에 따르면 실제 회귀계수 추정 및 검정에서 유의하지 못한 설명변수는 없다. [결과 5.4.2]의 Regressions로부터 얻어지는 공분산분석모형의 해석은 다음과 같이 요약 가능하다. 여기서 IQ라는 공변량을 고려하지 않으면 단순히 교사들의 지도 성과인 성적을 군집 간에 비교하게 되어 실제 그 차이가 크지만 공변량을 고려하게 되면 각 개인의 사전 역량 차이를 보정하는 효과로 인하여 그 차이는 줄어드는 결과를 얻게 된다.

[결과 5.4.2] [R-코드 5.4.2]의 결과

```
Regressions:
                   Estimate  Std.Err  z-value  P(>|z|)   Std.lv  Std.all
  grade ~
    IQ                0.428    0.111    3.855    0.000    0.428    0.493
    g1               -5.456    0.959   -5.689    0.000   -5.456   -0.839
    g2               -5.182    0.948   -5.466    0.000   -5.182   -0.797

Intercepts:
                   Estimate  Std.Err  z-value  P(>|z|)   Std.lv  Std.all
   .grade            39.823   13.362    2.980    0.003   39.823   12.987

Variances:
                   Estimate  Std.Err  z-value  P(>|z|)   Std.lv  Std.all
   .grade             2.612    0.871    3.000    0.003    2.612    0.278
```

```
R-Square:
                    Estimate
    grade              0.722
```

1. 적합 모형식

$$\hat{y} = \widehat{\mu_3} + \hat{\gamma}x + (\widehat{\mu_1} - \widehat{\mu_3})g1 + (\widehat{\mu_2} - \widehat{\mu_3})g2$$
$$= 39.823 + 0.428x - 5.456g1 - 5.182g2$$

여기서 적합 모형식을 각 군집에 따른 가변수 값(교사 1: $(g1, g2)=(1, 0)$, 교사 2: $(g1, g2)=(0, 1)$, 교사 3: $(g1, g2)=(0, 0)$)을 대입하여 구하여 보자.

$$\text{교사 1: } \hat{y} = 39.823 + 0.428x - 5.456$$
$$\text{교사 2: } \hat{y} = 39.823 + 0.428x - 5.182$$
$$\text{교사 3: } \hat{y} = 39.823 + 0.428x$$

2. 공변량 x(IQ)의 통계적 유의성

공변량 IQ는 모형에서 유의확률 $p-$값$=0.000$에 의해서 매우 유의하며 반응변수에 중요한 영향을 미치는 설명변수이다.

3. 공변량에 의한 보정 후 평균 시험성적의 차이의 검정

공변량 효과를 고려하여 보정한 후에도 시험성적에 대한 군집 간의 비교를 위한 군집 변수 $g1$과 $g2$에 대한 유의확률 $p-$값$=0.000$은 유의수준 5%에서 통계적으로 매우 유의하다. 실제 이는 $H_0: \mu_1 - \mu_3 = 0$와 $H_0: \mu_2 - \mu_3 = 0$를 기각하는 검정을 대신하고 있으며 지도 교사에 따른 집단 간에 시험성적에 차이가 있다는 점이다.

4. 공변량에 의한 보정 후 평균 시험성적의 실제 차이

공변량 IQ에 의해 보정 전 교사 1과 교사 3, 교사 2와 교사 3 사이에 시험성적의 차이 4.6점($=91.3-86.7$)은 보정 후 약 4.1점과 4.2점으로 감소되었다. 성적차이가 없는 교사 1과 교사 2 사이에는 보정 후 0.9점 차이가 발생했다.

$$\overline{y}_{3A} - \overline{y}_{1A} = \overline{y}_3 - \overline{y}_1 + \hat{\gamma}(\overline{x}_3 - \overline{x}_1)$$
$$= 91.3 - 86.7 + 0.428(120.1 - 121.3) = 4.0864$$

$$\bar{y}_{3A} - \bar{y}_{2A} = 91.3 - 86.7 + 0.428(120.1 - 121.1) = 4.172$$

$$\bar{y}_{1A} - \bar{y}_{2A} = 86.7 - 86.7 + 0.428(121.3 - 121.1) = 0.856$$

[R-코드 5.4.2] 수학교사의 강의능력 비교 자료의 공분산분석모형 (teacher-3groups-ANCOVAmodel.R)

```
## 수학 교사의 강의능력 자료의 공분산분석모형
library(lavaan)
setwd("D:/R과함께하는 인과모형분석의 이해와 응용/R-codes")
data5.4.2<-read.table("teacher.txt", header=T)
x=data5.4.2
trt=x$teacher

## scatter plot : 반응변수와 공변량
plot(x$IQ[trt == '1'], x$grade[trt == '1'], xlim=c(115, 130), ylim=c(83, 95), xlab='IQ',ylab='
성적', pch=1)
par(new=TRUE)
plot(x$IQ[trt == '2'], x$grade[trt == '2'], xlim=c(115, 130), ylim=c(83, 95),xlab='IQ',ylab='
성적', pch=2)
par(new=TRUE)
plot(x$IQ[trt == '3'], x$grade[trt == '3'], xlim=c(115, 130), ylim=c(83, 95),xlab='IQ',ylab='
성적',  pch=3)
legend("bottomright", c("교사 1", "교사 2", "교사 3"), pch=c(1,2,3))

# Create model
model='
grade~IQ + g1 + g2
'

# Run ANCOVA model
fit=sem(model=model, data=data5.4.2, missing="ml")
summary(fit, rsquare=TRUE, standardized=TRUE)

# Diagram for ANCOVA model
#install.packages("semPlot")
library(semPlot)
semPaths(fit, whatLabels="estimate", style="lisrel", nCharNodes=0, edge.label.cex = 0.7)
```

지금까지 5.3절과 5.4.절에서 살펴본 공분산분석모형은 일반적으로 세 가지 정도의 가정을 필요로 한다.

(1) 회귀 기울기의 동일성: 공변량 x의 기울기 γ는 처리그룹 간에 동일하다.

(2) 선형성: 공변량 x와 반응변수 y의 관계는 선형적이다.

(3) 오차항의 성질: 오차항 ϵ_i는 서로 독립이면서 N(0, σ^2)을 따른다.

일반적으로 t개 처리 군집을 비교하는 공분산분석모형 (5.4.5)에서 공변량 x_i이외에 또 다른 연속형 공변량 z_i가 있다면 고려될 적절한 공분산분석모형은

$$y_i = \alpha_i + \gamma x_i + \delta z_i + e_i, i = 1, 2, ..., t \tag{5.4.8}$$

이다. 이 경우 각 처리 군집별 보정 평균은

$$\overline{y}_{iA} = \overline{y}_i + \gamma(x_i - \overline{x}) + \delta(\overline{z}_i - \overline{z}), i = 1, ..., t$$

가 된다. 공변량이 x_i와 z_i외에 또 존재한다면 유사한 방식으로 모형 (5.4.8)을 확장하면 된다.

지금까지 반응변수가 하나인 공분산분석모형을 살펴보았지만 여러 개의 반응변수가 존재할 경우에는 다변량 공분산분석모형(MANCOVA model)을 고려할 수 있다. 최용석(2019, 4.3절)에 따르면 다변량 분산분석의 관점에서 윌크스(Wilks) 검정통계량에 의한 $F-$검정과 자료의 크기가 큰 경우 카이제곱 검정통계량에 의한 카이제곱검정에 의한 다변량 공분산분석을 다양한 예제와 함께 자세히 설명하고 있다.

5.5 연습문제

[1] 2장의 2.5 연습문제 [3]에서 KLPGA 선수 성적에 관한 [자료 2.5.1](klpga.txt)은 관측변수로 상금률(상금 1위 선수에 대한 상대적 비율), 평균퍼팅수(총퍼팅수/라운드수), 그린적중률, 파세이브율(총파세이브홀수/총홀수×100), 파브레이크율(버디이상홀수/총홀수×100), 평균타수((총스트로크수×72/코스소정파)/라운드수))가 사용되었다.

(1) 관측변수들 간의 상관계수가 있는 다중 산점도를 얻고 이를 해석하라.
(2) 상금률을 반응변수로 하고 나머지는 설명변수로 하는 다중회귀모형을 적합하라.
(3) (2)에서 회귀계수의 검정을 통해 모형에서 유의한 변수를 설명변수로 하는 수정된 다중 회귀모형을 적합하고 해석하라.

[2] 2장의 2.5 연습문제 [5]에서 우리나라 남자 테니스 선수 하위랭킹 25명과 상위랭킹 25명 총 50명의 기록에 관한 [자료 2.5.3]을 고려하자. 여기서 관측변수로 체격요인변수군($x_1 \sim x_8$: 신장, 체중, 상완장, 전완장, 수장, 상지장/신장비율, 전완장/상지장비율, 피하지방합)과 체력요인변수군($y_1 \sim y_8$: 악력, 윗몸일으키기, 하버드스텝, 윗몸앞으로굽히기, 50m달리기, 제자리높이뛰기, 눈감고외발서기, 전신반응시간), 그리고 3개의 기초기술요인변수군($z_1 \sim z_3$: 그라운드 스트로크, 서비스, 발리)이 사용되었다.

(1) 반응변수로 기초기술요인변수군의 각 변수별 $z_1 \sim z_3$에 대해 체격요인변수군의 변수 $x_1 \sim x_8$을 설명변수로 하는 다중 회귀모형 3개를 적합하고 모형에서 유의한 변수를 선택하여 수정된 모형을 적합하라.
(2) 반응변수 $z_1 \sim z_3$ 각각에 대해 체력요인변수군의 변수 $y_1 \sim y_8$를 설명변수로 하는 다중 회귀모형 3개를 적합하고 모형에서 유의한 변수를 선택하여 수정된 모형을 적합하라.
(3) 반응변수 $z_1 \sim z_3$ 모두에 대해 설명변수로 체격요인변수군의 변수 $x_1 \sim x_8$과 체력요인변수군의 변수 $y_1 \sim y_8$를 각각 고려한 2가지 다변량 회귀모형을 적합하라.
(4) (3)의 적합 다변량 회귀모형에서 유의한 설명변수에 의한 수정된 모형을 적합

하라.

(5) (1)과 (2)의 수정된 다중 회귀모형과 (4)의 수정된 다변량 회귀모형의 적합결과를 비교하라.

(6) 반응변수 $z_1 \sim z_3$ 모두에 대해 체격요인변수군의 변수 $x_1 \sim x_8$와 체력요인변수군의 변수 $y_1 \sim y_8$를 설명변수로 고려한 다변량회 회귀모형을 적합하고 통계적으로 유의한 설명변수에 의한 수정된 다변량 회귀모형을 적합하라.

(7) (6)의 최종 수정된 다변량 회귀모형에 대해 상위랭킹과 하위랭킹 군집 간의 다중 군집분석을 통해 두 군집 모형의 적합을 비교하라.

[3] 다음은 교육 통계학의 학업성취도에 대한 학생들의 두 처리그룹을 비교하기 위하여 얻은 자료이다. 여기서 처리는 학생들의 공부목적(교양과 전공)에 따라 나눈 것으로 각 처리에 임으로 배정된 20명의 학생들의 적성검사 점수와 한 학기 시험성적이 정리되어 있다. 이 자료는 Jöreskog와 Sörbom(1989, p. 113)의 자료를 가공한 것이다.

교양		전공	
적성검사점수	성적	적성검사점수	성적
29	15	22	20
49	19	24	34
48	21	49	28
35	27	46	35
53	35	52	42
47	39	43	44
46	23	64	46
74	38	61	47
72	33	55	40
67	50	54	54

(1) 두 처리간의 성적의 평균만을 비교했을 때 그 차이를 통계적으로 유의한 지를 살펴보라.

(2) 각 처리별 회귀분석을 통해 적성검사점수가 성적에 선형적으로 영향을 주는 지를 살펴보라.

(3) 적성검사점수를 공변량으로 하는 공분산분석모형을 실시하라.

(4) 공변량을 고려한 처리 간 시험성적의 평균 차이와 문제 (1)에서 평균의 차이와 비교하여 보라.

[4] 다음의 자료는 전분의 4종류 재료에 대한 실험에서 두께 x(단위: 10^{-4}인치)와 분쇄강도 y(단위: 그램)에 관한 것이다(Scheffe, 1959, p. 216).

쌀		옥수수		감자		고구마	
y	x	y	x	y	x	y	x
분쇄강도	두께	분쇄강도	두께	분쇄강도	두께	분쇄강도	두께
556.7	7.1	731.0	8.0	983.3	13.0	837.1	9.4
552.5	6.7	710.0	7.3	958.8	13.3	901.2	10.6
397.5	5.6	604.7	7.2	747.8	10.7	595.7	9.0
532.3	8.1	508.8	6.1	866.0	12.2	510.0	7.6
587.8	8.7	393.0	6.4	810.8	11.6		
520.9	8.3	416.0	6.4	950.0	9.7		
574.3	8.4	400.0	6.9	1282.0	10.8		
505.0	7.3	335.6	5.8	1233.8	10.1		
604.6	8.5	306.4	5.3	1660.0	12.7		
522.5	7.8	426.0	6.7	746.0	9.8		
555.0	8.0	382.5	5.8	650.0	10.0		
561.1	8.4	340.8	5.7	992.5	13.8		
		436.7	6.1	896.7	13.3		
		333.3	6.2	873.9	12.4		
		382.3	6.3	924.4	12.2		
		397.7	6.0	1050.0	14.1		
		619.1	6.8	973.3	13.7		
		857.3	7.9				
		592.5	7.2				

(1) 두께를 무시하고 4종류 재료의 분쇄강도의 차이를 검정하라.

(2) 두께 x를 공변량으로 하는 공분산분석모형을 수행하기 위한 자료를 구성하여 보라.

(3) R을 이용한 공분산분석모형의 절차를 요약하여 보고 실행하라.

(4) 보정된 분쇄강도의 평균은 재료별 차이가 통계적으로 유의한지를 말하라.

[5] 다음의 자료는 남자 15명과 여자 10명의 나이(x)와 수축기 혈압(y)에 관한 자료이다. 이 자료는 허명회(1992, 5장)의 연습문제에서 가공된 것이다. 남녀별 혈압에 차이가 있는지를 공변량인 나이를 고려한 공분산분석모형을 통해 알아보라.

남자		여자	
x: 나이	y: 혈압	x: 나이	y: 혈압
41	158	39	144
47	156	67	170
65	176	56	150
50	144	45	135
38	150	50	142
55	174	63	144
56	165	45	138
40	153	42	124
60	185	59	140
68	184	17	114
57	164		
47	149		
52	156		
65	158		
62	148		

[6] 한 교사가 4가지 강의 방법을 비교하기 위해 40명의 학생을 임의로 10명씩 네 반을 편성하였다. 실험 전에 학생들의 지능지수(IQ)를 측정하여 두었고 강의가 끝난 후 학생들에게 똑같은 시험을 치르게 하였다. 그 결과 다음의 자료를 얻었다(Guenther, 1964, p. 151). 공변량을 지능지수로 하는 공분산분석모형을 통하여 강의 방법 간에 실제 차이가 얼마나 보정되는 지를 살펴보라.

방법 1		방법 2		방법 3		방법 4	
IQ	성적	IQ	성적	IQ	성적	IQ	성적
94	14	80	38	92	55	94	37
96	19	84	34	96	53	94	24
98	17	90	43	99	55	98	22
100	38	97	43	101	52	100	43
102	40	97	61	102	35	103	49
105	26	112	63	104	46	104	41
109	41	115	93	107	57	108	26
110	28	118	74	110	55	113	70
111	36	120	76	111	42	115	63
130	66	120	79	118	81	104	24

부록: R-코드 및 자료 목록

R-코드와 자료는 저자의 홈페이지(yschoi.pusan.ac.kr)에서 메뉴 Researches의 Books에서 받아갈 수 있으며 R-codes.zip로 압축되어 있다. 이 책의 R-코드 작업 디렉토리 경로 지정은 다음과 같다.

```
setwd("D:/R과함께하는 인과모형분석의 이해와 응용/R-codes")
```

[R-코드]

1장 인과모형

party-PAmode-gofindex.R	[R-코드 1.5.1]	부모 당선호도와 자녀 당선호도의 구조방정식 모형
loyal-MVN-test.R	[R-코드 1.6.1]	두 군집(업종 A, B)의 고객만족의 다변량 정규성 검정
grade-MVN-test.R	[R-코드 1.6.2]	학교 성적의 다변량 정규성 검정
loyal-2groups-BoxM-test.R	[R-코드 1.7.1]	두 군집(업종 A, B)의 고객만족의 공분산행렬의 동질성 검정
height-2groups-MVN-BoxM-test.R	[R-코드 1.7.2]	지방과 도시 아동의 나이와 키 자료의 다변량 정규성검정과 공분산행렬의 동질성 검정

2장 확증적 인자분석

subjects-cfamodel.R	[R-코드 2.2.1]	6개 과목의 확증적 인자분석모형
drug-cfamodel.R	[R-코드 2.2.2]	정신활성제의 확증적 인자분석모형
subjects-PCFA-MLFA-cfamodel.R	[R-코드 2.3.1]	6개 과목의 확증적 인자분석모형의 추정
boygirl-2groups-cfamodel.R	[R-코드 2.4.1]	남녀 읽기능력과 수리능력의 확증적 인자분석 모형

3장 경로분석모형

party-PAmodel.R	[R-코드 3.1.1]	부모 당선호도와 자녀 당선호도의 경로분석모형
party-PAmodel-effect.R	[R-코드 3.1.2]	부모 당선호도와 자녀 당선호도의 경로분석모형의 효과 분할
iq-PAmodel.R	[R-코드 3.1.3]	아버지와 아들의 지능과 교육수준의 경로분석모형
iq-PAmodel-effects.R	[R-코드 3.1.4]	아버지와 아들의 지능과 교육수준의 경로분석모형 효과 분할
ambition-PAmodel.R	[R-코드 3.2.1]	열망과 성취의 경로분석모형
ambition-PAmodel-effects.R	[R-코드 3.2.2]	열망과 성취의 경로분석모형의 효과분할
sat-PAmodel.R	[R-코드 3.2.3]	환경, 태도, 인지도, 활용도, 만족도의 경로분석모형
sat-PAmodel-effects.R	[R-코드 3.2.4]	환경, 태도, 인지도, 활용도, 만족도의 경로분석모형의 효과분할
whiteblack-2groups-PAmodel.R	[R-코드 3.3.1]	청소년 백인과 흑인 두 군집의 학문성취와 비행의 경로분석모형
whiteblack-2groups-modified-pamodel.R	[R-코드 3.3.2]	청소년 백인과 흑인 두 군집의 학문성취와 비행의 수정 경로분석모형
loyal-2groups-PAmodel.R	[R-코드 3.3.3]	두 군집의 고객충성도 PA 모형
z-test-SWCM.R	[R-코드 3.3.4]	z-검정
grade-bootstrap-PAmodel.R	[R-코드 3.4.1]	학교성적에 미치는 인과관계의 경로분석모형의 붓스트랩 방법
loyal-2groups-bootstrap-PAmodel.R	[R-코드 3.4.2]	두 군집의 고객충성도 경로분석모형의 붓스트랩 방법

4장 잠재변수가 있는 구조방정식모형

teacher-latent-sem.R	[R-코드 4.4.1]	교사와 교장의 수업지도성행위의 구조방정식모형
teacher-latent-sem-effects.R	[R-코드 4.4.2]	교사와 교장의 수업지도성행위의 구조방정식모형의 효과분할
sati-2groups-latent-sem.R	[R-코드 4.6.1]	잠재변수가 있는 두 군집의 고객만족 구조방정식모형
z-test-MWCM.R	[R-코드 4.6.2]	z-검정
sati-2groups-latent-sem-effects.R	[R-코드 4.6.3]	잠재변수의 두 군집의 고객만족 구조방정식모형의 효과분할
age-Basic-LongitudinalGrowthmodel.R	[R-코드 4.7.1]	사춘기의 일탈행위에 대한 기초 잠재성장모형
(college-Advanced-LongitudinalGrowthmodel.R)	[R-코드 4.7.2]	대학진학에 미치는 부모와 학교의 영향에 대한 고급 잠재성장모형

5장 회귀모형과 공분산분석모형

pulse-multipleRM.R	[R-코드 5.1.1]	심장 박동수 자료의 다중 회귀분석
hmd-multipleRM.R	[R-코드 5.1.2]	안면비대칭 환자의 비대칭 측정 자료의 다중 회귀분석
pulse-multvariateRM.R	[R-코드 5.2.1]	심장 박동수 자료의 다변량 회귀분석
student-multivariateRM.R	[R-코드 5.2.2]	유치원 자녀 표준화 검사 자료의 다변량 회귀분석
student-2groups-multivariateRM.R	[R-코드 5.3.1]	유치원 자녀 검사 자료의 다변량 회귀모형의 다중 군집분석
student-2groups-modified-multivariateRM	[R-코드 5.3.2]	유치원 자녀 검사 자료의 수정 다변량 회귀모형의 다중 군집분석
height-2groups-ANCOVAmodel.R	[R-코드 5.4.1]	지방과 도시 아동의 나이와 키 자료의 공분산분석모형
teacher-3groups-ANCOVAmodel.R	[R-코드 5.4.2]	수학교사의 강의능력 비교 자료의 공분산분석모형

[자료]

각 장에서 파일로 제공되는 자료만 언급하였다.

2장 확증적 인자분석

klpga.txt	[자료 2.5.1]	KLPGA 선수 성적
airpollution.txt	[자료 2.5.2]	LA시의 대기오염 자료
tennis.txt	[자료 2.5.3]	우리나라 남자 테니스선수 기록자료

3장 경로분석모형

loyal.txt	[R-코드 3.3.3]	두 군집의 고객충성도
grade.txt	[자료 3.6.1]	학교 성적에 미치는 인과관계

4장 잠재변수가 있는 구조방정식모형

satis.txt	[R-코드 4.5.1]	두 군집의 고객만족
maxillary.txt	[자료 4.7.1]	턱뼈의 자라는 정도
smoke.txt	[자료 4.7.2]	흡연수준 자료
bakery.txt	연습문제 [6]	커피 전문점 만족도 자료

5장 회귀모형과 공분산분석모형

pulse.txt	[자료 5.1.1]	심장 박동수 자료
hmd.txt	[R-코드 5.1.2]	안면비대칭 환자의 비대칭 측정 자료
student.txt	[자료 5.2.1]	유치원 자녀 표준화 검사 자료
height.txt	[자료 5.4.1]	지방과 도시 아동의 나이와 키 자료
teacher.txt	[자료 5.4.2]	수학교사의 강의능력 비교 자료

참고 문헌

강현철(2019). R을 활용한 인과모형과 구조방정식모형분석, 자유아카데미.

김미현, 최용석(2007). 진로결정수준에 미치는 가족변인과 개인변인의 연구, *Journal of the Korean Data & Information Science Society*, 18(4), 985-994.

김우현, 최용석(2012). 군복무 만족도와 군수분야 제요소간의 인과관계 분석, *Communications of the Korean Statistical Society,* 19(3), 381-393.

김석우, 최용석(2001). LISREL을 활용한 인과모형의 이해와 응용, 학지사.

박경환, 김태헌, 이승언(2020). 삶의 만족도 및 스트레스 인지율에 미치는 미세먼지의 구조방정식모형 연구, 부산대학교, 미발표.

최용석, 정용찬, 박인규(1987). 인과모형과 경로분석, 고려대학교, 미발표.

최용석(2006). 윈도우용 LISREL을 이용한 경로분석, 부산대학교 통계학과 제9회 통계워크숍.

최용석(2018). R과 함께하는 다변량 자료분석, 경문사.

최용석(2019). R과 함께하는 다변량 자료분석을 위한 추정과 검정, 경문사.

최태훈, 최용석(2008). 정준상관 행렬도와 군집분석을 응용한 KLPGA 선수의 기술과 경기성적요인에 대한 연관성 분석, 〈응용통계연구〉, 21(3), 429-439.

최태훈, 최용석(2010). 일반화 정준상관행렬도와 프로크러스티즈 분석을 응용한 대한 테니스협회 등록선수의 체격요인, 체력요인 및 기초기술요인에 대한 분석 연구, 〈한국통계 학회 논문집〉, 17(6), 917-925.

허명회(1992). 비교연구를 위한 통계적 방법, 자유아카데미.

허준, 최인규(2000). AMOS를 이용한 구조방정식모형과 경로분석, SPSS 아카데미.

Asher, H. E.(1976). *Causal Modeling,* Sage University Paper Series on Quantitative Applications in the Social Sciences, 07-003. Beverly Hills and London: Sage Publications.

Bollen, K. A. Harden, J. J., Ray, S. and Zavisca, J.(2019). BIC and alternative Bayesian information criteria in the selection of structural equation models, *Struct Equ Modeling*. 21(1), 1-19.

Dillon, W. R. and Goldstein, M.(1984). *Multivariate Analysis,* New York:John Wiley & Sons.

Duncan, O. D.(1966). Path analysis: sociological examples, *American Journal of Statistics,* 72, 1-16.

Everitt, B. S. and Dunn, G.(1991). *Applied Multivariate Data Analysis*, Edward Arnold, London.

Everitt, B. S. and Hothorn, T.(2011). *An Introduction to Applied Multivariate Analysis with R*, Springer, London.

Fox, J.(2006). Structural equation modeling with the *sem* package in R, *Structural Equation Modeling*, 13, 465-486.

Guenther, W. C.(1964). *Analysis of Variance.* Prentice Hall, London.

Haavelmo, T.(1943). The statistical implications of a system of simultaneous equations, *Econometrica*, 11, 1-12.

Johnson, R. A. and Wichern, D. W.(2007). *Applied Multivariate Statistical Analysis,* 6th Edition, Prentice Hall, Inc., London.

Jöreskog, K. G. and Sörbom, D.(1989). *LISREL7 A Guide to the Program and Applications,* 2nd Edition, Michigan: SPSS Inc.

Kenny, D. A.(1979). *Correlation and Causality*, Wiley, New York.

Kim, Y. and Liang, X.(2020). A study of the impact of the relations between a servicescape of a bakery cafe and behavior responses: Visitors of Busan coffee and dessert show, Pusan National University, *Unpublished.*

Koopmans, T.(1945). Statistical estimation of simultaneous economic relations, *Journal of the American Statistical Association,* 40, 448-466.

Lawley, D. N.(1940). The estimation of factor loadings by the method of maximum likelihood, *In Proceedings of the Royal Society of Edinburgh*, 60, 64-82.

Long, J. S.(1983). *Covariance Structure Models An Introduction to LISREL*, Sage Publication, Inc., London.

Mardia, K. V.(1970). Measures of multivariate skewness and kurtosis with applications, *Biometrika,* 57(3), 519-530.

Rosseel, Y.(2010). Mplus estimators: MLM and MLR, *First Mplus User meeting*, Utrecht University Netherlands.

Rosseel, Y.(2012). lavaan: an R package for structural equation modeling, *Journal of Statistical Software*, 48(2), 1-36.

Rosseel, Y.(2014). Structural equation modeling with lavaan, *Summar school-using R for personality research,* Bertinoro, Italy.

Scheffe, H.(1959). *The Analysis of Variance.* John Wiley & Sons, New York.

Schumacker, R. E.(2016). *Using R with Multivariate Statistics*, SAGE Publication, Inc., London.

Shipley, B.(2013). The AIC model selection method applied to path analytic models compared using a d-separation test, *Ecology*, 94(3), 560-564.

Timm, N. H.(2002). *Applied Multivariate Analysis*, Springer-Verlag, New York.

Wright, S.(1960). Path coefficients and path regressions: alternative or complementary concepts?, *Biometrics*, 16, 189-202.

저자 후기

2021년 새해 1월 8일 출판사에 넘길 원고를 완성하였다. 《R과 함께하는 인과모형의 이해와 응용 – 구조방정식모형 –》을 세상에 내어 놓는 작업은 참 긴 세월이 걸렸다.

1987년 고려대학교 통계학과 대학원 박사과정에서 이재창 교수님의 다변량 통계학 수업의 Term Project로 석사과정의 후배 정용찬과 박인규와 함께 〈인과모형과 경로분석〉을 발표하고 보고서를 제출하였다. 인과모형에 적합한 패키지가 없던 시절이라 상관분해 절차를 이용하여 모형을 추정하였다. 지금 생각해보면 조원 모두가 참 열심히 하였던 것 같고 좋은 평가를 받았다.

1992년 부산대학교 통계학과 교수가 된 후로 인과모형에 대한 얄팍한 지식도 통계상담에서 많은 도움이 되었다. 그러던 중 인과모형, 특히 경로분석모형을 포함한 구조방정식모형의 적합을 위해 만들어진 최적의 패키지 LISREL이 등장하면서 인과모형에 대한 개인적인 관심과 학내에서도 이에 대한 워크숍 요구가 있었다. 워크숍을 열기로 마음을 먹고 강의노트를 위해 해묵은 최용석 외(1987)의 미발표 보고서를 들추어내었는데 만감이 교차하였다. 내 스스로도 이때 인과모형에 대한 이론적 깊이를 많이 더 할 수 있었고 LISREL이 주는 다양성과 효과성에 감탄을 하곤 하였다.

새 천년의 시작과 함께 대학원 논문 지도에서 인과모형에 대한 관심을 가지고 워크숍 소식을 전해 듣고 계셨던 부산대학교 사범대학 교육학과 김석우 교수님이 체계적인 교재의 필요성을 요청하셔서 김석우와 최용석(2001)의 《LISREL을 활용한 인과모형의 이해와 응용》을 집필하였다. 이 교재는 대학원 수업인 인과모형과 통계상담에서 많이 활용되곤 하였다. 지금으로 보면 다소 구성과 내용이 허접해 보였으나 동기부여 차원에서 도움이 많이 된 책이다. 2010년 해병대 군수분야 구조방정식모형 개발을 위한 김우현 박사의 학위도 큰 성과였다.

최근 무료로 사용 가능한 R에서 인과모형을 위한 패키지 lavaan이 개발되었다. 이에 힘입어 2020년 6월 말 무더운 여름 방학이 시작할 무렵 이 패키지를 활용한 가을 학기 대학원 인과모형 수업을 위한 강의노트를 꾸몄다. 이를 위해 그동안의 묵혀둔 자료를 들추어내고 부족한 부분은 채우고 많은 연구자들의 결과물도 참고하곤 했다. 강의노트이다 보니 부족한 부분이 많았고 수업하면서 보완해야 할 점을 기억해 두었다가 한 권의 책으로 꾸몄다.

이젠 홀가분하나 출판된 책의 오류가 나를 기다리고 있다. 늘 집필에서 만나는 반복되는 현상을 부끄럽지만 이젠 담담히 마주하는 나이가 되었다.

2020년 1월 8일

찾아보기

A

B

C

D

F

G

L

저자와의
협의하에
인지를
생략합니다

R과 함께하는

인과모형의 이해와 응용

구조방정식모형

지은이 최용석
펴낸이 조경희
펴낸곳 경문사
펴낸날 2021년 9월 1일 1판 1쇄
등 록 1979년 11월 9일 제1979-000023호
주 소 04057, 서울특별시 마포구 와우산로 174
전 화 (02)332-2004 팩스 (02)336-5193
이메일 kyungmoon@kyungmoon.com

값 21,000원

ISBN 979-11-6073-450-8